U0274925

后浪出版公司

恐龙

创 世 之 旅

[英] 基恩·皮姆——著

张蜀康——译

中原出版传媒集团
中原传媒股份公司

大象出版社
·郑州·

图书在版编目（CIP）数据

恐龙：创世之旅 /（英）基恩・皮姆 (Keiron Pim)
著；张蜀康译．— 郑州：大象出版社，2020.5
ISBN 978-7-5711-0335-4

Ⅰ．①恐… Ⅱ．①基… ②张… Ⅲ．①恐龙—普及读
物 Ⅳ．① Q915.864-49

中国版本图书馆 CIP 数据核字 (2019) 第 221917 号

The Bumper Book of Dinosaurs
By Keiron Pim

恐龙：创世之旅

KONGLONG CHUANGSHI ZHI LÜ

［英］基恩・皮姆 著
张蜀康 译

出 版 人 王刘纯
责任编辑 张韶闻
责任校对 张迎娟 安德华
美术编辑 杜晓燕
特约编辑 马 楠
封面设计 墨白空间・杨雨晴 |mobai@hinabook.com
筹划出版 银杏树下
出版统筹 吴兴元
营销推广 ONEBOOK
装帧制造 墨白空间
出版发行 大象出版社（郑州市郑东新区祥盛街 27 号 邮政编码 450016）
发行科 0371-63863551 总编室 0371-65597936
网 址 www.daxiang.cn
印 刷 天津图文方嘉印刷有限公司
经 销 全国新华书店
开 本 190 mm × 260 mm 1/16
印 张 21.5
版 次 2020 年 5 月第 1 版 2020 年 5 月第 1 次印刷
定 价 168.00 元
若发现印、装质量问题，影响阅读，请与承印厂联系调换。

献给伊斯拉、洛蒂和罗莎

驰龙　　恐爪龙　　“大盗龙”

萨姆奈特棒爪龙　　伶盗龙　　窃蛋龙

龙
半鸟
圣贤孔子鸟
壮丽阿根廷巨鹰
中华龙鸟
原始祖鸟
尾羽龙
始祖鸟

介绍

如果你自认为了解恐龙世界，那么请重新考虑一下吧，因为这个世界正不断变得更加奇妙、更加迷人。我们生活在发现恐龙的“黄金时代”，每年都会发掘出许多重要的化石：原来我们了解到的中生代只是一片灰暗，生活着笨拙的爬行动物，而如今的发现赋予了它色彩和声音，揭示出了关于那些最活跃、最壮观的生物前所未有的大量细节。

多年以来，恐龙在孩子们的想象之中徜徉，就像它们曾经在地球上漫游一样。现在，新发现如潮水般涌现，恐龙的形象因此被描绘得越发鲜明生动，许多成年人和十多岁的青少年重新陷入对史前世界的战栗之中，他们仿佛回到了第一次踏入英国自然历史博物馆，抬头仰望梁龙那极具压迫力的庞大身躯的时刻，再次点燃了兴奋与激动。这本书可以让各年龄段的读者——孩子们、父母和祖父母——获得新知、感到愉悦。

恐龙不仅看起来非同凡响，而且还能让我们更加了解现代世界。通过在这本书里学习关于恐龙的知识，你也可以很容易地获得其他领域的知识：地质学、历史学、进化论、解剖学、天文学，甚至是北美原住民和中国的神话。生命在这个星球上已经存在了数百万年，通过探索恐龙这类不可思议的生物，也能使我们更加认真地思考生命的多样性。

有一些恐龙可以激起人们的恐惧感，和看恐怖电影时类似［想象一下暴龙（*Tyrannosaurus*）和它长达1.5米，镶满23厘米长的牙齿的大嘴，不要吓得发抖哦］，另一些只是很好笑——或者至少它们的名字是这样。如果你想更加了解激龙（*Irritator*），或者对来自刘易斯·卡罗尔的无聊龙（*Borogovia*）[①]这个名字感到好奇，或者想知道霍格沃兹龙王龙（*Dracorex hogwartsia*）这个名字是怎样起的，为什么又有可能被取消，那么你应该看看这本书。另外，了解一下恐龙生活在多久以前，理解地质学中“深远时间”这个概念的深广内涵，同样能够使我们惊叹。

在科学的定义中，恐龙属于爬行动物中的陆生主龙类。这一类动物的四肢直接从身体下方长出，而不是向两侧伸展。从地爪龙（*Aardonyx*）这种笨拙的两足与四足恐龙之间的过渡种，到拥有一对致命大角的祖尼角龙（*Zuniceratops*），恐龙有300多个不同的种类。然而在它们统治地球的年代，并不是所有的怪兽都是恐龙。我们很容易忽视当时生活在恐龙身边的哺乳类、蜥蜴类、鸟类，它们都和现代类似物种长相相似。还有一些与现代任何生物都不同的已灭绝的奇异动物曾与恐龙同行。像蛇颈龙、鱼龙和翼龙之类的生物，有时也会被人们随口称为恐龙——尽管它们其实不是恐龙，然

① 刘易斯·卡罗尔（Lewis Carroll，1832—1898），英国作家，著有《爱丽丝漫游奇境》《爱丽丝镜中奇遇》等，喜欢使用文字游戏，无聊龙“Borogovia”出自《爱丽丝镜中奇遇》。——编者注

而仍然使人沉迷其中，所以也会出现在本书中。例如，风神翼龙（*Quetzalcoatlus*）是一种翼展可达10米、类似仙鹤、能飞行的巨型爬行动物，如果我们在探索恐龙时代的时候不谈到它，那就是我们的疏忽了。

从巨大的阿根廷龙（*Argentinosaurus*）到细小的小盗龙（*Microraptor*），我们会看到各种不同形态和不同体型的恐龙。我们将穿越它们的栖息地——森林、贫瘠的灌丛、沼泽、海岸平原、灼热的沙漠和极地——看看地球从那时以来究竟发生了多少变化。三叠纪的时候，各块大陆还连在一起，槽齿龙（*Thecodontosaurus*）可以从现在的澳大利亚漫步到南极洲；经历了数百万年的时间，大陆才逐渐碎裂并漂移到今天所在的位置。据预测，再过一亿两千万年，世界又会变得与现在大不相同：北美洲与南美洲分开，非洲会撞上不列颠群岛和西欧。

尽管人们对恐龙是如何灭绝的这一问题还在争论不休，不过许多古生物学家已经对最有可能的原因达成了广泛的共识。本书将介绍相关的最新研究成果。但是也许应该问一个更有意思的问题：恐龙真的灭绝了吗?仅仅想象它们生活在远古时代，就能令人心生敬畏，兴奋不已，不过已经有证据显示，这个“失落的世界”其实正围绕在我们身边，无疑更让人激动。我们不只是考察最适合发现化石的地方，还将探索那些奇特的延续至今的古代世界遗存，例如被称为“活化石”的腔棘鱼，它从恐龙时代起坚忍地生活至今，以及我们每天都能看到的“真正的恐龙”等。如果你想知道霸王龙与烤肉大餐之间有什么联系，那么你将在这里找到答案。

我们希望本书能让你思考这些史前世界的奇迹，并且走出去探索今天我们这个美丽的星球。从那些出现在离你家不远的崩塌岩壁或采石场上的骨头，到我们头顶飞过的鸟儿，只要你知道去哪里寻找，便能够发现恐龙就在我们身边。

关于地质年代

当地质学家和古生物学家提到诸如侏罗纪、白垩纪这些时期的时候，通常会将每个纪进一步分为早、中、晚三个阶段。当提到来自那个时期的岩层时，则称下、中、上。比如异特龙（*Allosaurus*）生活在晚侏罗世，它的化石发现在北美洲上侏罗统[①]莫里森组的砂岩层中。

下面介绍了地球历史中主要的地质时期——以及记忆它们的小诀窍。

① 当表示时间时，称之为地质年代单位，从大到小依次为宙、代、纪、世、期、时。当表示相应的地层时，称之为年代地层单位，相应为宇、界、系、统、阶、带。例如侏罗纪表示一段时期，这段时期对应的地层就是侏罗系。侏罗纪进一步分为早侏罗世、中侏罗世、晚侏罗世，对应的地层分别是下侏罗统、中侏罗统、上侏罗统。——编者注

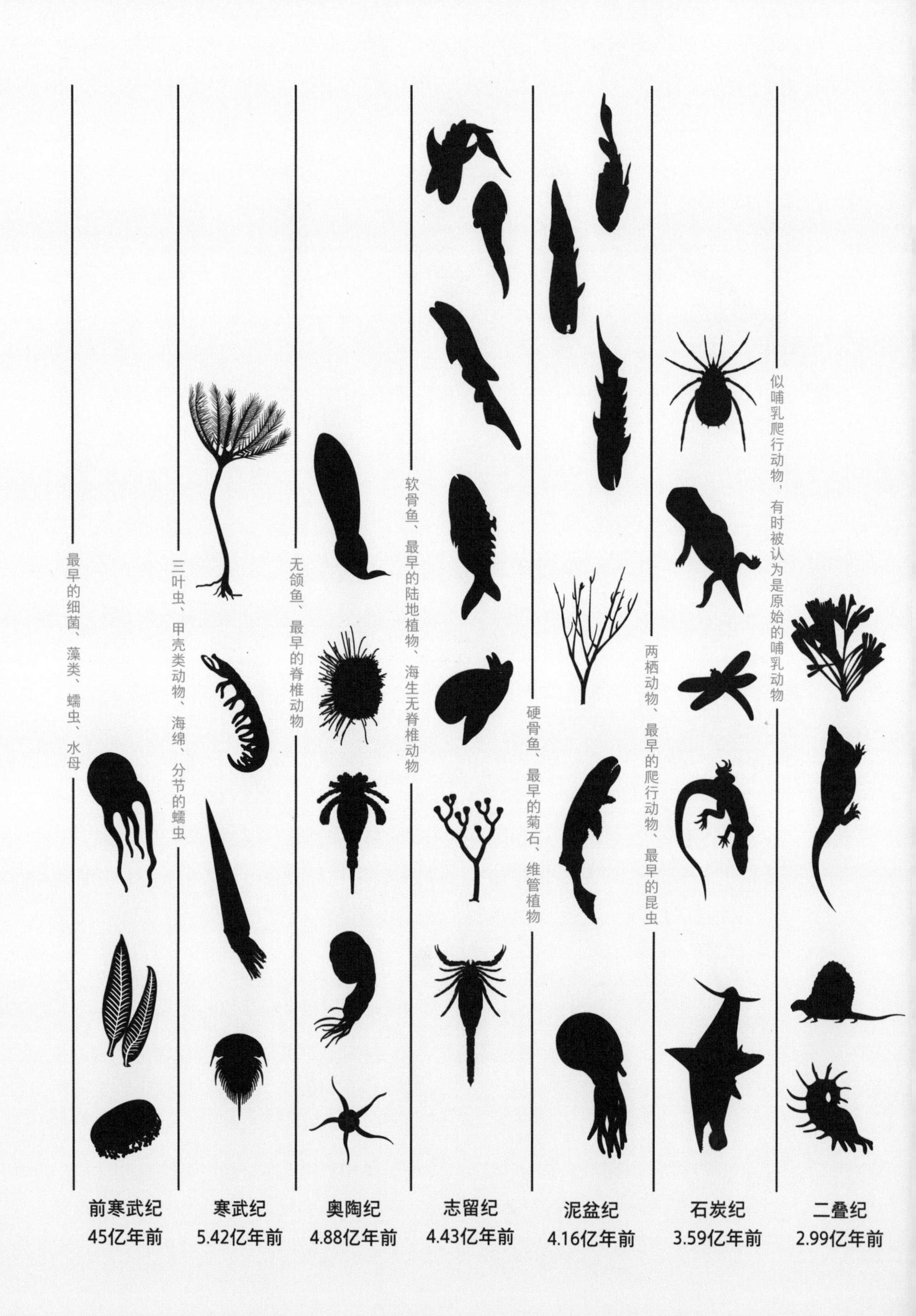
最早的细菌、藻类、蠕虫、水母
三叶虫、甲壳类动物、海绵、分节的蠕虫
无颌鱼、最早的脊椎动物
软骨鱼、最早的陆地植物、海生无脊椎动物
硬骨鱼、最早的菊石、维管植物
两栖动物、最早的爬行动物、最早的昆虫
似哺乳爬行动物，有时被认为是原始的哺乳动物
前寒武纪
45亿年前
寒武纪
5.42亿年前
奥陶纪
4.88亿年前
志留纪
4.43亿年前
泥盆纪
4.16亿年前
石炭纪
3.59亿年前
二叠纪
2.99亿年前

最早的恐龙、龟类、蜥蜴、鳄类和最早的哺乳动物

恐龙、最早的鸟类

最早的有花植物、恐龙时代的巅峰，直至恐龙灭绝

三叠纪 2.51亿年前	侏罗纪 1.99亿年前	白垩纪 1.45亿年前—0.65亿年前
早中晚	早中晚	早晚

恐龙可以分为两个主要类群以及几个亚类群。它们包括：

鸟臀类

骨盆有四个突起的恐龙。与现代鸟类相似，它们的耻骨向尾部的方向延伸——然而鸟类实际上是从蜥臀类恐龙演化来的。鸟臀类恐龙包括：

角龙类

中小体型的四足植食性恐龙，头上长有各种各样的角，通常还有一个颈盾。

甲龙类

中小体型的植食性恐龙，背部生有甲板，尾巴带刺，脖子通常也有刺保护。

剑龙类

中等体型的植食性恐龙，小脑袋，沿背脊长有高高的骨板或尖刺，尾部也有刺。

肿头龙类

中小体型的植食性恐龙，头骨非常厚，头上还常有小角。

鸟脚类

植食性恐龙，从小型到大型都有，一般用两足行走，足部与鸟类相似，因此得名。其中最有名的类群是：

禽龙类

大型植食性恐龙，包括著名的禽龙（*Iguanodon*）和更晚的鸭嘴龙类。

蜥臀类

骨盆有三个突起的恐龙。耻骨向前延伸，与现代蜥蜴类似。蜥臀类恐龙包括：

蜥脚类

四足行走的植食性恐龙，体型多为大型或巨型，通常身躯笨重、长尾、长脖子、小脑袋。著名的类群包括：

梁龙类

身体很长并且相对苗条的蜥脚类恐龙，头特别小，尾巴呈鞭状。

腕龙类

非常高的蜥脚类恐龙，体型像长颈鹿。

巨龙类

已知的最大最重的陆生动物，通常超过30米长，有时重达90多吨。

兽脚类

两足行走，大部分为肉食性动物，包括：

阿贝力龙类

中等体型，高速猎食者，前肢短小，尾巴有力。

斑龙类

中型到大型的肉食性动物，包括：

棘龙类

中型到大型，具有鳄鱼一样的头部，食鱼。

异齿龙类

中型到大型的肉食性动物，包括：

鲨齿龙类

体型巨大的肉食性动物，具有鲨鱼一样的牙齿。

阿尔瓦雷兹龙类

小型，有羽毛的食虫动物。前肢细小，有时退化到只有一根手指。

恐爪龙类

中小型似鸟的猎食者，包括：

驰龙类

每只脚上都有可伸缩的镰刀状大爪，是凶猛的猎手。

伤齿龙类

杂食性动物，拥有较小的镰刀状爪，听力极好。

似鸟龙类

形似鸵鸟，善于奔跑的杂食性动物。

窃蛋龙类

有喙无齿，长羽毛的杂食性动物。

镰刀龙类

中型到大型有羽毛的植食性动物，有巨爪。

暴龙类

中型到大型的肉食性动物，脑袋巨大沉重，牙齿粗大，前肢细小。

尽管我们提起恐龙时常常只是笼统地称之为阿贝力龙、剑龙、暴龙等，但是古生物学家的称呼更加精确。比如阿贝力龙科的成员和阿贝力龙超科的成员——前者指的是属于阿贝力龙科的恐龙，后者是指明显地与之相关但又不属于阿贝力龙科的恐龙。

说明

图标

本书中每一只恐龙的旁边都有一列图标帮助你快速了解它的特征。

长度

估算出的恐龙从头到尾的长度。

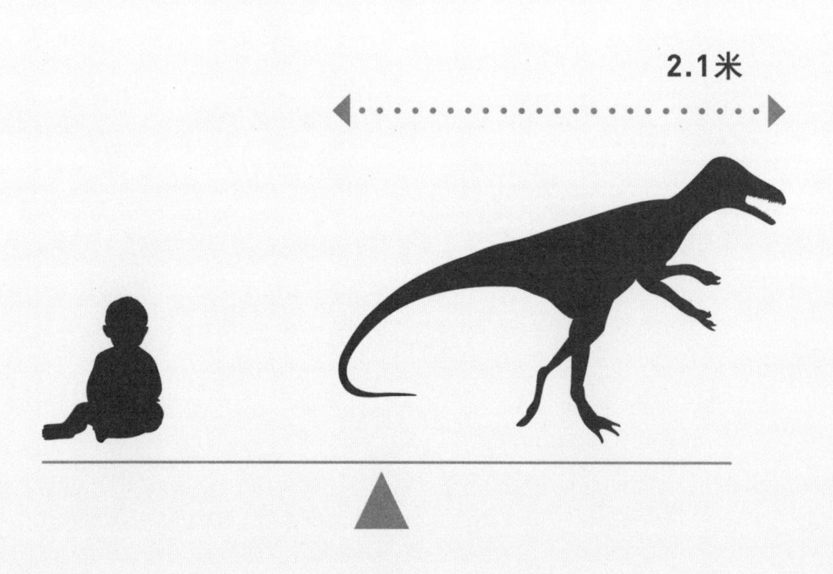

时间表

恐龙生活的纪（例如侏罗纪）、该纪中的世（例如晚侏罗世）以及世中的一个期（例如基末利期）。每个期大概有几百万年，对应的岩层称为一个阶。阶的名称通常是那个时代的岩层发现地的名字，例如多塞特（Dorset）的基末利村（Kimmeridge）或德国的普林斯巴（Pliensbach）。

时钟

显示这只恐龙生活在多久之前（单位是百万年，mya）。有时时间段较长，如215—200mya，表示的是化石围岩的大致年代，而不是物种的生存年代。

食谱

显示这只恐龙是肉食性（吃肉）、植食性（吃植物）、杂食性（既吃肉也吃植物）、虫食性（吃昆虫）还是鱼食性（吃鱼）。

重量

估算出的恐龙体重。1吨等于1,000千克，所以一只50,000千克的蜥脚类恐龙重50吨。

地理分布

恐龙化石在现代国家的分布。在第264—265页有更多关于大陆漂移和大陆随时间变化的知识。

目　录

第一章

三叠纪

三叠纪

这个时代从2.5亿年前开始，那时地球刚刚经历了二叠纪-三叠纪之交的大灭绝事件。在这次神秘事件中，百分之九十的海洋动物和百分之七十的陆地动物都灭绝了，几乎将生命从地球上尽数抹去……但是过了不长时间，恐龙就开始兴起。在大约2.3亿年前的三叠纪中期，一类拥有细长四肢的小型主龙类进化成恐龙，并且开始了对地球长达1.6亿年的统治。

现在人们已经逐渐开始了解恐龙的早期演化过程：透视深邃的地质时间是一件困难的事，因为只有较少的化石能够被很好地保存下来，而阿根廷的伊斯基瓜拉斯托国家公园（Ischigualasto National Park，因为其景观类似月球表面，所以还有个更著名的名字——月亮谷）就是一处富含化石的地方。随着一项又一项重大发现，我们更加细致地了解到恐龙是如何出现在地球上的。在那个时代，现在的各块大陆全部连在一起，组成了一个名叫盘古大陆的超级大陆，只有大陆的边缘适宜生物的生存；大陆中心是炙热的沙漠，因为离周围的大洋（泛大洋）太远了，湿润的空气不能到达。但是在这块广阔土地较为凉爽的边缘地带，动物们开始了令人惊异的分化，而恐龙们最初只是其中的少数。哺乳类开始演化，翼龙这类有翅能飞行的爬行动物在天空中飞过，长脖子的蛇颈龙和像鱼一样的鱼龙在大海里漫游……然后，从原始的小型杂食性捕猎者开始，恐龙逐渐分化出了肉食性的兽脚类以及植食性的鸟臀类和原蜥

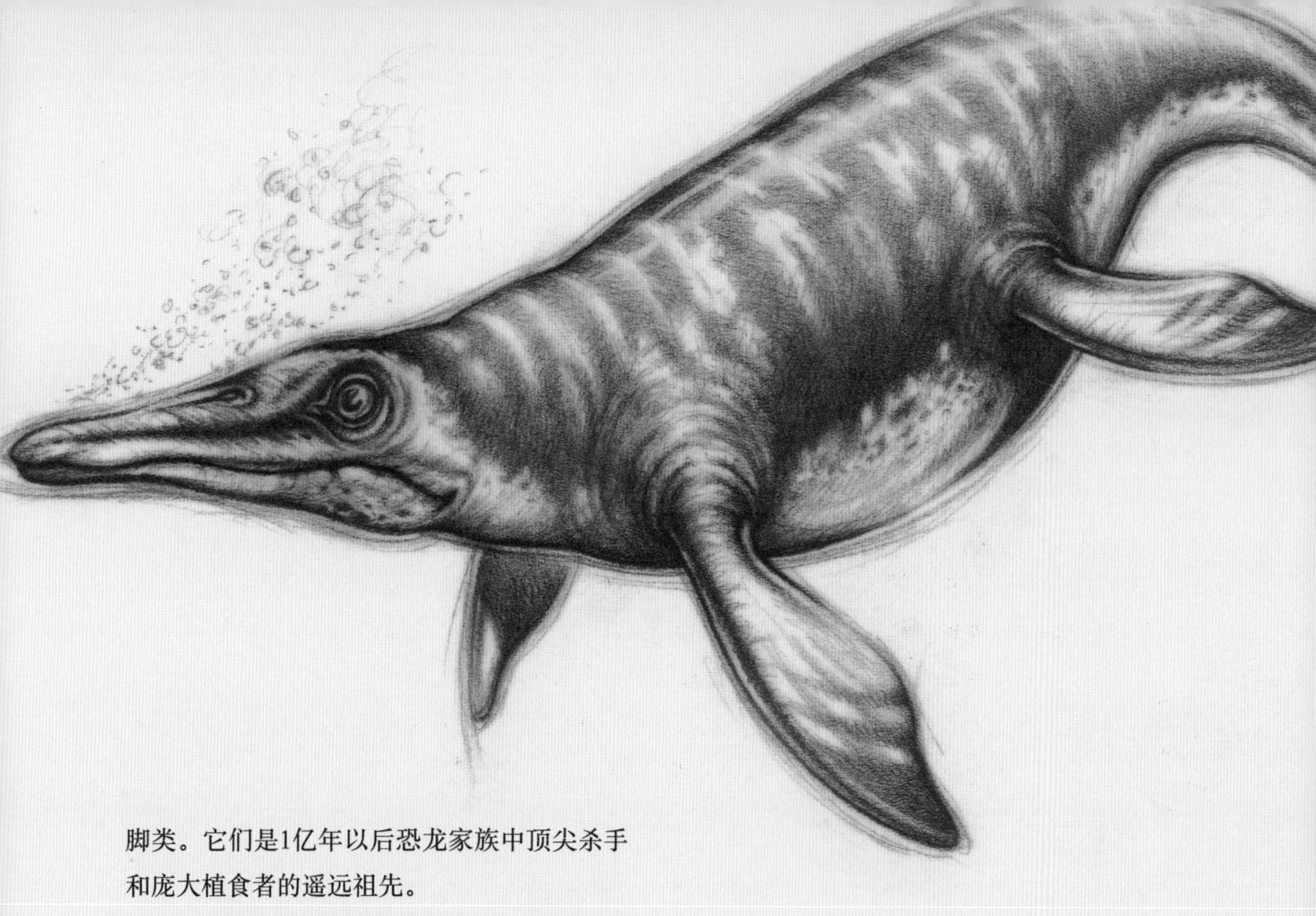

脚类。它们是1亿年以后恐龙家族中顶尖杀手和庞大植食者的遥远祖先。

三叠纪终结的时候又发生了一系列灭绝事件，持续时间超过百万年。但是恐龙们并没有受到影响，实际上过去竞争对手的消失使它们更加繁荣。到三叠纪结束时，它们已经准备好接管这个世界。

三叠纪

瑞替期	晚
诺利期	
卡尼期	
拉丁期	中
安妮期	
奥伦尼克期	早
印度期	

肉食性

阿根廷

Herrerasaurus ischigualastensis

伊斯基瓜拉斯托和埃雷拉龙

1959年一个叫维多利诺·埃雷拉（Victorino Herrera）的牧羊人在安第斯山山麓发现它的骨骼，从那时起，这只头颅较长、牙齿粗大的肉食性两足动物就引发了很大的争论。有些人怀疑它不是真正的恐龙，而是恐龙的某种祖先。如果是恐龙，争论的焦点则在于它是兽脚类还是蜥脚类。1988年发现的一具有头骨的近乎完整的骨骼澄清了这些问题。大多数（虽然不是全部）专家同意埃雷拉龙和它的亲戚们属于早期的兽脚类。

可达6米

Sanjuansaurus gordilloi

戈氏圣胡安龙

三叠纪	
瑞替期	晚
诺利期	晚
卡尼期	晚
拉丁期	中
安妮期	中
奥伦尼克期	早
印度期	早

4米

肉食性

阿根廷

这表明真正的恐龙大约出现在2.3亿年前，那时恐龙的三个主要类群都已出现，即鸟臀类（臀部与鸟类相似的恐龙）、蜥脚型类和肉食性的兽脚类，后两类都属于蜥臀类（臀部与蜥蜴相似的恐龙）。这就是我们为什么无法找出谁是“第一只恐龙”的原因。尽管2012年的一项研究表明2.43亿年前的尼亚萨龙（*Nyasasaurus*）是已知最早的恐龙，但是关于这个问题仍然没有定论。其他专家更倾向于将它归为恐龙形类，也就是不属于恐龙但与恐龙很接近的一类动物。古老岩石中不完整的证据显示最初没有真正的恐龙，而后突然之间各种不同类别的恐龙几乎一起涌现了出来。

埃雷拉龙属属于埃雷拉龙科，这个科还包括南十字龙属（*Staurikosaurus*，见第10页）和最近发现的戈氏圣胡安龙。1994年圣胡安龙的化石发现于同样年代的阿根廷岩层中，地点自然是在圣胡安省，与中等体形的埃雷拉龙非常相似，长长的腿骨表明它是这群早期猎食者中速度最快的猎手。

三叠纪

瑞替期	晚
诺利期	
卡尼期	
拉丁期	中
安妮期	
奥伦尼克期	早
印度期	

Chromogisaurus novasi

诺氏颜地龙

属名意思是“彩色土的恐龙”

这些神秘的生物属于原始的蜥脚型类，这个类型今后将演变成梁龙（*Diplodocus*）那样的蜥脚类恐龙。它们发现于阿根廷的品塔多山谷（Valle Pintado），那里有美丽多彩的岩石地层，因此颜地龙的拉丁文属名意思就是“彩色土的恐龙”。滥食龙的拉丁文属名意思是“什么都吃”，其颌和牙齿表明，它们既能吃肉也能咀嚼植物——有意思的是，它们在侏罗纪和白垩纪的遥远后裔通过不停地吃植物特化成了巨大的植食性动物。所以滥食龙是一种早期猎食者和植食者之间的过渡类型。颜地龙可能也是杂食性动物，但是因为没有发现头骨，所以无法确定。

2.31亿年前

杂食性？

不确定

阿根廷圣胡安

2米

Panphagia protos

和 首祖滥食龙

三叠纪

瑞替期	晚
诺利期	
卡尼期	
拉丁期	中
安妮期	
奥伦尼克期	早
印度期	

1米

杂食性

10千克

阿根廷圣胡安

滥食龙淡红色的化石是在灰绿色的砂岩层中发现的，与体型稍大的颜地龙所处的地层相同。这一发现在3年以后的2009年才公布。伊斯基瓜拉斯托组像月球表面一样的地层为我们打开了通向晚三叠世的最清晰的一扇窗户，近年来还让我们得以窥探那个时代最幽深难测的角落。南美古生物学家马丁·丹尼尔·埃斯库拉（Martin Daniel Ezcurra）在2010年给颜地龙命名，他的研究表明，颜地龙的发现使古生物学家更加了解恐龙在那个时代已经有了相当强的多样性，虽然在化石记录中它们才刚刚出现。然而，尽管恐龙即将统治世界，在这个阶段它们仅占南美洲已知动物种类的大约6%。

三叠纪

三叠纪	
瑞替期	晚
诺利期	
卡尼期	
拉丁期	中
安妮期	
奥伦尼克期	早
印度期	

肉食性，吃小型爬行动物

阿根廷西北部

Eoraptor lunensis

月亮谷始盗龙和

属名意思是“黎明的盗贼”

这些我们所知甚少的原始生物生活在晚三叠世的阿根廷，在河岸上潜行，可能猎食小型爬行动物。始盗龙被认为是已知最早的兽脚类恐龙，可能是此后所有的大型肉食性恐龙的祖先。正因为如此，美国古生物学家保罗·塞雷诺（Paul Sereno）和他的同事在1993年给它取了这个名字，拉丁文属名意思是“黎明的盗贼”。但是2011年进一步的研究使他们重新评估了它的分类位置。同样在伊斯基瓜拉斯托组的岩层中，发现了一种更瘦长的猎食者，名叫曙奔龙（“黎明的奔跑者”）。作为始盗龙的同辈，它拥有更明显的兽脚类特征，包括锯齿边缘的刀状牙齿，前肢有长长的手指和利爪，可抓握，用于快速奔跑的长腿（据推测速度超过每小时30千米）和一条用于保持平衡的僵硬的尾巴，这条尾巴可以使它在奔跑时迅速转弯。始盗龙没有这些特征，但是具有在后来的植食性蜥脚型类中出现的特征，包括扩大的鼻孔和附加的下颌第一齿。尽管始盗龙本身很可能是肉食性的，塞雷诺的研究小组还是将它的分类位置从兽脚类移到了基干蜥脚型类。

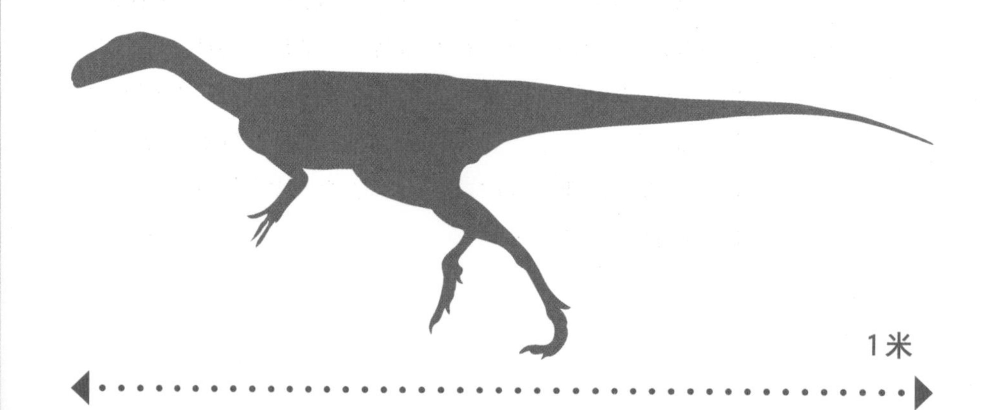

Eodromaeus murphi

墨氏曙奔龙

属名意思是“黎明的奔跑者”

三叠纪

瑞替期	晚
诺利期	
卡尼期	
拉丁期	中
安妮期	
奥伦尼克期	早
印度期	

1.2米

肉食性，吃小型爬行动物

阿根廷西北部

三叠纪

瑞替期	晚
诺利期	
卡尼期	
拉丁期	中
安妮期	
奥伦尼克期	早
印度期	

Staurikosaurus pricei

普氏南十字龙

属名意思是“南十字座的蜥蜴”

这种原始的猎食者命名于1970年，距离人们发现它已经过去了30多年，当时一位巴西古生物学家在南里奥格兰德州发现了它的骨骼。这位古生物学家的名字颇为奇特：卢埃林·艾弗·普赖斯（Llewellyn Ivor Price），父母是威尔士裔的美国人。那时南半球很少发现恐龙化石，所以这种恐龙属名的意思是“南十字座的蜥蜴”。南十字座只有在南半球才看得到，巴西的国旗上就有这一星座的四颗主星。南十字龙长长的后肢使它可以迈开很大的步子追捕猎物。

肉食性

巴西南部南里奥格兰德州

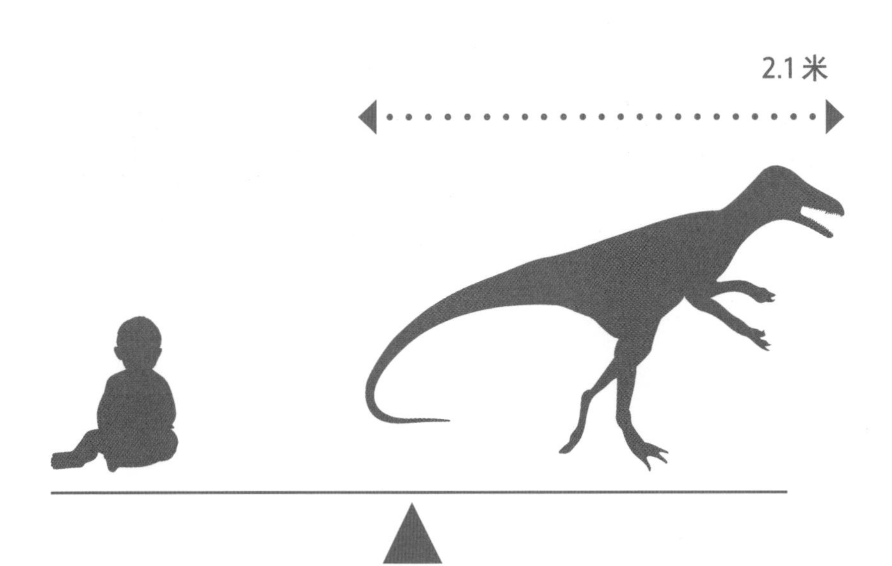

Chindesaurus bryansmalli

布氏钦迪龙

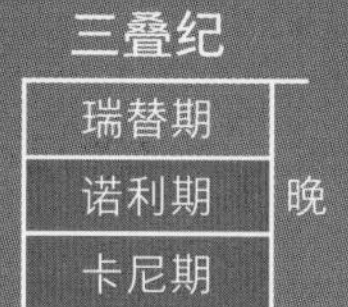

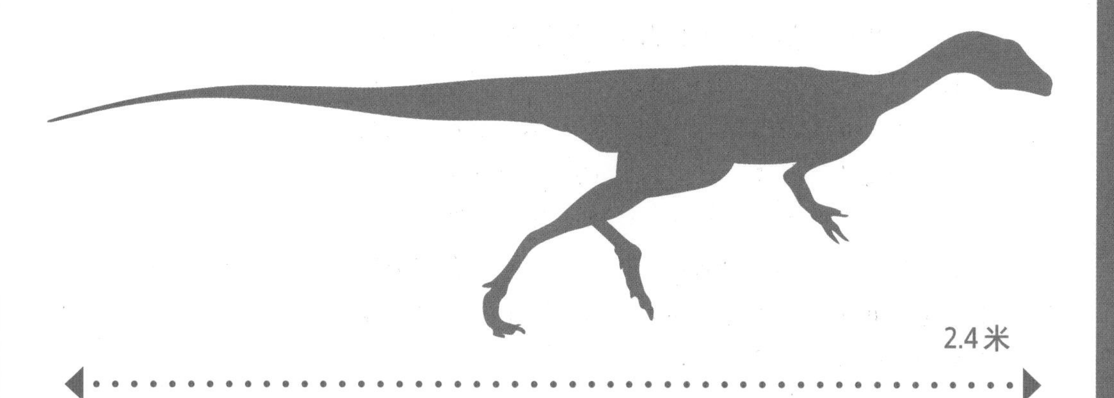

钦迪龙可能是美国最古老的恐龙。它的腿很长，尾巴像鞭子，并且也许头部窄长。迄今为止发现了好几具不完整的钦迪龙标本，其中一具有一枚边缘有锯齿的牙齿——似乎证明钦迪龙是肉食者，但是最近的一项分析却认为这颗牙齿是另外一只恐龙的。

无论何时，给三叠纪的恐龙在系统树的基部进行准确的定位都是一项复杂的工作，只有破碎标本的时候更是如此。化石猎人布莱恩·斯莫（Bryan Small）在石化林国家公园（Petrified Forest National Park）的钦迪点（Chinde Point）发现第一具钦迪龙的骨骼，并在随后的1985年被人们认定为是一只植食性的“原蜥脚类”——一个包含所有非蜥脚类的蜥脚型类恐龙的非正式类群，但是现在人们认为它和埃雷拉龙科的其他恐龙都属于兽脚类恐龙。

很可能是
美国最古老的
恐龙

三叠纪

瑞替期	晚
诺利期	
卡尼期	
拉丁期	中
安妮期	
奥伦尼克期	早
印度期	

Liliensternus liliensterni

理氏理理恩龙

肉食性

德国

早期极少有体型较大的恐龙，但是理理恩龙有5.2米长。对于生活在晚三叠世的德国的原蜥脚类而言，例如板龙（*Plateosaurus*），它们是可怕的威胁。作为恐龙时代早期最重要的杀手之一，它们是一种身体瘦长，有长颈和长尾的生物。前肢上有四个指——第四指较小，为随后三指的肉食者铺平了道路。头上有一个长长的冠，可能还有绚丽的色彩，可以用于展示自己或个体间的交流。

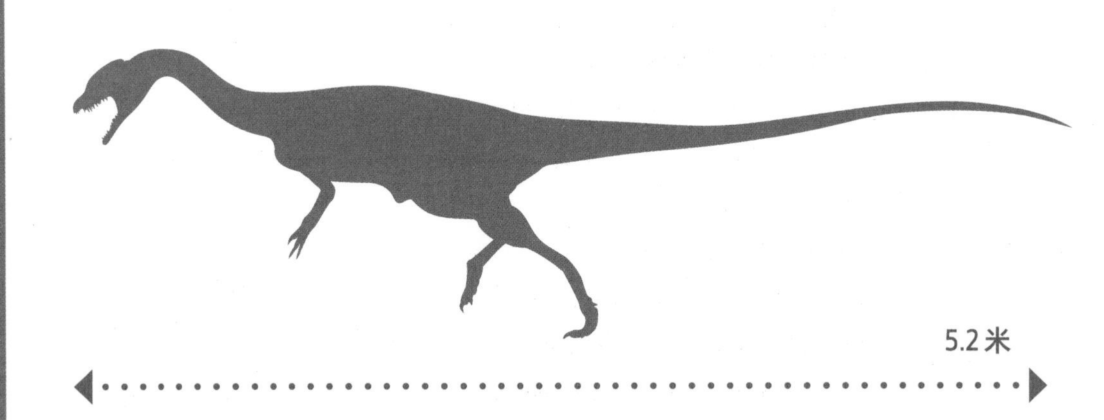

Blikanasaurus cromptoni

克氏贝里肯龙

三叠纪

瑞替期	晚
诺利期	
卡尼期	
拉丁期	中
安妮期	
奥伦尼克期	早
印度期	

这可能是一种早期的蜥脚类恐龙，并且从发现的一条具有四足动物特征性短脚的左后腿化石中，人们确定其为已知最早的完全靠四足行走的恐龙。从这个发现于下艾略特组岩层的后肢的比例来看，可推测其为一只体格强壮的动物。它的化石1962年在非洲南部莱索托的贝里肯山（Blikana）发现，1985年按照发现地命名。

2.16亿—2.03亿年前

植

植食性，吃较高的植物

250千克

5米

莱索托莱里贝

三叠纪

瑞替期	晚
诺利期	
卡尼期	
拉丁期	中
安妮期	
奥伦尼克期	早
印度期	

Pisanosaurus merti

莫氏皮萨诺龙

自从1967年被发现以来，这只奇怪的恐龙的颌部就一直令人迷惑不解。现在它被视为已知最早的鸟臀类恐龙。它的头部确实像鸟臀类恐龙，有特殊的脸颊和特殊的咀嚼食物的方式，但是身体却更像是蜥臀类，尤其是骨盆和踝关节。化石很不完整，所以很难估计其长度，但可判断它是一种两足行走的动物，在当时覆盖着阿根廷的草木葱茏、水源丰富的针叶林中啃食植物。皮萨诺龙与许多原始爬行动物生活在一起，比如喙头龙和劳氏鳄。不过也有一些其他的恐龙，比如埃雷拉龙，可能会捕食皮萨诺龙。

植食性，吃较矮的植物

阿根廷北部伊斯基瓜拉斯托

Plateosaurus engelhardti

恩氏板龙

三叠纪

期	世
瑞替期	晚
诺利期	
卡尼期	
拉丁期	中
安妮期	
奥伦尼克期	早
印度期	

同属其他种：纤细板龙

可达10米

植食性，吃较高的植物

德国、瑞士和法国

在欧洲中部和西部发现了100多具板龙的骨骼，使这种巨大的两足动物成了欧洲最著名的恐龙。许多骨骼出现在同一个地点，说明它们是群居的动物。板龙是在1837年由赫尔曼·冯·迈耶（Hermann von Meyer）命名的，是第五种迄今为止名称仍然有效的恐龙——也就是说，忘记其他那些已被证明无效的早期“发现”吧！从被发现至今180多年来，专家们最初认为它是一只直立行走的两足动物，而后又推测其四足行走，但是现在再次认为它还是两足行走，不过背部和尾部是保持水平的。这个姿势与它前肢长度只有后肢的一半这一特征相吻合。一系列变迁提醒我们，当新的证据出现或原有证据受到更严格的检验时，我们对恐龙外形和行为的认识会发生多么巨大的改变。板龙是原蜥脚类的一员，这是一个主要由三叠纪的植食性恐龙组成的非正式族群，一直生活到早侏罗世至中侏罗世。完全长成的成年个体之间体型差异很大，小的只有5米，大的可达10米。因此不难理解为什么这么多年来命名的众多板龙物种到现在名称有效的只剩下了两个。

三叠纪

瑞替期	晚
诺利期	
卡尼期	
拉丁期	中
安妮期	
奥伦尼克期	早
印度期	

Coelophysis bauri

鲍氏腔骨龙

这些轻盈善跑的恐龙是晚三叠世最著名的肉食者，已经发现了上百具完整或接近完整的骨骼化石。爱德华·德林克·科普（Edward Drinker Cope）于1889年在“骨头大战”期间（见第74页）发现并命名了第一具骨骼，拉丁文意思是“空心式”，指的是它的骨头带有“空心”这种现代鸟类骨头的特征。另外它们普遍具有叉骨——腔骨龙是最早的被证明有叉骨的恐龙。腔骨龙化石最有名的发现地是1947年埃德温·科尔伯特（Edwin Colbert）的小组在新墨西哥州幽灵牧场（Ghost Ranch）偶然遇到的一个骨骸密集分布的恐龙墓地。在6米乘20米大小的区域内躺着上百具腔骨龙的骨骼。其中一些的胃部还有较小的爬行动物的骨骼，看起来很像腔骨龙，但是作为胚胎又太大了——所以科尔伯特的理论是成年的腔骨龙有捕食年幼同类的习性。后来发现这些骨头实际上属于被吃掉的小型鳄类。但是谜题仍然没有全部揭开，为什么这么多的腔骨龙会死在一起，而且保存得如此之好？没有证据表明它们遭到袭击，或是被一场突如其来的洪水吞没。它们仅仅像是突然死掉，并且在食腐动物到来之前就被埋葬了。科尔伯特认为死因可能是火山喷发出的致命气体，然而这个理论没有任何的证据，不过也没人能提出更好的解释。

肉食性，小型猎食者

美国新墨西哥州

像鸟儿一样骨骼中空，并长有叉骨

3米

Daemonosaurus chauliodus

龅牙邪灵龙

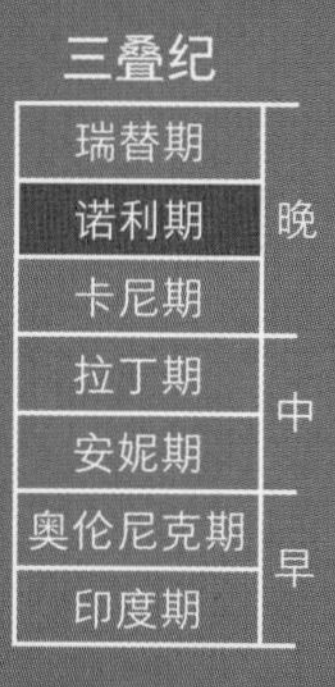

许多三叠纪的肉食性恐龙长得都非常相似——窄长的头部，长满尖利小牙的嘴巴，瘦削的身体，长腿——所以2011年邪灵龙的发现动摇了早期兽脚类恐龙的固有形象。它与更典型的三叠纪恐龙腔骨龙一样，也发现于幽灵牧场的采石场。其破碎且不完整的遗骸包括一个短而深的头部，其中还有巨大而突出的牙齿。由于种名的意思是"龅牙"，邪灵龙听起来比实际更傻。具有锯齿状边缘的尖牙和强韧的上下颌使它的咬合快速而有力。但是，在演化上它似乎并不成功：描述它的研究人员认为邪灵龙是一个演化上的盲端，与生活在侏罗纪和白垩纪的那些更大更有名且口鼻部较短的兽脚类没有任何关系。顺便提一下，名称虽然带有"邪灵"的意思，但并不是指它的外表，而是指传说中鬼魂萦绕的幽灵牧场，这是位于美国新墨西哥州核心地带的一片广阔的蛮荒之地。

三叠纪

瑞替期	晚
诺利期	
卡尼期	
拉丁期	中
安妮期	
奥伦尼克期	早
印度期	

Riojasaurus incertus

未定里奥哈龙

6.6米

植食性，吃较高的植物

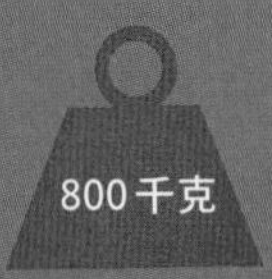

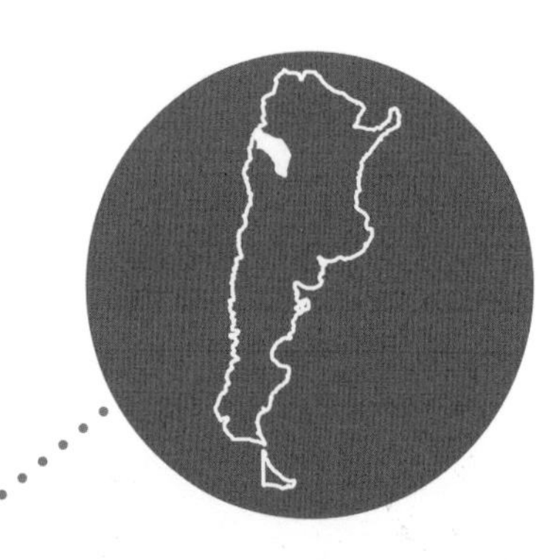

阿根廷里奥哈省

像里奥哈龙这样巨大的原蜥脚类看上去与真正的蜥脚类非常相似——实际上人们认为这种恐龙是到其所处的时代为止出现过的最重的陆地动物。20世纪60年代阿根廷古生物学家何塞·波拿巴（Jose Bonaparte）在安第斯山的山麓丘陵地带发现了它。这具标本有一条长长的脖子，没有脑袋，但波拿巴预测它的头应该很小，后来的发现证实了他的推测。它和在今天的南非（在三叠纪与南美的东部连接在一起）发现的名叫优胫龙（*Eucnemesaurus*）的近亲一道，组成了里奥哈龙科。

Lessemsaurus sauropoides

蜥脚莱塞姆龙

三叠纪

瑞替期	晚
诺利期	晚
卡尼期	晚
拉丁期	中
安妮期	中
奥伦尼克期	早
印度期	早

我们对这只恐龙全部的了解仅仅来自一根脊柱，但是它显示出在三叠纪恐龙之中不同寻常的特征：一系列的棘连成了一条脊从莱塞姆龙的背部延伸下来。在以后具有相似特征的恐龙身上，这条脊的功能仍然有争议：可能用于调节体温或是展示自己。莱塞姆龙在三叠纪阿根廷的湿润林地中与里奥哈龙生活在一起。何塞·波拿巴在1999年以唐·莱塞姆（Don Lessem）的名字命名了这只早期的蜥脚类恐龙。唐·莱塞姆是美国通俗科学作家，因为在书中经常描写恐龙而得到“恐龙唐”的昵称。

植食性，吃较高的植物

阿根廷里奥哈省

三叠纪

瑞替期	晚
诺利期	
卡尼期	
拉丁期	中
安妮期	
奥伦尼克期	早
印度期	

Efraasia diagnosticus

鉴别埃弗拉士龙

德国有世界上最集中的三叠纪原蜥脚类化石，埃弗拉士龙就是其中的典型，它是在1973年以埃伯哈德·弗拉士（Eberhard Fraas）的名字命名的。弗拉士在1909年找到了这只恐龙的遗骸，还做了大量的工作去发掘这个国家古代遗迹中的财富。最初人们认为埃弗拉士龙是一只相当小的动物，但是更近的分析显示这具骨骼属于一只年轻的恐龙。由于骨头与一只鳄鱼的颌部保存在一起，一时间又给人们带来了困惑，使它一度被描述成一只食肉动物。现在的观点认为它一般用四条腿走路，偶尔也会用两条后腿行走，用长长的指抓住植物。

弗拉士认为他发现的是槽齿龙的一个新种，但是在描述完成之前他就死了。这使得接下来的60年里对这只恐龙的分类陷入了混乱：在不同时期里它曾经被归入巨齿龙（*Teratosaurus*）、古龙（*Paleosaurus*）和鞍龙（*Sellosaurus*），但是现在人们认为它自成一类。

植食性，吃较矮的植物

900千克

德国

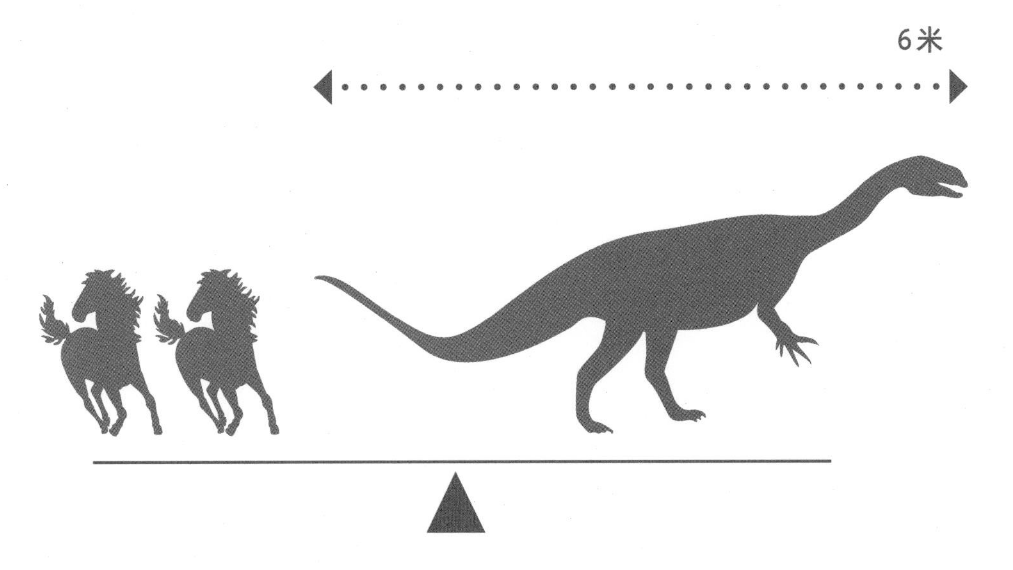

Pantydraco caducus

卡杜克斯槽齿龙

三叠纪

瑞替期	晚
诺利期	
卡尼期	
拉丁期	中
安妮期	
奥伦尼克期	早
印度期	

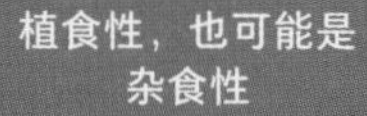

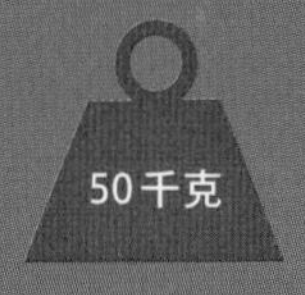

很难想象它是5,000万年以后像迷惑龙（*Apatosaurus*）这样的巨大蜥脚类恐龙的遥远祖先。然而迷惑龙般沉重粗壮的动物都用四条腿走路，而像槽齿龙这样的原蜥脚类则是半四足行走——也就是说，它们虽然用四足行走，但是也经常用后腿站立起来，因此成为最早一批能够吃到高枝上的树叶的植食者。对这种恐龙成体的大小只能进行很粗略的估计，由于在南威尔士仅仅发现了一个年轻个体的部分骨骼。槽齿龙一度被认为是古槽齿龙的一个种，但是2007年进一步的研究证实其可以独立成属。它的名字指的是发现这块化石的潘特-扬-菲农（Pant-y-ffynnon）采石场，而“draco”是拉丁语中“龙”的意思。

英国南威尔士

三叠纪

瑞替期	晚
诺利期	
卡尼期	
拉丁期	中
安妮期	
奥伦尼克期	早
印度期	

Thecodontosaurus antiquus

古槽齿龙

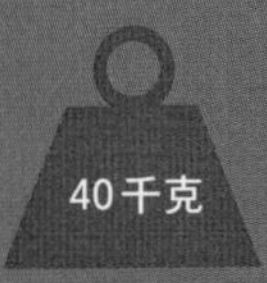

植食性，吃较矮的植物

40千克

英格兰布里斯托

这是第一只确定的三叠纪的恐龙，曾一度被认为生活在内陆的沙漠中，现在看来它似乎是岛上的居民，只有这样才能解释其身材为何如此矮小。大约2亿年前，大不列颠岛正好位于赤道上，西边是门迪普群岛（Mendip Archipelago），这是一系列拥有丰富动植物资源的热带小岛，由石炭纪的石灰岩构成。那时候海平面比较高，岛屿便是现在布里斯托和埃文（Avon）一带小山丘的顶部，大雨和海水溶蚀了石灰岩的凹处，于是形成了许多洞穴。三叠纪末期海平面升得更高，海水灌满了这些含有沉积物和杂乱恐龙骨头的洞穴。随着时间的流逝，这些沉积物形成了另外一种石灰岩。

从2亿年前快进到19世纪，人们开始在山坡上挖掘建筑材料。1834年，一群采石工人找到了一些神秘的骨头，他们把这些骨头交给了一个叫亨利·赖利（Henry Riley）的医生以及他的博物学家朋友塞缪尔·斯塔奇伯里（Samuel Stutchbury）。他们检查了一块带有21颗牙齿的颌骨，并在开始的时候误认为它属于一种已灭绝的蜥蜴。这些牙齿像哺乳动物的牙齿一样位于牙槽里，而不像大多数蜥蜴的牙齿那样附在颌骨的顶部，所以他们将它称为“槽齿的爬行动物”。后来这成为了一个可以适用于任何恐龙的含糊不清的名字，因为所有恐龙的牙齿都是那样长的——但是他们不可能知道这一点，毕竟槽齿龙只是第四种被命名的恐龙。1975年，在布里斯托北边的蒂塞灵顿（Tytherington）采石场又发现了11个标本，使我们更加了解这种原始的原蜥脚类的身体结构。

2008年南安普顿大学研究花粉化石的约翰·马歇尔（John Marshall）教授和布里斯托大学史前爬行类专家大卫·怀特赛德（David Whiteside）博士进行了一次非同寻常的合作。他们分析了洞穴的沉积物并检测了花粉和藻类的化石，发现这种恐龙生活的地方是有丰富植被的，证明它生活在门迪普群岛上，而不是更早的三叠纪的沙漠里。由此推测“布里斯托恐龙”可能是一个“侏儒”，比大多数同时代的恐龙，例如板龙，要小很多。生活在岛屿上可以造成这种效果——见欧罗巴龙（*Europasaurus*，见第101页）和巴拉乌尔龙（*Balaur*，见第289页）。

2.5米

三叠纪

瑞替期	晚
诺利期	
卡尼期	
拉丁期	中
安妮期	
奥伦尼克期	早
印度期	

其他令人惊异的三叠纪动物

Leptosuchus crosbiensis

克罗斯比薄鳄

12米

肉食性

美国亚利桑那州、得克萨斯州和新墨西哥州

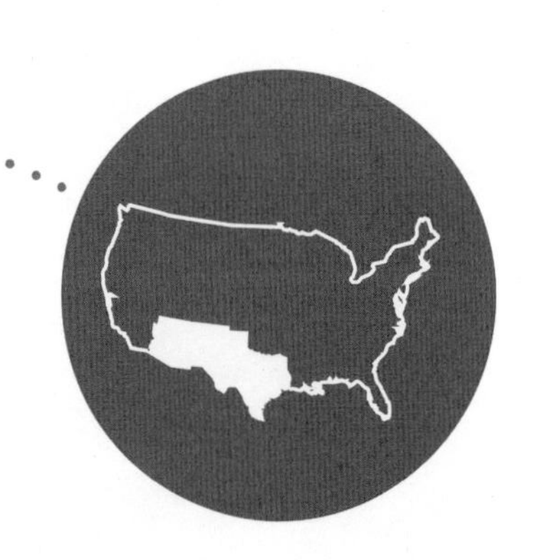

晚三叠世时期，形似鳄鱼的巨大生物生活在湖里和河里，像薄鳄这样的动物可以长到一辆公共汽车那么长。尽管外表相似，但它们并不是鳄鱼而是植龙——一类发展出鳄鱼一样外形的爬行动物。这是趋同演化的极好范例，即没有亲缘关系的动物独立演化出相似的形态，占据生态系统中相似的生态位。薄鳄的化石发现于得克萨斯州、新墨西哥州和亚利桑那州。虽然它的一些亲戚拥有适合吃鱼的细长的口鼻部，薄鳄却有宽而有力的上下颌，令它可以攻击到水边饮水的陆地动物。可是植龙的意思却是“吃植物的蜥蜴”，起了这个不当的名称是因为1828年鉴定的第一种植龙似乎具有植食动物的牙齿。而这些“牙齿”实际上是石化的泥团！植龙是凶猛的肉食性动物，薄鳄是其中最强有力的一种。

Shastasaurus sikkanniensis

西卡尼萨斯特鱼龙

21米

这种鲸鱼一样大的鱼龙是发现过的最大的海洋爬行动物。细长的身体、短而扁且无牙的口鼻部使它在鱼龙中独树一帜。一般的鱼龙口鼻部都较长，有海豚一样的身躯。萨斯特鱼龙独特的口鼻部具有抽吸的功能，可以捕食软体动物和鱼类。鱼龙是中生代最重要的海洋生物，从三叠纪生存到白垩纪，形态和大小变化多样，巨大的眼睛和流线型的身体是它们共有的特征。1902年，第一具巨大的萨斯特鱼龙化石在加利福尼亚州的萨斯特山（Mount Shasta）附近发现，此后加拿大和中国又发现了其他化石。

三叠纪

期	世
瑞替期	晚
诺利期	晚
卡尼期	晚
拉丁期	中
安妮期	中
奥伦尼克期	早
印度期	早

鱼食性

美国、加拿大和中国

Eudimorphodon ranzii

兰氏真双型齿翼龙

这种非常早期的翼龙掠过晚三叠世欧洲南部的湖泊来捕鱼。专家们知道这一点是因为在化石的胃部发现了鱼鳞，而且在其长长的嘴里有100多颗大小不同的牙齿——前牙尖利，其他的较小且呈锯齿状，使它们可以紧紧咬住滑溜的猎物。爪子使其能够攀上悬崖和树木，然后再从这些地方俯冲到水面。长而僵硬的尾巴末端有一个叶片，可能有助于控制空中的姿态。我们不清楚它是从什么动物演化来的，仅仅知道在晚三叠纪，这些老到的飞行家突然出现，并且已经演化得很好，而大约6千万年以后恐龙才自行演化出飞行的能力。翼龙的骨骼非常轻巧，很适于飞行，但这也意味着它们不像其他动物的骨骼那样容易变成化石。三叠纪的翼龙的一个可能的祖先是沼泽龙（*Heleosaurus*），这是一种在约2.7亿年前的二叠纪出现的原始陆生动物。真双型齿翼龙首次发现于意大利北部，于1973年得到描述。

翼展1米

三叠纪	
瑞替期	晚
诺利期	晚
卡尼期	晚
拉丁期	中
安妮期	中
奥伦尼克期	早
印度期	早

鱼食性

意大利贝加莫

三叠纪

瑞替期	晚
诺利期	
卡尼期	
拉丁期	中
安妮期	
奥伦尼克期	早
印度期	

Exaeretodon argentinus

阿根廷高齿兽

在整个三叠纪期间都有名叫犬齿兽的植食性似哺乳爬行类存在。到了三叠纪末期，出现了像高齿兽这样的种类。这种强壮矮胖、像狗一样的动物可以长到一头大型猪的尺寸。这一物种和其他几个种的化石发现于阿根廷三叠系卡尼阶和巴西更早的拉丁阶的岩石组里。在三叠纪晚期，犬齿兽类逐渐衰落，它们在生态系统中初级消费者的地位已经被蜥脚型类的恐龙所侵占，但是有些种类还是坚持存活到了白垩纪。

同属其他种：弗氏高齿兽、大高齿兽、里奥格兰德高齿兽、文氏高齿兽

植食性

阿根廷和巴西

1.8米

Oligokyphus triserialis

三列小驼兽

三叠纪	
瑞替期	晚
诺利期	
卡尼期	
拉丁期	中
安妮期	
奥伦尼克期	早
印度期	

50厘米

像黄鼠狼一样的小驼兽在三叠纪晚期至侏罗纪早期生活在英国、德国、北美和中国。小驼兽属于下孔类，与哺乳类之间的关系比与其他早期下孔类，如背上有帆的异齿龙（*Dimetrodon*）之间的关系更近。强壮的牙齿显示出它们以种子、坚果和坚韧的植物为食，也可以用后腿站立起来啃食灌丛上的叶子。小驼兽命名于1922年，自那以后还发现了许多标本，说明它们是一类非常成功且分布很广的小植食动物，穿行于逐渐为恐龙所统治的林地里。

植食性

英国、德国、北美和中国

同属其他种：禄丰小驼兽、大小驼兽

1. 那场为恐龙的出现铺平了道路，又被称为“大灭绝”的二叠纪-三叠纪灭绝事件发生在什么时候？

2. 莱塞姆龙的背部与大多数三叠纪恐龙相比有什么不同？

3. 最先完全用四条腿走路的恐龙是哪一种？

4. 生物分类学中恐龙的两个主要的目是什么？

5. 2011年发现的哪种食肉动物的名字意思是“龅牙”？

6. 槽齿龙的名字来自哪个国家的一个小村庄？

7. 被称为“布里斯托恐龙”的三叠纪植食动物的正式名称是什么？

8. 克罗斯比薄鳄看上去像巨型鳄鱼但与现代的鳄鱼没有亲缘关系。它属于哪一类爬行动物？

9. 哪一个词指没有亲缘关系的动物独立演化出相似的外形？

10. 哪一种2.7亿年前的不会飞的动物被认为可能是翼龙的祖先？

答案见第320页

第二章

侏罗纪

侏罗纪

三叠纪与侏罗纪之交的灭绝事件使陆地和海洋上过半数的已知物种都消亡了。盘古大陆开始分裂，板块被撕开，形成了巨大的裂缝，然后被海水充满。大陆的破裂导致大范围的火山活动，逐渐摧毁了大量生命。

但是两块新的超级大陆——北方的劳亚古陆和南方的冈瓦纳古陆被新的海洋所包围，内陆的温度降到适宜生存的水平，出现了生命的大爆发。翼龙在天空展翅高飞，到了这个时代的末期，最早的鸟类也加入进来。与此同时，巨型植食性恐龙更加沉重的脚步将四周震得地动山摇；晚三叠世的原蜥脚类则进化成在地球上行走过的最大动物。可怕的肉食者开始把它们三趾的足迹印在地面上，更大的肉食性动物则统治着海洋。令人恐惧的上龙开始出现，鱼龙和蛇颈龙非常繁荣，同时海洋里还游弋着背着螺旋壳的菊石以及乌贼、鱼类。

更加湿润、温和的气候使植被越发繁茂，三叠纪时期的沙漠被羊齿植物、苏铁、木贼和高大的针叶林所覆盖，满足了植食性恐龙无限的胃口。

侏罗纪因瑞士和法国边界上的侏罗山脉（Jura Mountains）而得名。在那里，18世纪后期首次对来自这个时代的岩石进行了充分的研究。侏罗纪见证了恐龙对世界的统治，它们将这一地位保持了1.3亿年之久。

侏罗纪	
提塘期	晚
基末利期	
牛津期	
卡洛夫期	中
巴通期	
巴柔期	
阿林期	
土阿辛期	早
普林斯巴期	
辛涅缪尔期	
赫塘期	

植食性

南非

Aardonyx celestae

赛莱斯特地爪龙

属名意思是“大地之爪”

2009年在南非发现这只巨大植食者的消息吸引了世界范围内的关注，它填补了多年以来困扰古生物学家的演化链上的空缺。我们知道晚三叠世和早侏罗世的原蜥脚类，以及它们最终演化成的晚侏罗世的巨大蜥脚类。地爪龙以它的身体结构、姿态和取食习惯巧妙地填补了这两个类群之间的空缺。

它有蜥脚型类的小脑袋和长脖子，庞大的躯干和长长的尾巴，但却是主要靠两足行走的动物。不过地爪龙也可以四足站立，前臂骨头的形态表明它们正处于演化成前腿的过程中。骨骼开始相互锁紧，使它们更加强壮且减少了柔韧性。柔韧性对需要负重的肢体没什么好处，会使关节弯曲甚至折断。这种骨骼结构能让阿根廷龙（*Argentinosaurus*）等蜥脚类恐龙支撑起多达80吨的体重，而地爪龙就是这种骨骼结构的发端。地爪龙也没有原蜥脚类那样多肉的脸颊，使它可以把嘴张得更大，表明它们正处于从原蜥脚类挑选叶片的取食方式向蜥脚类“大规模扫荡”的取食方式的转变之中，蜥脚类用这样的方式横扫全部植物枝叶。

地爪龙的名称混合了南非荷兰语和希腊语，意思是“大地之爪”，指的是化石脚趾周围的赤铁矿（一种坚硬的铁矿）硬壳，它们使化石的发掘变得非常费力。

Yunnanosaurus huangi

黄氏云南龙

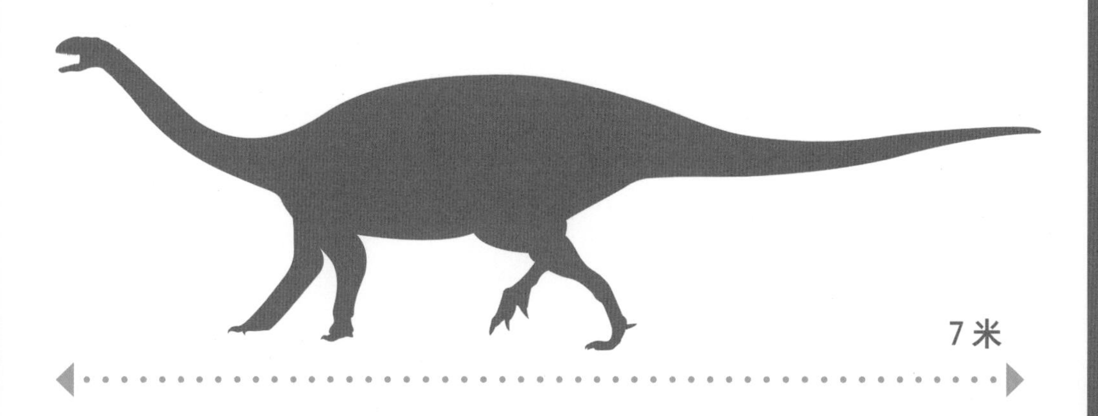

侏罗纪

侏罗纪	
提塘期	晚
基末利期	晚
牛津期	晚
卡洛夫期	中
巴通期	中
巴柔期	中
阿林期	中
土阿辛期	早
普林斯巴期	早
辛涅缪尔期	早
赫塘期	早

植食性，吃较高的植物

中国南部云南省

作为最后的原蜥脚类恐龙之一，云南龙最引人注目的地方是它的牙齿。在大约20具骨骼中，两具有头骨，并且其中一具有60枚勺子一样的牙齿，与后来的蜥脚类的牙齿非常相似。牙齿的磨损方式显示，云南龙为了保持牙齿的锋利而在咀嚼植物的时候磨牙，这在原蜥脚类当中是很特别的。然而，身体其他部分与蜥脚类恐龙的差异表明云南龙并不是它们的直接祖先，演化出与蜥脚类恐龙相似的牙齿只为适应自己的生活环境，几千万年之后蜥脚类恐龙也做了同样的事情。与植龙类的克罗斯比薄鳄一样（克罗斯比薄鳄，见第24页），这是另一个趋同演化的范例。1942年，中国古生物学的先驱杨钟健先生命名了云南龙。吕君昌在2007年描述了第二个种，它是原来那个种的两倍大，时代是中侏罗世，并以杨钟健先生的名字命名。

同属其他种：杨氏云南龙

侏罗纪

提塘期	晚
基末利期	
牛津期	
卡洛夫期	中
巴通期	
巴柔期	
阿林期	
土阿辛期	早
普林斯巴期	
辛涅缪尔期	
赫塘期	

植食性

中国南部云南省

Yizhousaurus sunae

孙氏益州龙

2010年这个被称为“失落的一环”的发现刚刚披露就激起了人们极大的兴趣，尽管那时它还没有在科学论文中被正式描述。这个保存极其完好的标本在中国南部的云南省发现之后，人们可以更好地了解到早期的蜥脚类是如何演化出那些硕大的后裔的。虽然益州龙只有10米长，远比后来的蜥脚类小，但它拥有蜥脚类四足行走的姿态、粗壮的身躯和长脖子——最重要的是它的遗骸中包括一个完美的头骨。

蜥脚类的头骨轻而易碎，所以很少保存为化石，但是益州龙头骨的每个细节却都保存在岩石里。它有高高的穹窿状的头部，眼睛长在两侧，使它们能很好地觉察到逼近的敌人。根据披露这个发现的古生物学家得州理工大学的桑卡尔·查特吉（Sankar Chatterjee）教授的说法，它U形的宽阔下颌与后来的圆顶龙（*Camarasaurus*）相似。它的上下颌长有坚固的有锯齿形边缘的勺形齿，可以像剪刀一样上下剪切，将植物切碎送到肚子里。在发现益州龙的50年前，在同样的地层中——禄丰组下部——发现了原蜥脚类禄丰龙（*Lufengosaurus*）的化石。幸亏有了益州龙，我们现在才能更好地认识到那些原始的动物是怎样演化成地球上行走过的最大的动物的。

Scutellosaurus lawleri

劳氏小盾龙

侏罗纪	
提塘期	晚
基末利期	
牛津期	
卡洛夫期	中
巴通期	
巴柔期	
阿林期	
土阿辛期	早
普林斯巴期	
辛涅缪尔期	
赫塘期	

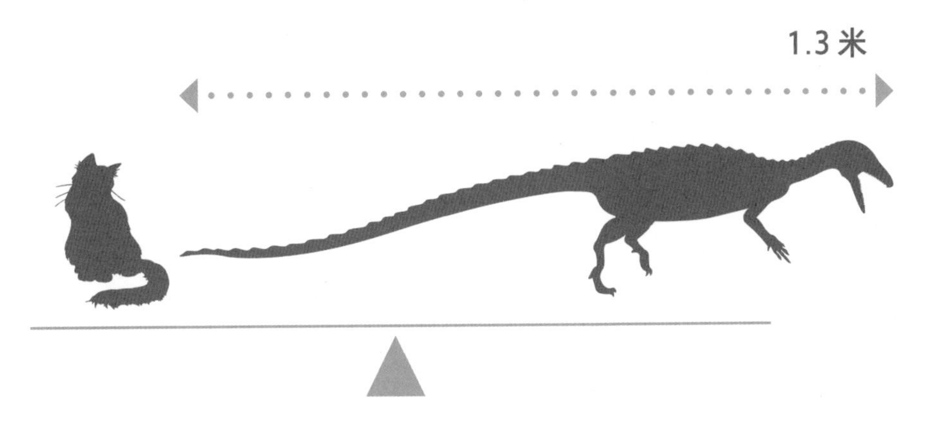

植食性

美国亚利桑那州

小盾龙是一种小型植食性恐龙，是以后出现的庞大的装甲巨兽剑龙和甲龙的前辈。它有两种策略来对付像腔骨龙这样高效而可怕的猎食者：用最快的速度逃跑，或者趴下来听凭敌人徒劳地试图穿透它的防御装甲。它是两足动物，有强壮的腿和保持平衡用的长尾，所以与后来的四足亲戚相比跑得更快。它的化石包括一小部分头骨和两具接近完整的带有松散甲板或“盾片”的骨骼。它有超过300块防御性小甲板，分为6种不同形态，有覆盖背部的骨质小块，也有像微缩的剑龙甲板那样的垂直甲板。

期	
提塘期	晚
基末利期	
牛津期	
卡洛夫期	中
巴通期	
巴柔期	
阿林期	
土阿辛期	早
普林斯巴期	
辛涅缪尔期	
赫塘期	

肉食性

美国亚利桑那州

Dilophosaurus wetherilli

魏氏双脊龙

这是一种头上装饰着两个半圆形冠的恐龙，是最早的大型兽脚类。虽然7米长的身躯使它在晚白垩世的巨兽们面前相形见绌，但在早侏罗世它仍然是巨大的原蜥脚类和原始装甲恐龙不可一世的天敌。

如果你回想起影片《侏罗纪公园》第一部里的双脊龙，请无视那个形象。这种动物实际上远比电影中大，而且并不喷毒——没有哪种已知的恐龙会分泌毒液，尽管有人提出中国鸟龙（*Sinornithosaurus*，见第158页）也许能做到。

1942年，一个名叫耶西·威廉姆斯（Jesse Williams）的纳瓦霍人在亚利桑那州北部发现了双脊龙的化石。他通知了一队古生物学家，共计发掘出3具骨骼，似乎没有一具拥有头部的装饰物。像20世纪初发现的许多大型兽脚类恐龙一样，这些化石最初被归入斑龙（*Megalosaurus*，见第50页）。但是在1964年发现了另一具沿着口鼻部长有冠的标本，是当时从未见过的动物。后来对先前的化石中保存最好的头骨重新检测时发现了一道隆起，隆起处曾经有两个同样的冠，在石化以前就断掉了。1970年人们据此建立了一个新属，名字的意思是“有两个冠的蜥蜴”。

7米

侏罗纪

提塘期	晚
基末利期	
牛津期	
卡洛夫期	中
巴通期	
巴柔期	
阿林期	
土阿辛期	早
普林斯巴期	
辛涅缪尔期	
赫塘期	

1.89亿—1.76亿年前

杂食性

220千克

美国东北部

Ammosaurus major

大砂龙

属名意思是“砂子蜥蜴”

19世纪时一群建筑工人在康涅狄格州（Connecticut）南曼彻斯特（South Manchester）镇修筑一座新桥，他们使用了从当地采石场挖出来的一块超大砂岩。不久以后在采石场挖掘出一个中等体型原蜥脚类恐龙的后半部分骨骼，另一半下落不明。直到1969年拆除这座桥时化石的前后两半才重新拼到一起，勾画出了这只原始杂食性恐龙的全貌。它可以用两足或四足行走，在小至晚三叠世的农神龙（*Saturnalia*），大至晚白垩世30米长的阿根廷龙的蜥脚型类中算是小个子。砂龙属名的意思是“砂子蜥蜴”，指它被发现时的围岩是砂岩。

可达5米

Megapnosaurus rhodesiensis

罗德西亚并合踝龙

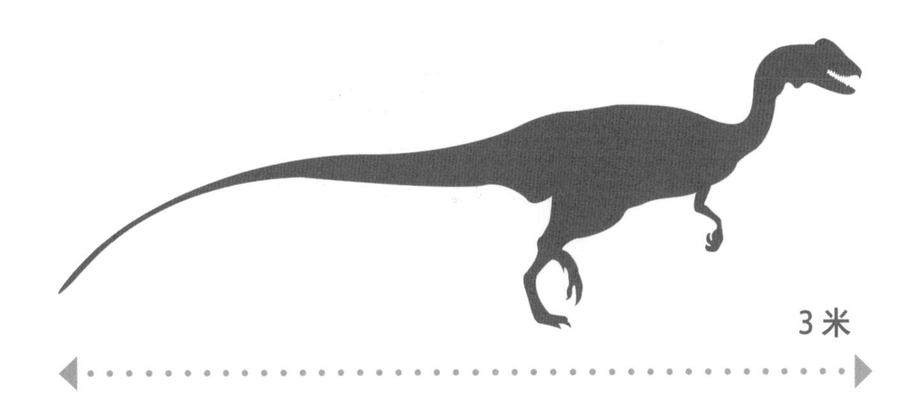

这种瘦长、灵巧、长有羽毛的兽脚类恐龙可能是集体猎食，与腔骨龙有较近的亲缘关系。20世纪60年代在津巴布韦（当时称为罗德西亚）发现了大约30具保存在一起的骨骼。之后在美国西南部的亚利桑那州又发现了另外一个种：卡延塔并合踝龙（*M. kayentakatae*），这种恐龙窄长的口鼻部长有小小的冠，它后来的亲戚双脊龙长有两个更大的头冠。对化石的分析显示并合踝龙的寿命达7年。

1969年，这种恐龙的属名最初被南非古生物学家迈克·拉斯（Mike Raath）命名为“*Syntarsus*”；30多年后发现与一种甲虫重名了，所以需要改名。指出这个错误的昆虫学家给它改了名，却因为几个原因引发了一场大论战。第一，他们选的新名字本身就是个笑话：“*Megapnosaurus*”的意思恰好是“巨大的死蜥蜴”。第二，这个名字根本不准确——在那个时代它只是一只体型适中的兽脚类。第三，他们是昆虫学家而不是恐龙专家，居然毫不在乎地闯入了其他科学家的研究领域。第四，按照国际惯例应该先跟拉斯商量一下。他们以为拉斯已经死了，所以没有那样做——但是拉斯仍然健在，并且因为他们的失礼而感到非常生气。规则规定一个新名称一旦发表就必须使用，所以这种恐龙现在只能叫*Megapnosaurus*——除非相信它实际上是一种腔骨龙的科学家能证明自己是正确的，这种恐龙才可以改叫腔骨龙。

侏罗纪

期	
提塘期	晚
基末利期	
牛津期	
卡洛夫期	中
巴通期	
巴柔期	
阿林期	
土阿辛期	早
普林斯巴期	
辛涅缪尔期	
赫塘期	

肉食性

津巴布韦和美国西南部

侏罗纪

期	
提塘期	晚
基末利期	
牛津期	
卡洛夫期	中
巴通期	
巴柔期	
阿林期	
土阿辛期	早
普林斯巴期	
辛涅缪尔期	
赫塘期	

植食性，吃较高的植物

津巴布韦和美国西南部

Massospondylus carinatus

刀背大椎龙

吃较高的植物

幸亏有了世界上已知最古老的恐龙蛋化石，才使1.9亿年后的我们得以了解到原蜥脚类是如何孵化幼体的。

从2006年开始的一系列发掘在一个侏罗纪的湖边发现了数十个大椎龙产的蛋，现在这些标本保存在南非金门高地国家公园（Golden Gate Highlands National Park）里。恐龙蛋分布在不同层，说明这些恐龙在很长一段时间里会重复使用同一个筑巢地点。没有发现巢穴，但是恐龙妈妈产下蛋后将它们整齐地排成行。蛋中的胚胎有15厘米长，已经快要孵化了。宝宝们没有牙齿，也不大会走路，似乎说明恐龙妈妈在孵化之后的一段时间里会照顾它们。幼体的四肢等长，说明它们是四足动物，不过成体以两足行走。它们的脖子比多数原蜥脚类长，身体则相对瘦长一些。1854年理查德·欧文爵士（Sir Richard Owen）命名了大椎龙，使其成为最早被鉴定出来的恐龙之一。

（大椎龙和并合踝龙的复原图见第32—33页）

Seitaad ruessi

鲁氏沙怪龙

在纳瓦霍人的民间传说中，Seit’aad是一种会将受害者埋到沙丘里的怪物，所以这个名字似乎很适合这种小型原蜥脚类恐龙，因为被发现时它们白色的骨骼埋在犹他州粉白色的纳瓦霍砂岩里。在早侏罗世，这个地区是一片大沙漠的一部分。保存完好的骨骼卷曲着，仿佛这只恐龙只是突然被沙子吞没了；而恐龙更典型的保存姿态应该是一种“死亡姿态”：脖子向后弯，头部挺直。在最近的一千年里化石的头部和尾部已经被侵蚀掉了，但是躯干和四肢还在。沙怪龙是北美罕见的早侏罗世原蜥脚类恐龙。

4.5 米

与大白鲨一样长

侏罗纪

期	
提塘期	晚
基末利期	
牛津期	
卡洛夫期	中
巴通期	
巴柔期	
阿林期	
土阿辛期	早
普林斯巴期	
辛涅缪尔期	
赫塘期	

植食性

美国犹他州

冰脊龙

……有冠的冰脊龙是早侏罗世冈瓦那古陆上主要的猎食者，化石发现于南极洲的一处山坡上。

佚罗纪

提塘期	晚
基末利期	
牛津期	
卡洛夫期	中
巴通期	
巴柔期	
阿林期	
土阿辛期	早
普林斯巴期	
辛涅缪尔期	
赫塘期	

肉食性

南极洲柯克帕特里克山

Cryolophosaurus ellioti

埃氏冰脊龙

6.5米

这种恐龙的昵称“埃尔维斯龙”来自它口鼻部顶端那个奇妙的头冠，很像著名摇滚乐明星①向后梳的大背头。它很可能与双脊龙（见第40页）有亲缘关系。1991年，在南极洲海拔4,000米的山坡上发现的化石使它成为第一个在南极洲发现的肉食性恐龙。在这个地点发现的其他化石显示该区域在早侏罗世是一片森林，其中生活着蜥脚型类的冰河龙（*Glacialisaurus*）、翼龙和属于似哺乳爬行类的三列齿兽，在冰脊龙的胃部还发现了一颗三列齿兽的牙齿。那时这块大陆位于如今位置以北966千米处，气候温和而凉爽。这种恐龙已知的唯一标本有6.5米长，但仍然是个亚成年个体，因此不清楚完全长成后的体长。它是所在生存环境中主要的猎食者之一，但骨头上遗留的痕迹显示在死后它成了其他兽脚类恐龙的美餐。

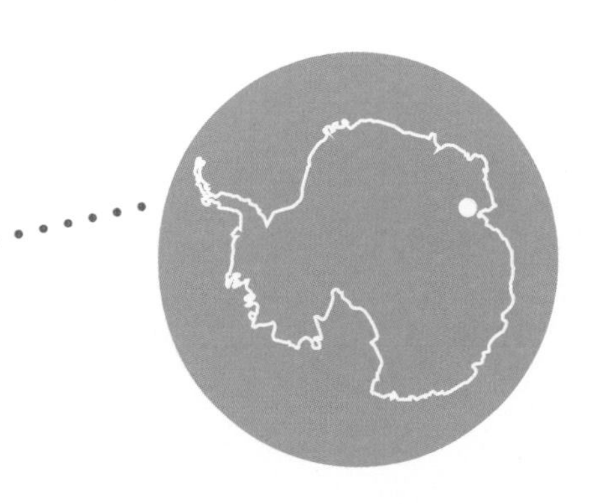

① 即埃尔维斯·普雷斯利（Elvis Presley），也就是著名的“猫王”。——编者注

Kotasaurus yamanpalliensis

牙地哥打龙

发现于印度下侏罗统科塔组的地层中，是已知最早的蜥脚类恐龙之一。与其他蜥脚类恐龙一样，有典型的沉重身躯、长长的脖子和尾巴、适于吃植物的牙齿以及背部大体与地面平行的站姿。在安得拉邦发现的12具标本的骨盆与这个类群的先驱原蜥脚类的骨盆有些相似。这群动物的遗骸杂乱无章地堆积在一条古河床里，说明它们可能是被洪水淹死并冲到此处的。

侏罗纪

期	世
提塘期	晚
基末利期	
牛津期	
卡洛夫期	中
巴通期	
巴柔期	
阿林期	
土阿辛期	早
普林斯巴期	
辛涅缪尔期	
赫塘期	

1.96亿—1.83亿年前

植

植食性

印度东南部

侏罗纪

期	
提塘期	晚
基末利期	
牛津期	
卡洛夫期	中
巴通期	
巴柔期	
阿林期	
土阿辛期	早
普林斯巴期	
辛涅缪尔期	
赫塘期	

肉食性

英格兰和法国

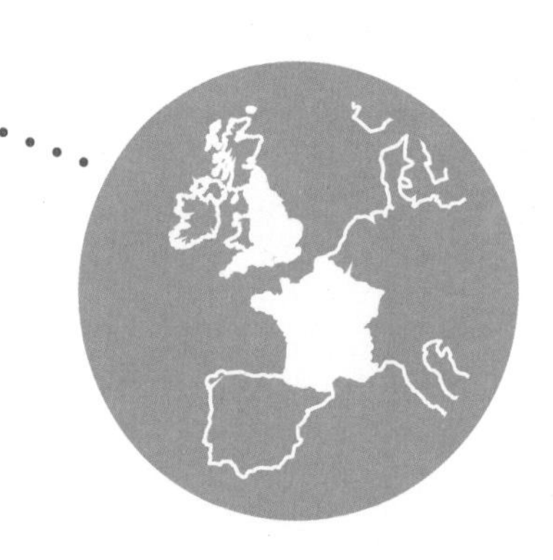

Megalosaurus bucklandii

巴氏斑龙

作为最早被人们认识的恐龙，它是侏罗纪中期在英国游荡的可怕杀手，但是人们经常只注意到它在恐龙发现史中的重要地位而忽略了它本身。

斑龙可以说是被人类发现的第一只恐龙：我们对恐龙的认识从这里起步。历史在1815年牛津附近的一个采石场拉开帷幕。一层被称为“斯通斯菲尔德石板”（Stonesfield slate）的石灰岩里长期以来一直埋藏着令人迷惑不解的化石，现在更多的骨头暴露出来，其中包括一块带有牙齿的巨大颌骨。1824年牛津大学的第一位地质学教授威廉·巴克兰教长（Very Reverend William Buckland）在一篇题为“关于斯通斯菲尔德的斑龙或巨大化石蜥蜴”的报告中描述了这些化石。1842年理查德·欧文宣布这只动物与禽龙（*Iguanodon*）和森林龙（*Hylaeosaurus*）一样属于恐龙。虽然人们对这些奇怪生物的认识并不准确，但它们很快俘获了公众的想象力；1853年斑龙还出现在查尔斯·狄更斯的长篇小说《荒凉山庄》的开头。这位伟大的作家如此描述十一月阴沉的一天：“这十一月的天气实在太糟糕了。就像当年大洪水刚从地球表面退去那样，街道非常泥泞，如果你看到四十英尺或更庞大的斑龙像大型蜥蜴那样蹒跚爬上赫尔蓬山，那一点也不足为怪。”

当然现在我们知道它的步伐并不是那么蹒跚，没有12米长，也远远算不上笨拙。斑龙是一个肌肉发达的杀手，很可能猎食剑龙和蜥脚类恐龙。它快速地一跃而起，用有力的臂膀抓住猎物，再用长而强壮的颌部里那有着锯齿边缘的刀片般的牙齿一口咬下去。它可能也会吃腐尸。斑龙被发现时看上去很巨大，但实际上它只是一种中等个头的兽脚类恐龙。它的前肢相当大，每只可能有3个指头。它有4个脚趾，其中3个接触地面，留下的印记与在牛津郡的阿德利（Ardley）裸露的岩石上一列恐怖的足迹完全吻合：这个引人入胜的证据证明了曾经有可怕的生物在英国漫游，而斑龙与它们中间的任何一个一样令人恐惧。

废纸篓属

作为一种动物分类单元,“废纸篓属”这个术语是指大量没有经过充分研究的其他物种被错误地归入其中。因为斑龙是第一种已知的恐龙，所以斑龙属也是第一个符合以上情形的恐龙的属：有大约50个中侏罗世兽脚类恐龙在获得自己的名字以前曾被错归在斑龙属里，其中包括鲨齿龙（*Carcharodontosaurus*）、伤龙（*Dryptosaurus*）和原角鼻龙（*Proceratosaurus*）。想象一下，如果抛弃我们现有的关于恐龙时代不可思议的多样性的全部知识，那么就不难理解为什么早期的研究者会以为所有这些表面相似的兽脚类恐龙都是同一种动物。

Magnosaurus nethercombensis

尼则卡尔比大龙

属名意思是“巨大的蜥蜴”

这只欧洲的兽脚类是众多错误地在斑龙属里待过一段时间的肉食性恐龙之一，它是19世纪在多塞特的尼则卡尔比发现的一种快速的猎食者（如果种名是以-ensis结尾，那么前一个部分就是这种动物的发现地）。1932年，弗里德里克·冯·胡艾尼（Friedrich von Huene）根据它建立了大龙属，为了反映与斑龙之间的相似性，而给它起了一个意思相同的名字：巨大的蜥蜴。然而，与化石残缺不全的斑龙属的众多成员一样，多年以来对它少有研究。直到2010年剑桥大学年轻的古生物学家罗杰·本森（Roger Benson）对斑龙以及相近的种类进行了详细的研究，证实了大龙确实是一种不同的动物，主要的理由是其颌骨有一些在其他恐龙中没有见过的特征组合。本森认为它是已知最早的坚尾龙类（尾巴僵硬的兽脚类）的成员之一。这使大龙荣升为暴龙、始祖鸟（*Archaeopteryx*）和伶盗龙（*Velociraptor*）等更加著名的恐龙的祖先。

4米

侏罗纪

提塘期	晚
基末利期	
牛津期	
卡洛夫期	中
巴通期	
巴柔期	
阿林期	
土阿辛期	早
普林斯巴期	
辛涅缪尔期	
赫塘期	

肉食性

英格兰多塞特

侏罗纪

提塘期	晚
基末利期	
牛津期	
卡洛夫期	中
巴通期	
巴柔期	
阿林期	
土阿辛期	早
普林斯巴期	
辛涅缪尔期	
赫塘期	

肉食性

澳大利亚西部

Ozraptor subotaii

沙氏澳洲盗龙和

澳大利亚人喜欢在恐龙的名字里加上表示其来源国澳大利亚（Australia）的成分。这些恐龙包括南方猎龙（*Australovenator*，见第206页）、澳洲龙（*Austrosaurus*）和更加随意的澳洲盗龙（*Ozraptor*）①。这种恐龙只发现了一段8厘米长的胫骨，但它很有可能是最早的阿贝力龙之一，这是一类肌肉发达、身体几乎与地面平行的迅捷猎手，头部高而短，前肢非常短小，生活在南半球，在白垩纪时期最为繁盛。澳洲盗龙也很可能与叫作瑞拖斯龙（*Rhoetosaurus*）的蜥脚类恐龙同为澳大利亚已知最早的恐龙。20世纪60年代中期，4个小学生在杰拉尔顿（Geraldton）附近的布林哥铁路路堑（Bringo Railway Cutting）上发现有骨头化石从岩石上突出来。他们通知了西澳大利亚大学，那里的专家把包含化石的砂岩板取出来，并把模型寄到了伦敦的自然历史博物馆。当时博物馆回信说这很可能是一只侏罗纪的乌龟，但是到了90年代当古生物学家最终将骨头从石头中取出来后，他们有了更清晰的观点。这块骨头是兽脚类恐龙后肢的一部分，有一个适应快速奔跑的不同寻常的踝关节。从那群男孩找到的骨骼碎片中，古生物学家现在可以描绘出一只猎食者在侏罗纪澳大利亚的林地里徘徊的场景。

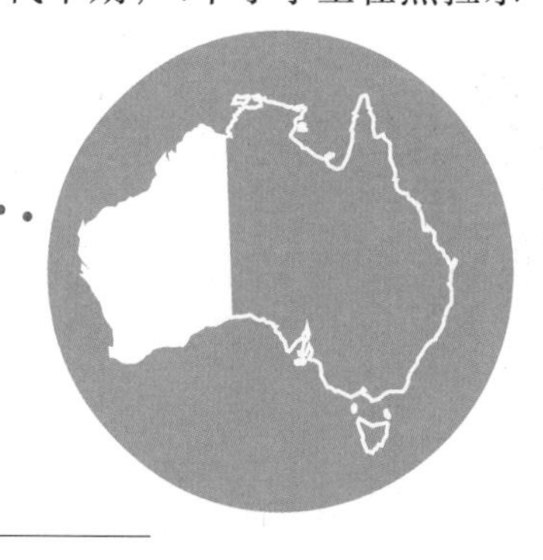

比澳洲盗龙巨大得多的始阿贝力龙是“最早的阿贝力龙”这一头衔的另一个有力争夺者——下一种阿贝力龙的记录出现在4,000万年之后。这从始阿贝力龙名字的拉丁文意思“黎明的阿贝力龙”中就看得出［还记得三叠纪章节中的始盗龙和

① Oz是澳大利亚的非正式简称。——编者注

Eoabelisaurus mefi

始阿贝力龙

曙奔龙（见第8—9页），“黎明的盗贼”和“黎明的奔跑者”吗？]。它刚刚开始演化出阿贝力龙的典型特征：头部并不像食肉牛龙（*Carnotaurus*，见第292页）那样特别短，手臂也没有那么萎缩，但是已经出现了这些趋势。它的手臂长度正常，手很小。因此阿贝力龙前肢的缩小似乎是分阶段的：手部先缩小，手臂则晚很多。

当始阿贝力龙活着的时候，冈瓦那古陆还没有分裂为南北两块。2012年命名的时候，阿根廷古生物学家迭戈·波尔（Diego Pol）和他的德国同事奥利弗·劳赫（Oliver Rauhut）注意到这具在巴塔哥尼亚发现的近乎完整的始阿贝力龙骨骼引发了这样一个问题：为什么在北欧相同年代的岩层里没有发现阿贝力龙？结论是在冈瓦那古陆没有分裂的时候，南北两边之间仍有一些无法逾越的障碍。在描述始阿贝力龙的文章里，波尔和劳赫指出“气候模型和地质数据方面越来越多的证据显示在中晚侏罗世期间，冈瓦那古陆中央存在一个巨大的沙漠”——也就是说，这片沙漠如此巨大，以至于恐龙们无法穿越过去。

侏罗纪

期	
提塘期	晚
基末利期	
牛津期	
卡洛夫期	中
巴通期	
巴柔期	
阿林期	
土阿辛期	早
普林斯巴期	
辛涅缪尔期	
赫塘期	

肉食性

阿根廷巴塔哥尼亚丘布特

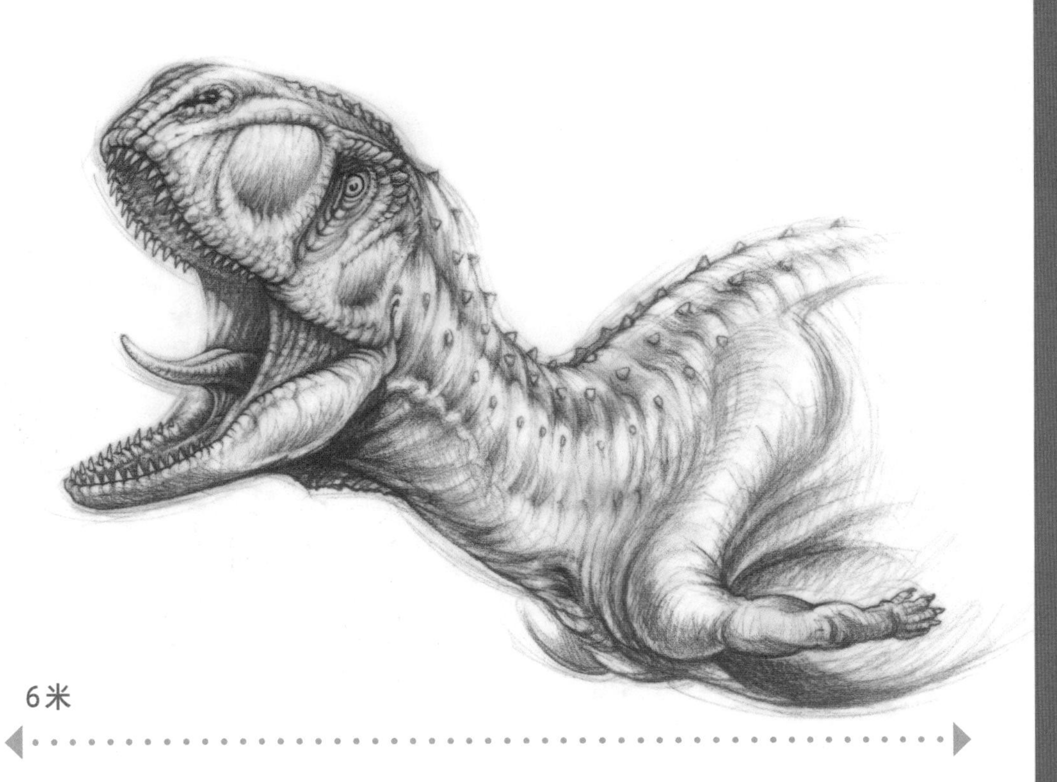

6米

佚罗纪

提塘期	晚
基末利期	
牛津期	
卡洛夫期	中
巴通期	
巴柔期	
阿林期	
土阿辛期	早
普林斯巴期	
辛涅缪尔期	
赫塘期	

植食性，吃较矮的植物

中国中部

Shunosaurus lii

李氏蜀龙 和

一般认为剑龙才有带刺的尾巴——然后蜀龙也有了。它的骨骼化石是1977年在中国发现的，但是没有进行仔细的研究。十多年以后，研究者们指出在其尾部的尖端有一丛圆锥形的骨化的皮肤，用来横扫想要猎食它的家伙。

这个特征是独一无二的，直到2009年在尼日尔发现了棘刺龙，为这种习性提供了更加瞩目的证据。棘刺龙是一种更巨大的恐龙，拥有更加危险的尾部。这副巨大的骨骼在尼日尔沙漠里红色的粉砂岩中蜷曲着，尾部不呈棒状，但是有两对对称的尖利长刺，几乎与剑龙的一样。

Spinophorosaurus nigerensis

尼日尔棘刺龙

13 米

蜀龙是最早的真蜥脚类恐龙之一，这个进步类群（真正的蜥脚类）具有头部很小、颈部很长、体型巨大等特征。但是蜀龙作为非常原始的种类，这些特征并不明显，比如以后来的真蜥脚类的标准来看，它的体型非常小，实际上脖子也很短，是仅次于短颈潘龙（*Brachytrachelopan*）第二短的。与短颈潘龙一样，蜀龙可能以低矮植物为食。

期	世
提塘期	晚
基末利期	
牛津期	
卡洛夫期	中
巴通期	
巴柔期	
阿林期	
土阿辛期	早
普林斯巴期	
辛涅缪尔期	
赫塘期	

植食性

尼日尔

维多利亚时代的先驱

“神就造出大鱼，和水中所滋生的各样有生命的动物，各从其类，又造出各样飞鸟，各从其类；神看着是好的。”

《创世记》1：21

根据《圣经》所述，这是发生在创世记第四天的事情。在19世纪早期，绝大多数英国人都把《圣经》当作史实，并且相信这个为期6天的创造世界的过程发生在数千年之前。许多学者花费了大量精力去计算精确的年份，最为人熟知的是17世纪阿尔马（Armagh）的爱尔兰大主教詹姆斯·厄谢尔（James Ussher）：根据他的计算，神在公元前4004年10月23日，一个周日的前夜创造了世界。

但是随着19世纪的进步，在地质学家和古生物学家的通力合作下，正统宗教的基础与从英格兰采石场和悬崖上获得的坚实证据之间的距离在逐渐拉大。在1830—1833年发表的《地质学原理》中，查尔斯·莱伊尔（Charles Lyell）发现在漫漫的时间长河里，地球上的岩层在逐渐积累，大陆也在非常缓慢地漂移。设想一下，原来人们相信世界只有5,000年历史，然后各种证据最终却证明它的历史实际上比这个长了100万倍！（现在知道地球的历史有46亿年，宇宙的历史有130亿年。）

与此同时科学家们也建立了最早的关于生物演化的理论，如果根据莱伊尔的研究建立的“深远时间”向前追溯，会找到一些人类和其他各种动物的共同祖先。

对于许多人来说接受这些激进的观点是非常困难的，就像一场地震动摇了他们脚下的土地。对地球生命历史的极大扩展将社会置于一个令人眩晕的旋涡之中，使固守旧观念的人迷失了方向——其中常常包括那些寻找化石和对化石进行科学研究的人。人们越来越多地认识到英国岩层中古老的骨头和牙齿碎片是一个生活着恐怖蜥蜴的失落世界的遗存，这更加动摇了乔治王时期和维多利亚时代最基本的社会信念。1824年威廉·巴克兰描述并命名了斑龙，它的利齿毫无疑问是用来杀死猎物、撕下血肉的，但是这与《圣经》中的描述并不相符，《圣经》上说死亡与食肉现象是人类堕落之后才出现的。

在恐龙研究的早期，作为将斑龙带入公众视野的人，巴克兰卷入了不断进步的科学与正统宗教的冲突之中。他的全称是教长威廉·巴克兰博士，是牛津大学的一位地质学家，1845年还成为威斯敏斯特教堂的教长。1820年他出版了一本名为《地质学或地质学与宗教的联系》（*Vindiciæ Geologiæ; or the Connexion of Geology with Reli-*

查尔斯·达尔文
1809—1882

gion explained）的书，在书中他试图把“深远时间”这个新兴观念以及关于史前生命的证据与修正过的神创论融合在一起。1836年他回到了八部《布里奇沃特专著》（*Bridgewater Treatises*）之一的写作上，由已故布里奇沃特男爵弗兰西斯·埃杰顿（Francis Egerton，the Earl of Bridgewater）的遗产资助。他是一个非常有名的怪人，为穿着时髦的狗举办宴会，还在花园里饲养修剪了翅膀的鸽子，以便视力不好也可以射杀它们。巴克兰本人也喜欢做出一些奇怪的举动：他是一个食肉动物，爱吃各种各样的动物。他的菜单包括酥炸老鼠，松鼠馅饼，烤美洲豹、鼠海豚、鼹鼠和丽蝇，最后两样是他唯一承认的不适合人类食用的生物。饮食习惯实际上与他的信仰有关，他认为人类被授予了地球上顶尖猎食者的神圣地位，神将其他动物都给了人类作为营养来源。他的学术风格也不同寻常：在一次演讲中，他把一个鬣狗的头骨猛推到一名大学生面前并问道：“世界的规则是什么？”看到惊恐而迷惑的学生哑口无言，巴克兰宣布：“食欲，先生，这就是世界的规则。强大的吃掉弱小的，弱小的吃掉更弱小的！”

在《布里奇沃特专著》中，巴克兰主张连续的几波造物过程为人类的到来铺平了道路，但是面对越来越多的地球在数百万年间逐渐发生变化的证据，他后来也不得不屈服了。

19世纪上半叶的科学进步的高潮是1859年查尔斯·达尔文发表《物种起源》，这本书引发了巨大争议。当时，他作为登上“小猎犬号”（HMS Beagle）进行科学考察的地质学家而闻名。达尔文深受莱伊尔思想的影响，莱伊尔关于地质学上缓慢渐变过程的理论被达尔文移植到了生物界。他的工作以原有的演化理论为基础，另外提供了许多坚实的证据，确保他的理论在20年内被科学

理查德·欧文爵士
1804—1892

家和公众广泛接受，然而最初的效果却是使人们的观点发生两极分化并引来虔诚宗教信徒的敌意（尽管今天他的理论已成为正统科学的基石，但是在许多人身上仍然会造成同样的影响）。那时有个很著名的漫画将达尔文描绘成长着猴子的身体，以嘲笑人和猿拥有遥远的共同祖先而不是按照固定形式被分别创造出来的观点。1861年始祖鸟的发现似乎是个意外，却成为他理论中过渡物种的完美例证，展示了恐龙怎样开始演变成鸟类的模样。

但是即使在几位同行的眼里，达尔文的理论也是有争议的。莱伊尔是一个虔诚的基督徒，他相信神创论，很难接受演化是由自然选择产生的这一观点。理查德·欧文爵士是维多利亚时期英国最杰出的解剖学家之一，但是从不接受达尔文所说的一个物种“转化”成另一物种的观点；他只将始祖鸟视为一只鸟，并接受早期演化理论中生命来自固定“原型”的看法。人类和大猩猩都可以随着时间发生变化，但是欧文不承认它们之间存在任何联系。

欧文是个不易相处的角色，对同行少有

尊重，最终因为在他的出版物中剽窃他人的成果而被皇家科学委员会开除。他将自己的工作热情带到了家庭生活中，作为那个时代卓越的动物学家，他能够优先获得伦敦动物园的动物尸体，甚至有一天他的妻子回家后发现走廊上有一只死犀牛。但无论如何他仍然是一位重要的科学家，取得了许多值得纪念的成就。其中包括建立自然历史博物馆，以及在1842年创造了“恐龙”一词来描述前面所说的斑龙、禽龙和森林龙，恐龙这个词在希腊语中意为“恐怖的蜥蜴”。他定义的恐龙是蹲伏着的迟钝的爬行动物。水晶宫[①]的许多史前生物雕塑之中也出现了这三种生物，是本杰明·沃特豪斯·霍金斯（Benjamin Waterhouse Hawkins）根据欧文的叙述塑造的，它们一直矗立到今天，成为对恐龙早期研究的纪念。

达尔文从“小猎犬号”的旅行中归来之后，莱伊尔把他介绍给欧文，他们一度关系融洽。然而在《物种起源》发表之后，两人的友谊破裂了。举止温文尔雅的达尔文在1860年宣称：“伦敦人说，他因为我的书引起了轰动而感到愤怒和嫉妒。欧文这样极端地痛恨我，真是令人痛苦。”当1871年欧文试图削减政府对邱园植物收藏的资助之后，达尔文回应道：“我曾经为如此痛恨他而感到惭愧，但如今在我的余生里我都会格外珍爱这份痛恨和蔑视。”这段故事展现了在维多利亚鼎盛时期科学界涌动的感情，以及这些人对其工作的意义所在的忠诚。

不过，虽然欧文是一个难处的人，但是我们既不能嘲笑他对恐龙形象的误解，也不能蔑视他和19世纪的其他科学家为调和宗教观念与欧洲和美洲岩层中出产的化石证据之间的矛盾所做出的努力。巴克兰、曼特尔（Mantell）、欧文、莱伊尔和达尔文拓展了那个时代人们的思想领域，就此为古生物学铺上了第一级阶梯。如果没有他们的话，现代的专家不可能达到今天的高度。

我们还有很长的路要走，并且几乎不可能到达终点。按照新的化石证据出现的速度，再过一个世纪，我们现在对于恐龙的演化关系、外貌和行为的一部分假设可能就会显得非常陈旧过时。

---

① 水晶宫：1851年英国伦敦第一届世界博览会的举办场馆，因其花房式的玻璃结构而得名。——编者注

侏罗纪

提塘期	晚
基末利期	
牛津期	
卡洛夫期	中
巴通期	
巴柔期	
阿林期	
土阿辛期	早
普林斯巴期	
辛涅缪尔期	
赫塘期	

Jobaria tiguidensis

悬崖约巴龙

1997年，由美国古生物学家保罗·塞雷诺领导的一个19人团队在尼日尔的撒哈拉沙漠里找到了这只原始蜥脚类恐龙近乎完整的骨骼。把团队带到化石所在地的是当地的图阿雷格人，他们知道这些古老的骨头，并将其与神话中称作“约巴”（Jobar）的动物联系起来，但后来的事实证明，这片巨大墓地里的遗骸属于一种前所未见的恐龙。一具幼龙标本上有非洲猎龙（*Afrovenator*）的牙齿咬痕，后者是侏罗纪时期非洲北部的主要猎食者。

约巴龙可能属于大鼻龙类，这类恐龙是庞大的植食性动物，有长长的脖子和巨大的口鼻部（属名的字面意思就是“大鼻子”）。埋藏化石的沉积物最初被认为是早白垩世的，但2009年的研究证明它们实际上要古老得多。那个时期，非洲北部的这片区域被林地所覆盖。约巴龙引人注目的地方是它的短尾巴（至少与梁龙那细长鞭状的尾巴相比很短）和异常简单的脊椎骨。塞雷诺和他的团队之后开展的测试表明，其后肢足够强壮，可以使它直立起来，吃到更小的植食性恐龙够不到的树叶。

植食性

非洲北部

Guanlong wucaii

五彩冠龙

3.5 米

肉食性

中国西北部准噶尔盆地

鼻子上方奇怪的头冠使冠龙看起来相当不同寻常，不过它尖利的牙齿、巨大的头部和有力的腿将它与一个非常著名的恐龙族群联系在一起。这就是凶猛的肉食性恐龙——暴龙类，该族群到霸王龙（*Tyrannosaurus rex*）时达到了顶峰，而这只小恐龙生活在距霸王龙9千万年以前，是霸王龙最早的祖先。在中国北部一个遥远的角落里，一共发现了两具成年冠龙和一具幼龙的骨骼，它们种名的意思是“五彩”，指的是当地岩层的色彩。

尽管化石上没有羽毛的印痕，但因为其较晚的亲戚帝龙（*Dilong*）有羽毛，所以冠龙可能也有。它有3根长而有力的指，比霸王龙那小小的指有用得多。属名的意思是“头上有冠的龙”，意味着头冠可能用来展示自己的亮丽色彩。由于头冠非常薄而脆弱，所以不大可能有其他功能。乔治华盛顿大学的詹姆斯·克拉克（James Clark）博士披露了这项发现，认为这个头冠与现代的犀鸟和鹤鸵的冠很相似。

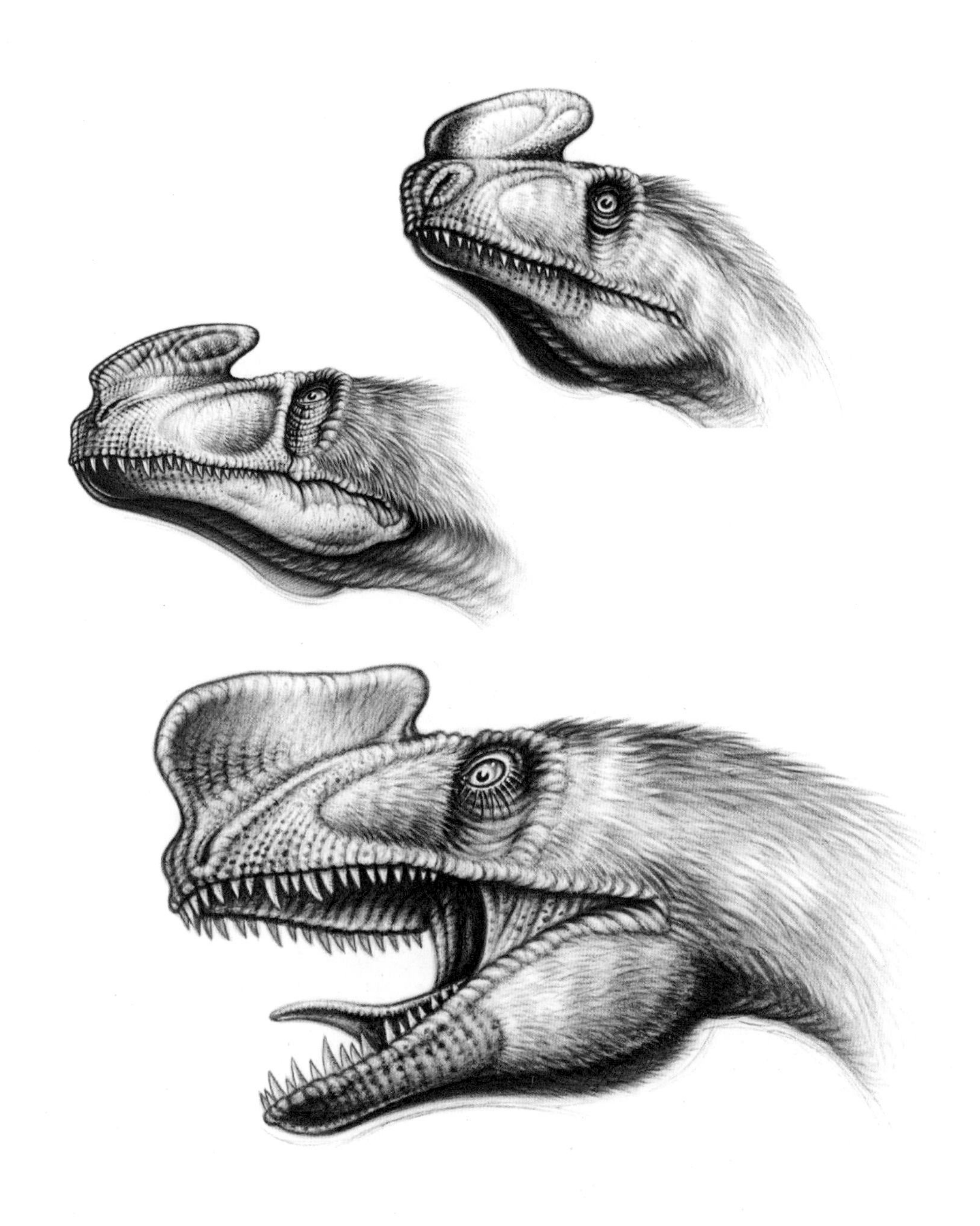

3米

Proceratosaurus bradleyi

布氏原角鼻龙

1910年人们就发现了这只小型英国兽脚类恐龙长长的下颌，但是却花了一个世纪的时间才确认了原角鼻龙是另一种非常早期的暴龙类。

它的头骨仅30厘米长，只有霸王龙头骨长度的五分之一，但是两者有许多共同之处：两侧都有同样的空隙以便增加颌部肌肉的体积，拥有同样的香蕉状牙齿，骨头内有大量的用于减轻重量的气腔。

原角鼻龙的化石是在挖一个蓄水池的时候发现的，1942年在自然历史博物馆展出，此后一直存放在那里。它的口鼻部有一个小小的冠，这使德国古生物学家弗里德里希·冯·胡艾尼认为它是晚侏罗世长得像欧洲传说中的火龙一样的猎食者角鼻龙（*Ceratosaurus*）的祖先，它的名字也由此而来。但是角鼻龙是阿贝力龙的亲戚，而2010年的研究显示原角鼻龙属于暴龙类，因此它的名字有误导性。

原角鼻龙科的名称是由这种恐龙的名字而来，本科其他的成员包括中国暴龙（*Sinotyrannus*）和衍龙（*Kileskus*），对页的左上和右上是它们的复原图。

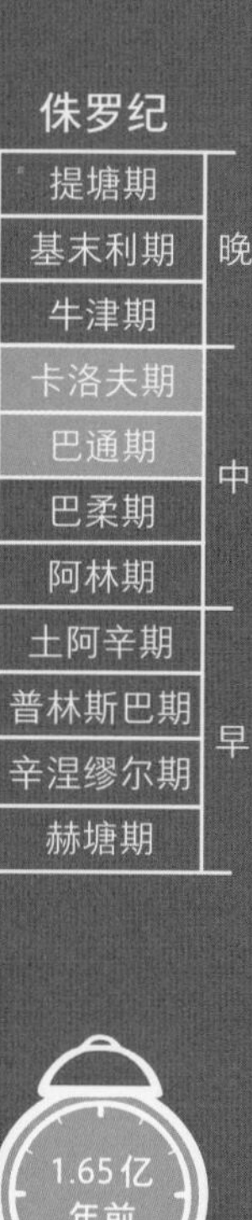

肉食性

英格兰格洛斯特郡
明钦汉普顿

侏罗纪

提塘期	晚
基末利期	
牛津期	
卡洛夫期	中
巴通期	
巴柔期	
阿林期	
土阿辛期	早
普林斯巴期	
辛涅缪尔期	
赫塘期	

植食性，吃较矮的植物

300千克

中国三工河谷

Tianchisaurus nedegoapeferima

明星天池龙

属名意思是"天空湖泊的蜥蜴"

甲龙类通常生活在白垩纪时期，但是这只恐龙生活在中侏罗世，是已知最早的甲龙。尾巴的末端有一个扁平的尾锤，背上还披着铠甲；它的后代将这两项特征发展到极致，变得几乎刀枪不入。

天池龙一度有另一个名字，不仅揭示了它所属的时代，还指出了推动这项研究的电影。1974年，一些学地质的学生在野外实习中采集了这只披甲植食性恐龙的骨骼，但是直到1993年才被描述和命名，资助者是电影《侏罗纪公园》的导演史蒂芬·斯皮尔伯格。正因为如此，它最初被命名为明星侏罗纪龙（*Jurassosaurus nedegoapeferima*），冗长的种名取自电影里演员们的姓氏：萨姆·尼尔（Sam Neill）、劳拉·德恩（Laura Dern）、杰夫·戈德布卢姆（Jeff Goldblum）、理查德·阿滕伯勒（Richard Attenborough）、鲍勃·佩克（Bob Peck）、马丁·费雷罗（Martin Ferrero）、阿利安娜·理查兹（Ariana Richards）和约瑟夫·梅泽罗（Joseph Mazzello）。中国古生物学家董枝明最终选择的属名为"天池龙"（指的是发现地天山山脉中著名的天池），但他保留了这个种名。

3米

Datousaurus bashanensis

巴山酋龙

10米

中国的大山铺采石场是世界上最富饶的中侏罗世恐龙化石产地。近年来这里发现的将近40吨骨骼化石中就有这只植食性恐龙，它是极少数生活在大约1.8亿年前的蜥脚类恐龙之一，而大多数蜥脚类的化石记录都出现在侏罗纪末期和白垩纪。

与同时期的恐龙相比，酋龙有一条长长的脖子，但是却没法与中国较晚期那些非凡的蜥脚类相比，如马门溪龙（*Mamenchisaurus*）。属名的意思是“酋长蜥蜴”。对它的了解均来自两具不完整的骨骼，其中一具带有一个不完整的头骨，在蜥脚类中算是非常厚重的。一般来说蜥脚类恐龙的头骨都很轻，很难完整地保存为化石。

侏罗纪

期	
提塘期	晚
基末利期	
牛津期	
卡洛夫期	中
巴通期	
巴柔期	
阿林期	
土阿辛期	早
普林斯巴期	
辛涅缪尔期	
赫塘期	

植食性

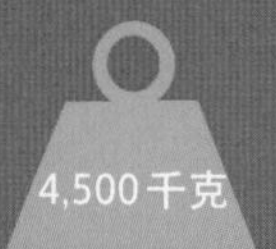

中国四川省

佚罗纪

提塘期	晚
基末利期	
牛津期	
卡洛夫期	中
巴通期	
巴柔期	
阿林期	
土阿辛期	早
普林斯巴期	
辛涅缪尔期	
赫塘期	

肉食性

法国西北部

Dubreuillosaurus valesdunensis

迪布勒伊洛龙

8米

迪布勒伊洛龙最显著的特点是它长长的头部，头骨本身长度是高度的3倍。1998年这个奇怪的头骨和一些肋骨发现于法国一个废弃的采石场上，最初被认为是杂肋龙（*Poekilopleuron*，见对页）的一个新种。当研究人员回来取更多的化石时，这个采石场已经重新开工，推土机早已将剩余的化石推成了散落各处的2,000个小碎片。经过若干年艰辛的采集和分析工作，法国古生物学家罗南·阿兰（Ronan Allain）于2005年宣布它是迄今为止不为人知的中侏罗世斑龙类，并以最早发现化石的家庭为其命名。因此至少对于不说法语的人来说，这是最难读的恐龙名称之一！这种肩背弯曲的庞大肉食性恐龙曾经在劳亚古陆西北部的红树林海岸边追捕猎物。

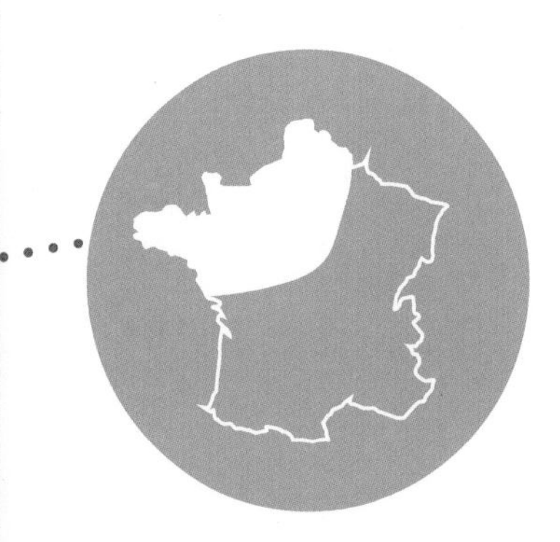

Poekilopleuron bucklandii

巴氏杂肋龙

结实而有力的手臂使这只兽脚类恐龙显得与众不同：一些较晚期的大型肉食性恐龙的前肢已经退化到看起来没什么作用，然而对这个生存时代要早上1亿年的中侏罗世猎食者来说，前肢在捕猎活动中显然非常重要。杂肋龙是斑龙一族的大型猎食者，但是速度稍微慢一些，所以很可能捕食剑龙和蜥脚类这种笨拙的植食性恐龙。它的名字是希腊语和拉丁语的混合体，意思是“各种各样的肋骨”。因为化石中很罕见地保存了完整的胸廓，其中包含了3种不同类型的肋骨。

9 米

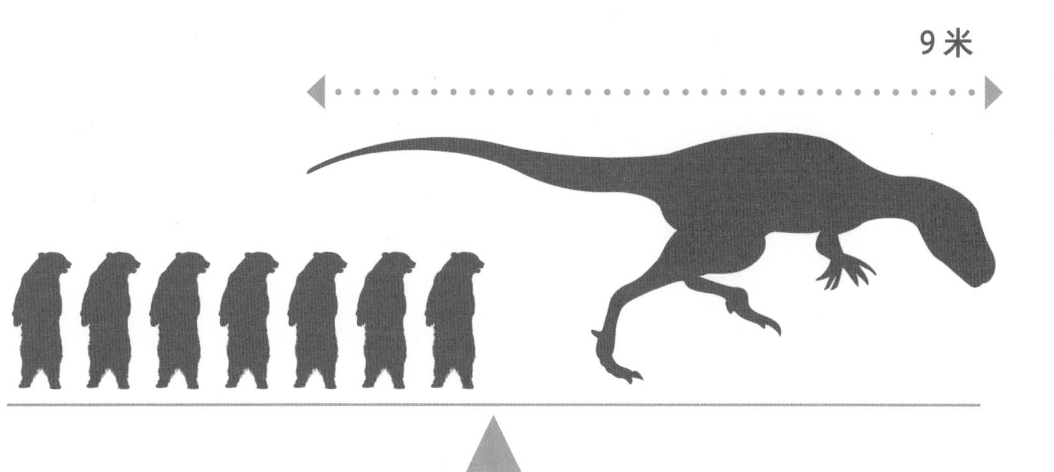

侏罗纪

期	
提塘期	晚
基末利期	
牛津期	
卡洛夫期	中
巴通期	
巴柔期	
阿林期	
土阿辛期	早
普林斯巴期	
辛涅缪尔期	
赫塘期	

法国诺曼底

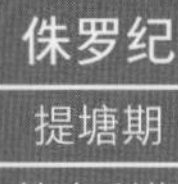

侏罗纪

期	世
提塘期	晚
基末利期	
牛津期	
卡洛夫期	中
巴通期	
巴柔期	
阿林期	
土阿辛期	早
普林斯巴期	
辛涅缪尔期	
赫塘期	

植食性，吃较矮的植物

中国四川省

Agilisaurus louderbacki

兰氏灵龙

在建设中国自贡恐龙博物馆期间，工人们发现了已知最完整的小型鸟臀类恐龙之一。就像它的名字那样，这是一只非常灵巧而优雅的小生物，有两条长长的后腿，以极快的奔跑速度逃避猎食者的攻击。在行走和进食的时候它很可能使用四条腿，较短的前肢使其小小的头部能够指向地面，轻松地啃食蕨类等低矮的植物。

灵龙的遗骸是在富含化石的大山铺采石场发现的。在自贡博物馆中，灵龙的骨架模型放在令人恐惧的气龙（*Gasosaurus*）骨架旁边，后者也许是它主要的天敌。气龙是一种兽脚类恐龙，它的化石是在建设四川省的一座天然气厂的过程中发现的，所以有了这么一个奇怪的名字。

Cetiosauriscus stewarti

斯氏似鲸龙

15 米

这只植食性恐龙和一栋典型的排屋一样高，它在中侏罗世英格兰的林地间漫步，啃食着树叶，不时还要抵御斑龙等肉食性恐龙的袭击。不完整的骨骼包括一段脊柱和一条前腿，很难进行归类——不同的研究分别将它归入梁龙类和马门溪龙类。1927年，当弗里德里克·冯·胡艾尼对一些先前被归入鲸龙（*Cetiosaurus*，“鲸一样的蜥蜴”）的化石进行重新分类时给它们取了现在的名字。这只蜥脚类恐龙与鲸龙非常相似，因此新名字的意思是“与鲸龙相似”。种名是向伦敦砖业公司的董事长致敬，他位于彼得伯勒的牛津黏土石灰岩采石场出土了第一具似鲸龙化石。

侏罗纪

期	世
提塘期	晚
基末利期	晚
牛津期	晚
卡洛夫期	中
巴通期	中
巴柔期	中
阿林期	中
土阿辛期	早
普林斯巴期	早
辛涅缪尔期	早
赫塘期	早

植食性

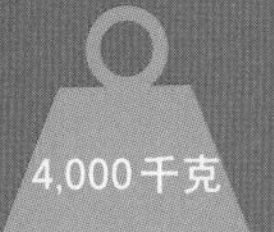

英格兰彼得伯勒和赛伦塞斯特

侏罗纪

提塘期	晚
基末利期	
牛津期	
卡洛夫期	中
巴通期	
巴柔期	
阿林期	
土阿辛期	早
普林斯巴期	
辛涅缪尔期	
赫塘期	

肉食性——吃蜥蜴、小型哺乳类

中国西北部

Haplocheirus sollers

灵巧简手龙

属名意思是“简单灵巧的手”

这只具有羽毛和利齿的肉食性恐龙看上去特别像鸟类，但它的生存年代比通常认为已知最早的鸟类始祖鸟早了1,500万年。简手龙是已知最大、最原始的阿尔瓦雷兹龙超科（Alvarezsauroid）成员。注意这个词的最后3个字母：表示它是阿尔瓦雷兹龙类的近亲，但实际上不属于阿尔瓦雷兹龙科。它的生存年代比任何已知的阿尔瓦雷兹龙类要早6,300万年，将这个家族的历史延长到远在鸟类出现之前的时代。真正的阿尔瓦雷兹龙类与鸟类有共同的祖先，但它们并不是鸟类，而仅仅是一支奇怪的旁支，平行地演化出了与鸟类相似的特征。因为阿尔瓦雷兹龙类在许多方面都与现代鸟类不同，所以人们把它们从恐龙—鸟类的演化线上移了出来，这样减少了混乱并且强化了恐龙与鸟类的联系。

阿尔瓦雷兹龙科的晚期成员，如单爪龙（*Mononykus*，见第267页），有短而强健的前肢，每个前肢有一根巨大的拇指爪，很可能用于破坏白蚁的巢穴。简手龙引人注目的爪刚刚从更加典型的、具有抓握功能的兽脚类前爪开始演化。典型的兽脚类前爪有3根长长的指，中间那根尤其长。简手龙名字的意思是“简单灵巧的手”，说明它可以用手指抓住猎物，而阿尔瓦雷兹龙类是做不到的。科学家们曾猜测白垩纪的阿尔瓦雷兹龙类有侏罗纪的祖先，简手龙的发现证明他们是正确的。

Condorraptor currumili

克氏神鹰盗龙

阿根廷农场主伊波利托（Hippolito Currumil）在赛罗康多村（Cerro Condor）自家地里找到了一根胫骨。2005年，德国古生物学家奥利弗·劳赫认为它是小型猎食性恐龙的一个新属。但是人们对这种恐龙所知甚少，直到2007年关节完好的世界上第一具中侏罗世兽脚类恐龙在南美洲重见天日，显示神鹰盗龙是个奔跑速度飞快的杀手，2010年剑桥古生物学家罗杰·本森为其确定了更加精确的分类位置：它是一种斑龙类恐龙，与南美洲同时代的皮亚尼兹基龙（*Piatnitzkysaurus*）有较近的亲缘关系。

由于南美洲中侏罗世的兽脚类恐龙化石很稀少，所以进一步的研究可能会帮助人们填补关于后来兽脚类恐龙演化知识的空白。

4.5米

侏罗纪

期	
提塘期	晚
基末利期	晚
牛津期	晚
卡洛夫期	中
巴通期	中
巴柔期	中
阿林期	中
土阿辛期	早
普林斯巴期	早
辛涅缪尔期	早
赫塘期	早

肉食性

200千克

阿根廷南部

骨头大战

19世纪中期，美国。

拓荒者和勘探者在这片大陆上向西扩散，对“新”世界宣示主权（但是对自古以来一直生活在那里的美洲原住民来说当然不算新）。在这个充斥着发现与竞争、流血和阴谋的时代，在这个造就了现代美国的“镀金时代”，出现了两位杰出美国人的身影。

其中一位穿着时髦，出身高贵，来自一个富有的贵格会家庭。他炫耀着短而浓密的头发、闪烁着光芒的眼睛、做作的小胡子、充满挑衅意味的尖下巴以及挂在嘴角的一丝假笑。他的名字是爱德华·德林克·科普。

另外一位，奥斯尼尔·查尔斯·马什（Othniel Charles Marsh），是一个精力充沛、有着双下巴的家伙。他那撮长而乌黑的胡子使人们不再注意其秃顶的脑袋。他来自一个平凡的家庭，但他的舅舅是乔治·皮博迪（George Peabody），19世纪一流的实业家之一。皮博迪的慷慨开启了马什的学术生涯：他先到德国去了一阵子，那时的欧洲是化石研究的前沿阵地，然后在1866年返回美国，成为耶鲁大学古脊椎动物学教授。那一年35岁的马什说服他的舅舅建立皮博迪自然历史博物馆，这个博物馆在康涅狄格州的耶鲁校区内落成，马什出任馆长。3年之后皮博迪去世，给马什留下一笔巨额遗产，成为他日后工作的基础。那时的科普是一位动物学教授，费城著名的自然科学研究院的成员。

两个人于1864年在柏林见面了。他们一度是同事，甚至是朋友。随后，在各自奔向成功的道路上，相互之间产生了竞争，并且逐渐演变成全面的冲突。两人在工作中是不共戴天的敌人，但正是他们之间的竞争促进了恐龙化石的发现，恐龙时代在公众中的影响力大增，古生物学家关注的焦点也从欧洲转向了美国。

当科普和他的团队在新泽西州的泥灰岩矿坑中工作的时候，“骨头大战”正式打响了。1858年，上一代最伟大的美国化石猎人约瑟夫·莱迪（Joseph Leidy）在这里找到了第一具鸭嘴龙（*Hadrosaurus*）的骨骼。马什听说了这个地点的巨大潜力，就贿赂给科普挖化石的人，要他们把挖到的化石寄给自己而不是科普。科普知道此事之后勃然大怒。

同一时期发生的另一件事加深了他们之间的仇恨。1868年科普给一只巨型蛇颈龙化石进行了装架，并在一本科学期刊上将其命名为薄片龙（*Elasmosaurus*）。马什怀着极大的乐趣公开宣称科普对这具化石的描述中把头骨安到了尾巴上，科普恼羞成怒，试图买下并毁掉这篇文章的所有副本。自此开始，他们之间的关系再也回不到从前：后来的20年里，彼此间的敌意持续升级。1877年，他们两个都收到了亚瑟·莱克斯（Arthur Lakes）寄来的化石样品，此人是科罗拉多州的一位地质学家兼艺术家，在一次徒步旅行中发现了一些巨大的骨头。马什不知道莱克斯也联系了科普，就付给他100美元，要他保守秘密——当马什知道了事情真相以后，急忙派了一名雇工去科罗拉多州以确保他对这项发现的所有权。至此他们之间的竞争已经变得众所周知，马什更乐意舒舒服服地坐在耶鲁的办公桌前付出大把的钞票，而不像科普那样在岩面上弄脏自己的手，然而他也知道会见美洲原住民是很重要的，这些人远比大多数白人更熟悉荒原的每一个角落。19世纪70年代，马什与苏族酋长红云（Red Cloud）结为好友，并得到了部落里的昵称——Wicasa Pahi Hohu，意思是收集骨头的人。部落里的人也把他称为“大骨头酋长”。

当一队铺设联合太平洋铁路的工人在怀

爱德华·德林克·科普
1840—1897

俄明州的科摩断崖（Como Bluff）上富含晚侏罗世化石的岩层工作的时候，他们告知马什发现了骨头化石，并暗示他要支付合理的费用，否则就把消息告诉科普。果然，马什照办了。这项投资得到了回报：在1877年12月出版的《美国科学杂志》（*American Journal of Science*）上马什公布了包括剑龙、异特龙和梁龙在内的一批新发现的恐龙。

奥斯尼尔·查尔斯·马什
1831—1899

接下来的几年里满是对间谍活动、盗窃和行贿的指控。两人最初想要推动科学进步的理想完全被异常强烈的自尊心所掩盖了。他们甚至将化石毁掉，以防其落入对方手中，并用碎石和泥土将自己的挖掘地点隐藏起来。有一段时间，当工作地点太近的时候，两支队伍还会互掷石块。

科摩断崖是1879年科普与马什一决胜负的地方。科普到达这里，指控马什非法闯入并偷窃了他的化石。马什随后命令他的队伍炸掉发掘坑，以免科普在此找到任何化石。

另一方面，科普用一列火车把马什找到的化石转移到了费城。马什为了阻止和迷惑科普，在自己的地点撒满来自其他地方的碎骨。两个人都竭尽各自的精力和财力试图战胜对方。

最终马什以80项发现对科普的64项发现，赢得了“骨头大战”的胜利，但是没有一个人感到高兴。他们的行为玷污了自己的名声，猛烈的竞争使他们对化石的研究不够精确，后世的科学家需要将他们的许多发现重新进行归类。科普于1897年去世，终年56岁，几乎因为他的事业而破产。马什在两年之后去世，终年67岁，也处于经济困境之中。

古生物学才是真正的赢家：这两个人的成就彻底改变了我们对恐龙时代的理解，将一个失落的世界带到了现代公众的面前。

佚罗纪

提塘期	晚
基末利期	
牛津期	
卡洛夫期	中
巴通期	
巴柔期	
阿林期	
土阿辛期	早
普林斯巴期	
辛涅缪尔期	
赫塘期	

虫食性

中国辽宁省

Xiaotingia zhengi

郑氏晓廷龙

这只鸡一般大小、长着羽毛的长尾巴恐龙在侏罗纪的中国林地里觅食昆虫……但是我们最需要了解的是它的发现对于我们理解生活在至少500万年之后的另一种更加著名的生物——始祖鸟——的意义。2011年晓廷龙被公之于众后，出现了这样的新闻标题：始祖鸟从第一只鸟的位置上“被赶出了窝”。然而事实是更加微妙的。

一位成果丰硕的中国古生物学家徐星认为晓廷龙与始祖鸟有非常近的亲缘关系，它们都不是鸟类，而应该归入恐爪龙类。这个类群也包括伤齿龙（*Troodon*）和伶盗龙。他的证据是晓廷龙口鼻部的前端在靠近鼻孔处有一个大洞，这个特征只出现在恐爪龙中，而不见于鸟类。

徐星还指出始祖鸟和晓廷龙都显现了发育出一个恐爪龙类的决定性特征的端倪：一根可伸展的第二趾。

那么，如果始祖鸟是一只恐爪龙而不是一只鸟，第一只鸟又是谁？在中国发现的另外3种带羽毛的兽脚类恐龙成为候选：耀龙（*Epidexipteryx*）、热河鸟（*Jeholornis*）和会鸟（*Sapeornis*）。但是，“第一只鸟”这样简单的概念并不能帮助我们理解从恐龙到鸟这个渐变的过程。

不管怎样，在晓廷龙发布之后几个月，另一项研究将它归入伤齿龙类，并且又把始祖鸟移回到鸟类里。这篇文章的作者，迈克尔·李（Michael Lee）和特雷弗·沃西（Trevor Worthy）认为徐星的分类证据支持不够强，但是也指出“始祖鸟在这两个位置上都是有道理的，表明鸟类和进步兽脚类恐龙之间的界限是模糊不清的”。

60厘米

是不是鸟类？

这是今天古生物学中最令人困惑且最富争议的领域。请牢记尽管所有的鸟类都是恐龙，但并不是所有的恐龙都是鸟类。像始祖鸟和晓廷龙这样的动物无疑是恐龙，无疑也具有一些鸟类的特征；问题是它们是否位于演化树中通向现代鸟类的分支上。

毕竟，许多将始祖鸟定义成鸟类的特征——例如羽毛、叉骨和三指的手——在非鸟兽脚类恐龙中也发现了。霸王龙有这三个特征中的两个，并且它也很可能有羽毛，但是没人会称它为鸟类或现代鸟类的直接祖先。只是在过去的某些阶段，霸王龙和麻雀有共同的祖先，它们从那里继承了这些特征。

这些带羽毛的兽脚类恐龙可能能够飞行或滑翔，但是也不能将它们定义成鸟类：蝙蝠可以飞，昆虫也可以，向前追溯还有翼龙。这只能说明恐龙家族中不属于鸟类的一支也演化出了飞行的能力。

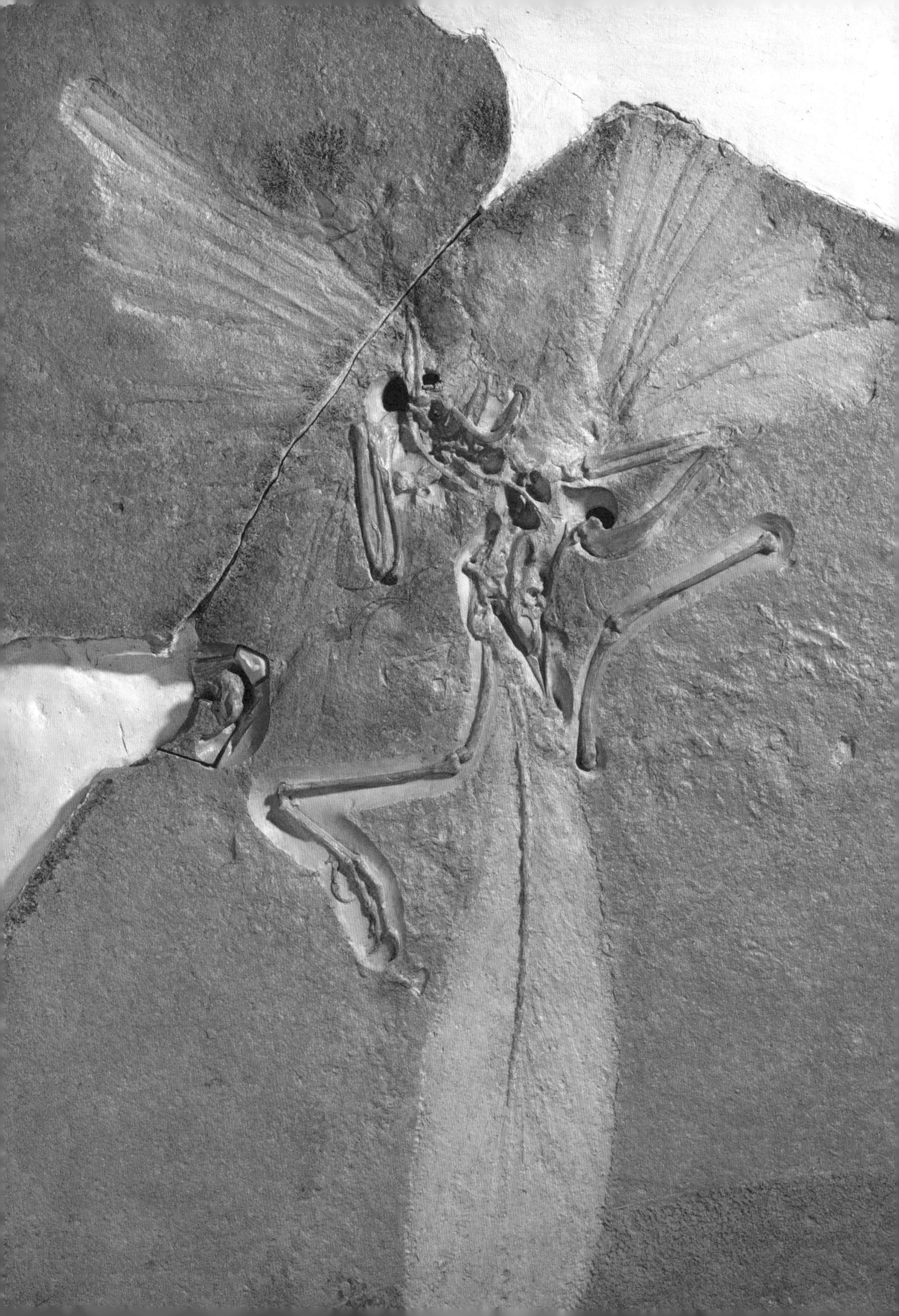

Archaeopteryx lithographica

印石板始祖鸟

我们都知道始祖鸟——它是演化的标志，1861年在德国索伦霍芬（Solnhofen）的岩层中发现，与不久前发表的《物种起源》交相辉映，验证了查尔斯·达尔文关于物种渐变的假说。德国人将它称为“*Urvogel*”，即“第一只鸟”。这个生物有恐龙的上下颌和尾巴，清晰地保存在有1.47亿年历史的岩石里，纤细的羽毛从前肢和尾部放射出来。这块化石的美巩固了这种生物的名望。但自从始祖鸟被发现已经过去了150年，虽然在当时它具有一定的启示性，但如今相似的生物正以惊人的频率从中国的岩层里被发现。现在我们知道它只是众多有羽毛的小型兽脚类恐龙之一，在侏罗纪的林地间振翅飞翔。

大家都熟悉它的化石，但是我们对活着的始祖鸟有多少了解？当这种喜鹊般大小的鸟（或者不是，看具体情况而定）生存的时候，欧洲的这个部分是温暖海洋中的热带岛屿，纬度与今天的佛罗里达州接近。它极有可能会飞，至少也能够在林间滑翔，因为它的前肢长有适合飞行的羽毛。它的后肢也覆盖着向下生长的“羽毛裤”，尾部的羽毛则呈扇形排列，但头部和脖子上没有显示出羽毛的痕迹。始祖鸟可能像一些现代鸟类一样是个秃头，不过也可能是羽毛没有保存在化石中而已。它可能吃昆虫、小动物或鱼类，也可能会游泳。脚上可以伸展的爪子能够帮助它抓住大的猎物或者保护自己，前肢的爪子也有相同的作用。

50厘米

侏罗纪

期	
提塘期	晚
基末利期	晚
牛津期	晚
卡洛夫期	中
巴通期	中
巴柔期	中
阿林期	中
土阿辛期	早
普林斯巴期	早
辛涅缪尔期	早
赫塘期	早

昆虫、小动物、鱼类？

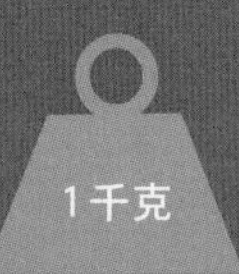

德国

恐龙与鸟类的联系

当你把长有羽毛和鸟喙的恐龙图片与身边的鸟类对比，就会发现它们之间的相似性实在是太显著了。两者之间存在演化上的联系，这一点任何人都很难质疑。

对于一小撮古生物学家来说这个问题远没有解决：他们主张鸟类是从三叠纪的一种叫长鳞龙（*longisquama*）的爬行动物演化来的，它有一列从脊柱上伸出的羽毛（或者是与之相似的垂直竖立的结构）。然而，主流观点把恐龙分为非鸟类和鸟类两个类群。非鸟类是早已灭绝的爬行动物，是我们传统上认为的恐龙。鸟类则包

括从始祖鸟（见第81页）那样古老的飞行生物，到在绿篱上啁啾的麻雀，以及像鸵鸟和鸸鹋般不会飞行的大型鸟类。是的，今天我们所知的鸟类就是恐龙——这个观点最初似乎令人惊讶，但是当你比较它们之间的特征之后就非常好理解了。现在的共识是恐龙可以分为两大类——鸟臀类和蜥臀类，现代鸟类实际上是从后者演化来的，具体地说是从食肉的兽脚类中的手盗龙类这些有羽毛的小猎手演化来的。

今天，古生物学家们可以举出兽脚类恐龙和鸟类之间大量的相似性，从羽毛、关节的构成、蛋壳的显微结构到肺的工作方式等。以伶盗龙为例，它与现代鸟类一样会孵蛋，还具有叉骨、轻而中空的骨骼、柔软的内部器官和鸟类脚上长的那种鳞片。通过分析一个标本的尺骨，古生物学家们在2007年证实伶盗龙是有羽毛的。这根骨头与桡骨一起组成了前臂——这在任何脊椎动物，不论恐龙还是人类中都是一样的。他们发现了“羽茎节”的模糊痕迹，这些微小的凹口显示羽茎是从那些地方长到骨头里的。

但同年，在美国古生物学家玛丽·希格比·施韦泽（Mary Higby Schweitzer）的领导下，一项最令人惊异的工作强化了恐龙与鸟类的联系。她的团队声称在一根有6,800万年历史的霸王龙腿骨中发现了血管和血细胞，这些组织的结构与鸵鸟和鸸鹋之类的鸟类相

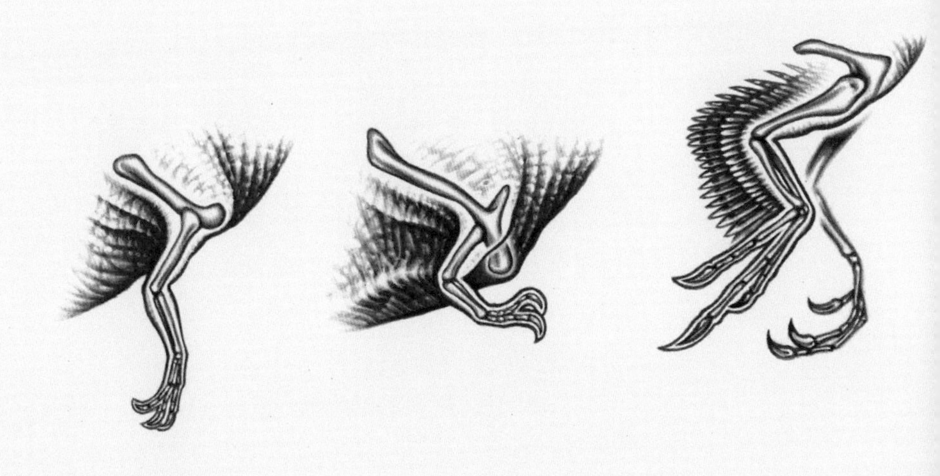

似。然而，这项研究成果引发了强烈的质疑，其他科学家相信这些组织来自后期的污染，并不属于霸王龙。与此同时，哈佛医学院的约翰·阿萨拉（John Asara）及同事开展了一项相关的研究，他们声称在同一根霸王龙的骨头里观察到了胶原蛋白的序列。在现在生活着的所有动物中，霸王龙的氨基酸序列与鸡的最相似。

施韦泽和她的同事后来又报道说他们在一只霸王龙的后腿中找到了髓质骨。髓质骨原先被认为仅在雌性鸟类中存在，功能是在雌鸟将体内的钙质转移给蛋壳的时候保持肢骨的强度。这样在身体构造上恐龙又与鸟类多了一层联系。

恐龙与鸟类有亲缘关系的观点可以追溯到19世纪中期恐龙刚刚被发现的时候。托马斯·亨利·赫胥黎（Thomas Henry Huxley）为他的朋友达尔文的演化理论激烈辩护，因而得到了“达尔文的斗牛犬”这一昵称。他把始祖鸟奉为恐龙与鸟类之间缺失的一环。更笼统地说，他观察到了鸟类骨骼与兽脚类恐龙之间明显的相似性。1876年9月，他在纽约做了一次长长的演讲，提到了这个模糊的界限：“我们应该对鸟纲的定义进行延伸，以便将那些有牙齿的鸟以及有前爪和长尾的鸟包括进来。没有证据表明美颌龙（*Compsognathus*）有羽毛；不过，如果它有，我们将很难说清它应该叫作像爬行动物的鸟呢，还是叫作像鸟的爬行动物。”

但是1926年格哈德·海尔曼（Gerhard Heilmann）出版了《鸟类起源》一书，书中否定鸟类和恐龙之间有联系，从而开启了古生物学长达40年的“沉默年代”。在这段时间里人们认为恐龙是演化上的一个盲端。

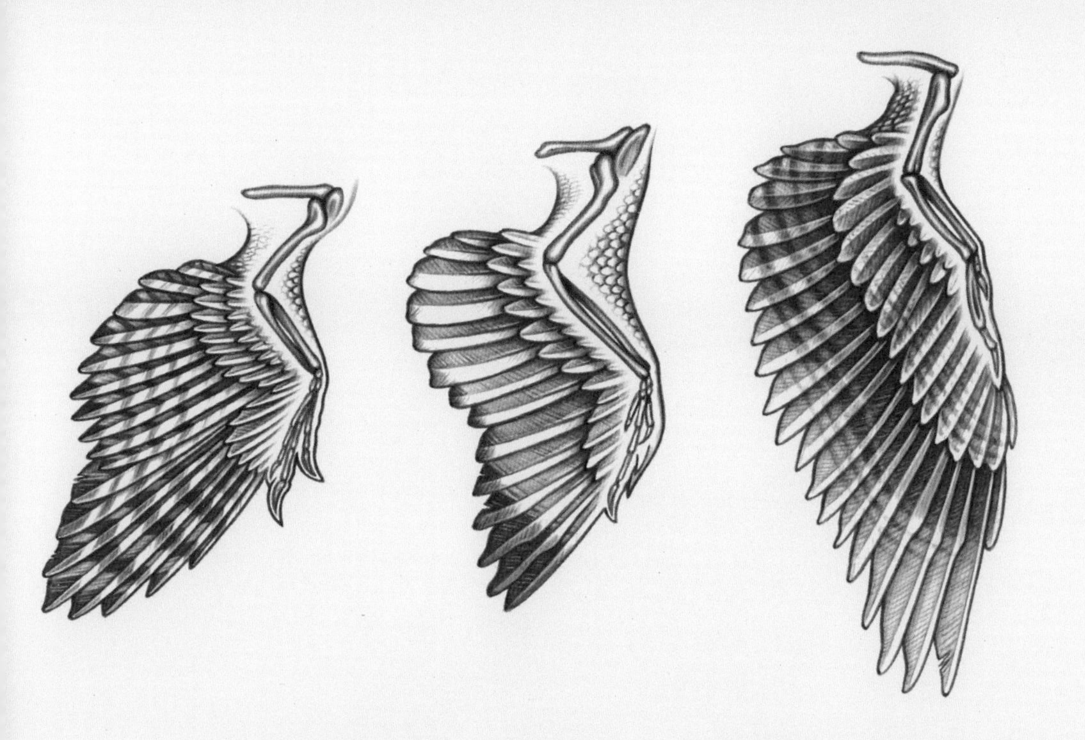

始祖鸟发现之后一个世纪，约翰·奥斯特罗姆（John Ostrom）通过一项发现重新点燃了战火，并且由此确立他作为20世纪最重要的古生物学家的地位。

1964年在蒙大拿州工作的时候，奥斯特罗姆找到了一种中等个头的手盗龙类的化石，它是伶盗龙的近亲，被命名为恐爪龙（见第193页）。奥斯特罗姆对恐爪龙的研究显示它的前肢与始祖鸟的很相似。他还发现像恐爪龙这样的兽脚类恐龙拥有的许多特征在现代生物中只见于鸟类。

生物的谱系是非常复杂的。千百万年以来，在世界的不同地方发生了许多平行演化事件，其他的灭绝动物很早就有了原始鸟类的部分特征。事情似乎是这样的，一些鸟类发展出了飞行的能力，然后它们灭绝了，很久以后其他的鸟类再次独立地演化出了飞行能力。并且，像往常一样，新的证据可以改变一切：如果一种化石鸟类的年代比恐龙要早，那么它一般会被认为是鸟类的祖先。

不过那是极其不可能的——对于21世纪的大多数专家来说，恐龙没有完全灭绝似乎是更加合理的说法。它们如今就在我们身边，在你后院的鸟食罐中啄食种子，在你家当地的公园水池里嬉戏，在周日午餐的时候落在你的盘子里。下次当你切开一只烤鸡并取出它的叉骨时，请记住你正面对着把它与霸王龙联系起来的证据。

侏罗纪

提塘期	晚
基末利期	
牛津期	
卡洛夫期	中
巴通期	
巴柔期	
阿林期	
土阿辛期	早
普林斯巴期	
辛涅缪尔期	
赫塘期	

Camarasaurus supremus

至高圆顶龙

同属其他种：大圆顶龙、长圆顶龙、刘氏圆顶龙

植食性

美国犹他州、科罗拉多州

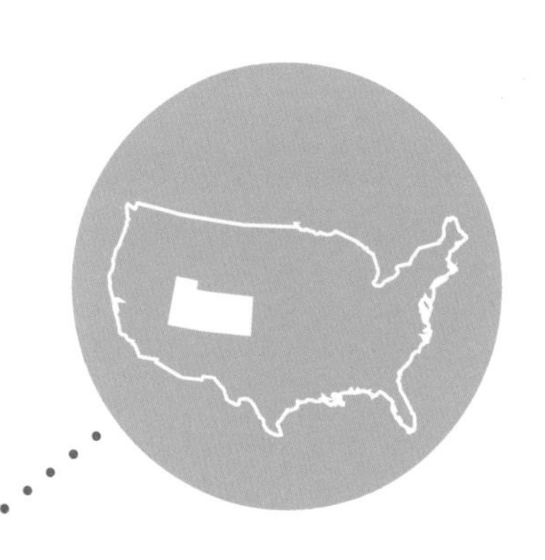

圆顶龙是晚侏罗世美国西部平原上最常见的植食性恐龙。成群的化石说明它是群居的动物。它有盒子一样的头部，牙齿比多数蜥脚类恐龙结实，说明它能吃更加坚韧的植物。它能充分地咀嚼，而不是狼吞虎咽。圆顶龙的化石里没有胃石（一种吞下去用于帮助消化的石头，在其他植食性恐龙中很常见），更加巩固了这个理论。

“Camara”一词来自希腊语的“腔室”，这里指的是爱德华·德林克·科普在这种恐龙的脊椎骨上发现的空腔。它们用于减轻圆顶龙的体重：这个特征在后来发现的蜥脚类恐龙中很常见，但是在1877年科普描述美国的第一只蜥脚类恐龙的时候记录并不翔实。

Allosaurus fragilis

脆弱异特龙

这种最著名的侏罗纪肉食性恐龙在美国中西部地区非常常见，它是顶级猎食者，用有锯齿边缘的匕首般的牙齿、25厘米长的利爪和有力的前肢杀死蜥脚类恐龙，许多蜥脚类恐龙的骨头上都有异特龙牙齿造成的缺口和刮痕。它粗壮的后腿和肌肉发达的S形颈部提供了巨大的力量，一旦猎物死去，它的颌部可以变宽，使它能够吞下大块的鲜肉。总而言之，它是完美而贪吃的猎食者的典范——怪不得会成为侏罗纪最成功的恐龙之一。

已经发现了各个年龄段的个体；仅在犹他州的克利夫兰–劳埃德采石场（Cleveland-Lloyd Quarry）就发现了44具异特龙的标本。奥斯尼尔·马什在1877年给这种恐龙命名。

8.5 米

侏罗纪

期	
提塘期	晚
基末利期	
牛津期	
卡洛夫期	中
巴通期	
巴柔期	
阿林期	
土阿辛期	早
普林斯巴期	
辛涅缪尔期	
赫塘期	

肉食性

美国犹他州、科罗拉多州

侏罗纪

提塘期	晚
基末利期	
牛津期	
卡洛夫期	中
巴通期	
巴柔期	
阿林期	
土阿辛期	早
普林斯巴期	
辛涅缪尔期	
赫塘期	

1.6亿—1.45亿年前

植

植食性

36,000千克

中国四川省

Mamenchisaurus hochuanensis

合川马门溪龙

非同寻常的马门溪龙有一条由19枚颈椎组成的脖子，占其身体全长的一半。这种被大量描述的恐龙脖子很可能有9.5米长；另一个种类，中加马门溪龙（*M. sinocanadorum*）的化石保存得没那么完好，不过脖子可能有11米长。那么，如果它们在史前中国的森林里利用自己显而易见的身高去吃最高的树顶上的树叶，它们的心脏怎样将足够的血液泵到大脑，从而保持神志清醒呢?

一个答案是它们并不采用像长颈鹿一样的姿势，而只是把脖子从水平方向上抬起不超过20度。这便引出了下一个问

同属其他种：
建设马门溪龙

题：如果它的目的不是长得非常高，去吃别的恐龙够不着的树叶，那为什么要演化出这么长的脖子？有些专家猜想，实际上马门溪龙——也许还有其他脖子特别长的蜥脚类恐龙——更像一个真空吸尘器，头部缓慢地从一边移到另一边，有条不紊地清扫树叶，这样可以在不移动脚步的情况下吃到大范围内的食物，有效地节省了能量。不过其他专家则认为这样的蜥脚类恐龙已经演化出解决血压带来的问题的方案，它们的长脖子就是用来够到高处，吃树顶上的树叶。马门溪龙是中国最著名的恐龙之一。

25 米

Metriacanthosaurus parkeri

派氏中棘龙

属名意思是“有中等大小棘的蜥蜴”

这种中等大小的肉食性恐龙在远古的英格兰猎食蜥脚类恐龙。在19世纪最初的10年里，它破碎的化石被地质学家兼化石收集者詹姆斯·派克（James Parker）发现于韦茅斯（Weymouth）附近的约旦悬崖（Jordan’s Cliff）。顶棘龙（*Altispinax*）的脊椎有一个高高的脊；中棘龙的则相对较小，所以它名字的意思是“有中等大小棘的蜥蜴”。

中棘龙是更有名的中国肉食性恐龙永川龙（*Yangchuanosaurus*）的近亲，同样也可能属于中华盗龙类。但是，那个类群最突出的特点是头骨，而唯一已知的中棘龙化石没有头骨。只通过高耸的脊椎、臀部的部分骨骼、股骨和胫骨很难判断它确切的分类地位。

8米

侏罗纪

期	
提塘期	晚
基末利期	
牛津期	
卡洛夫期	中
巴通期	
巴柔期	
阿林期	
土阿辛期	早
普林斯巴期	
辛涅缪尔期	
赫塘期	

肉食性

英格兰

Tuojiangosaurus multispinus

多棘沱江龙

7 米

这种雄壮的剑龙繁盛于晚侏罗世的中国。美国的剑龙（*Stegosaurus*）沿着背脊长有骨板，而这个亚洲的种属则拥有一列尖利的棘刺，在它用更加尖利的尾巴扫向猎食者的时候保护其背部。当没有遇到像永川龙这样不受欢迎的猎食者时，它在茂密的林地里吃低矮的植物。在四川省的沱江附近发现了两具沱江龙的标本，它在1977年被命名，比更著名的美国亲戚晚了一个世纪。

侏罗纪

期	世
提塘期	晚
基末利期	
牛津期	
卡洛夫期	中
巴通期	
巴柔期	
阿林期	
土阿辛期	早
普林斯巴期	
辛涅缪尔期	
赫塘期	

植食性

中国四川省

去哪里找化石？

在英国发现的化石只有一小部分是恐龙，但是这些年来有一些令人惊讶的发现。2005年古生物学家们完成了英国最完整的恐龙骨骼的修复工作：一只1.95亿年前的4米长的肢龙（*Scelidosaurus*），从莱姆里杰斯（Lyme Regis）附近的一块石灰岩里被一块一块地取出来。它如今在布里斯托城市博物馆展出，参观者可以一睹那令人惊异的完好骨架。你有可能看到它的牙齿和甲胄，在喉咙里还有已经嚼碎的植物残渣，那是它的最后一顿晚餐。

莱姆里杰斯位于英格兰南部153千米长的“侏罗纪海岸”的核心地带，由向东北方向延伸的富含化石的岩层组成，在惠特比（Whitby）附近的约克郡（Yorkshire）海岸重新出露。尽管有充足的理由认为这两条海岸是英国最著名的化石点，但是还有许多其他海滩值得调查。

在许多地方，石头里满是菊石，那是一类种类繁多如鱿鱼一样的史前软体动物，背着一个有棱纹的螺旋壳。这些已经很迷人了，但是到处还隐藏着更加壮观的生物。鱼龙、蛇颈龙、上龙以及更多的生物埋藏在大量的古老岩石里。随着海水的冲刷，海岸线逐渐坍塌，这些化石最终在亿万年之后重见天日。

最好在落潮的时候进行寻找化石之旅，并记住这些地方可能有危险。松软的悬崖容易有化石出露，但是也容易崩塌。如果你看到“远离岩石”的指示牌，为了安全就不要靠近！下面是一些英国最好的化石点：

查茅斯（Charmouth），多塞特（Dorset）

查茅斯有深灰色的崖面和布满卵石的宽阔沙滩，只是一年到头都阴沉沉的。然而到了夏天，你有可能在这个朴素的地方遇到一项盛大的活动，各路古生物学家挥舞着他们的锤子和凿子，希望能够赶超玛丽·安宁（Mary Anning），那个在此地和莱姆里杰斯之间的悬崖上工作过的人。1811年，年仅12岁的她就发现了第一具完整的鱼龙骨骼；1824年，她的收藏中又增加了一条完美的蛇颈龙；1828年是一只翼龙。于是她被奉为寻找化石的先驱，她的发现塑造了早期的古生物学，并且动摇了信奉神在6天内创造世界的正统宗教的根基。安宁调查了还是一片处女地的查茅斯的岩壁。在接下来的200年里，一波又一波的化石猎人至此疯狂扫荡，已被联合国教科文组织确认为世界自然遗产的侏罗纪海岸还在持续地贡献出新的宝藏。严谨认真的采集者会有规律地巡逻这些海岸，特别是在持续的降雨之后，因为有可能发生新的滑坡。但是任何一个在这里长时间搜寻化石的人都很可能如愿以偿。这是一个盛产菊石和其他侏罗纪甲壳类动物（如子弹形的箭石）的化石点。如果你足够幸运，可能会真的像安宁那样找到一些鱼龙或蛇颈龙的骨头。2004年，当地的爱好者在查茅斯的一处悬崖崩塌之后发现了一条5米长的鱼龙。

如果你没有找到任何东西，也不必担心空手而归，你可以光临多塞特海岸生意兴隆的化石商店。化石生意是这里的一大产业，使莱姆里杰斯地区成为度假目的地，不过旺季里的海滩有时会不堪重负。在深冬季节的暴风雨后来到这片荒凉的海滩，筛查新滚落的碎石，你会很容易找到像两个世纪前的玛丽·安宁那样作为一个古生物学先驱孤独而浪漫的感觉。

怀特岛（Isle of Wight）

在索伦特海峡（Solent）对面的这座小岛上发现的恐龙化石比欧洲其他任何地方都多，地方议会试图将其打造成“恐龙岛”，从而吸引更多游客。这座钻石形小岛上的白垩纪悬崖近年来有些惊人的发现，例如始暴龙（*Eotyrannus*）和新猎龙（*Neovenator*），更早的发现还有禽龙。能找化石的地方多数集中在沿着东南和西南海岸出露的18千米长的威尔登岩石露头（Wealden Outcrop），其中桑顿（Sandown）是中心地区。从那里可以去布莱斯通湾（Brighstone Bay）、布鲁克湾（Brook Bay）、谢泼德河口（Shepherd's Chine）和亚维兰德（Yaverland），这些地方都有暴露出来的恐龙骨头。在绿鳍鱼湾（Gurnard Bay）、汉姆斯特德（Hamstead）、托尼斯湾（Thorness Bay）和雅茅斯（Yarmouth）还有大约3,000万年前的沉积物，其中包含乌龟、鳄鱼、哺乳动物和甲壳动物的化石。恐龙岛博物馆位于桑顿，那是一栋翼龙形状的房子，收藏了约3万件当地的化石，包括最初的新猎龙标本。那里还有实物大小的禽龙、钉背龙（*Polacanthus*）和始暴龙模型。该博物馆也提供有导游的寻找化石之旅。

东苏塞克斯（East Sussex）

这段从黑斯廷斯（Hastings）向西到费尔莱特科夫（Fairlight Cove）延伸了6千米的南部海岸线是找化石的经典线路。多年来，这些岩石出产了恐龙、翼龙和鱼类化石。费尔莱特和佩特莱夫（Pett Level）之间的悬崖有非常明显的分层。最低的一层与海滩同高，是由阿什当组的砂岩组成的，年代大约为1.4亿年前的白垩纪。那个时候有一条河流经这个地区，恐龙在泥泞的河岸觅食，留下了它们的脚印：你在黑斯廷斯（见第143页）的海岸和费尔莱特科夫都能看到。非常偶然的情况下，在卵石和砾石之间能找到散落的恐龙骨头，以及鳄鱼和乌龟的骨头。它们一般是深棕色，表面有点坑坑洼洼。不要离悬崖太近，因为时常会有岩石滚落。找化石最好的方法是在落潮的时候沿着海滩慢慢地走，在高潮线和低潮线之间，边走边扫视左右。虽然有点辛苦，但是如果找到化石的话还是值得的。

奥斯特崖（Aust Cliff），南格洛斯特郡（South Gloucestershire）

壮观的塞文河（Severn）大桥是塞文河河口南岸最引人注目的景观，但是附近一直延伸到河边的红白相间的岩石同样非常有趣，其中含有大量2亿多年前三叠纪的化石。沿着这个满是鹅卵石的海岸搜寻，你可能会看到鲨鱼的牙齿、粪化石，也许还有鱼龙、蛇颈龙、翼龙和恐龙的遗骸，它们从富含化石的韦斯特伯里骨层（Westbury Bonebed）崩落。这是一薄层浅色瑞替阶岩石，位置接近以淡红色泥岩为主的悬崖顶部。在这里发现了双型齿翼龙（*Dimorphodon*）和一种蜥脚类恐龙——可能是卡米洛特龙（*Camelotia*）——的骨头。下三叠统岩层来自一座古沙漠，里面没有化石。这条海岸从桥的南边一直延伸到北边，但是你最好只待在南边，因为另一边有危险的海潮。

东约克郡（East Yorkshire）

从斯特尔兹（Staithes）到弗兰伯勒（Flamborough），东约克郡的“恐龙海岸”标志着在东德文郡（Devon）和多塞特出露的含化石的岩层再次与海洋相遇。像惠特比和罗宾汉湾（Robin Hood's Bay）这样热情好客的小镇受益于它们侏罗纪时期的遗产，开了许多化石商店，有些还是带导游的徒步旅途的出发地。如果你是找化石的新手，那么最好还是加入这样的旅行，而不要独自出发。有些化石最多的地点，如惠特比南边的索尔特维克湾（Saltwick Bay），在某些时间内还是很危险的：如果从海滩上走出去太远，当你想回来的时候可能已经被急速上升的海潮截断退路。海岸上陡峭的悬崖和平滑的岩石以及其他潜在的危险使这些地方不适合小孩子光顾。不过如果在正确的指导之下，还是很有可能在砾石之间找到菊石和箭石的化石的。凯尔特内斯（Kettleness）和穆尔格拉维港（Port Mulgrave）的悬崖有时会出产爬行动物的化石。最稀少也最令人兴奋的是鱼龙、上龙和蛇颈龙的骨骼，它们时不时地出现在东海岸被风雨侵蚀的岩壁上。

侏罗纪

提塘期	晚
基末利期	
牛津期	
卡洛夫期	中
巴通期	
巴柔期	
阿林期	
土阿辛期	早
普林斯巴期	
辛涅缪尔期	
赫塘期	

Aviatyrannis jurassica

侏罗祖母暴龙

属名意思是“暴龙的祖母”

晚侏罗世的暴龙小而轻盈，与它们8,000万年后的著名后裔有很大的不同。祖母暴龙是一种狗一样大小的欧洲猎食者，其名字的意思是“暴龙的祖母”。它与更早的冠龙和原角鼻龙一样，是最早的暴龙超科成员之一。它的美国同辈史托龙（*Stokesosaurus*）与它非常相似，甚至可能是同一物种。祖母暴龙的化石是2003年在葡萄牙发现并描述的，但是非常不完整——只有髋部骨骼的一对碎片——这样很难给它准确地分类。这些骨头是在一座名为圭马若塔的废弃煤矿中被发现的，但那里产出的侏罗纪哺乳动物化石比恐龙化石更出名。在晚侏罗世，这里曾经是一座温暖、干燥且林木茂密的小岛的一部分。除了有可能被猎食的哺乳动物，祖母暴龙还与蜥脚类、伤齿龙类和美颌龙（见第113页）等小型兽脚类恐龙分享这片栖息地。

肉食性

葡萄牙圭马若塔

1米

Camptosaurus dispar

全异弯龙

5米

通过牙齿上留下的磨损痕迹判断，这种笨重的鸟脚类恐龙以坚韧的植物为生。与较晚的亲戚禽龙类一样，它较短的前肢上也有锥形的大拇指，可以用四足行走，在需要的时候也能用两条腿跑出24千米的时速，从而躲避饥饿的异特龙。在怀俄明州发现弯龙化石6年以后，奥斯尼尔·查尔斯·马什于1885年为其命名，接下来的一个世纪里，又有11个标本被归入该属。然而最早的标本仍然是唯一被承认的，因为其他标本都是这一物种的年轻个体，或者已经划归了独立的属，如库姆纳龙（*Cumnoria*，见第167页）和欧文齿龙（*Owenodon*）。

侏罗纪

期	
提塘期	晚
基末利期	晚
牛津期	晚
卡洛夫期	中
巴通期	中
巴柔期	中
阿林期	中
土阿辛期	早
普林斯巴期	早
辛涅缪尔期	早
赫塘期	早

植食性

美国怀俄明州

Ornitholestes hermanni

赫氏嗜鸟龙

这是一种小巧的猎食者，在侏罗纪的林地里疾走，并时常突袭它的猎物。我们对其全部的了解都来自1900年发现的一具不完整的骨骼。特别强壮的头部和锥状的牙齿使它比大多数同等大小的恐龙更可怕。亨利·费尔菲尔德·奥斯本（Henry Fairfield Osborn）给它起的名字意为“鸟类盗贼”，尽管它有可能捉到始祖鸟那样的侏罗纪鸟类，但还是更可能以哺乳类、蜥蜴、两栖动物和小恐龙为食。

2 米

侏罗纪

期	
提塘期	晚
基末利期	
牛津期	
卡洛夫期	中
巴通期	
巴柔期	
阿林期	
土阿辛期	早
普林斯巴期	
辛涅缪尔期	
赫塘期	

肉食性

美国怀俄明州

侏罗纪

提塘期	晚
基末利期	
牛津期	
卡洛夫期	中
巴通期	
巴柔期	
阿林期	
土阿辛期	早
普林斯巴期	
辛涅缪尔期	
赫塘期	

Janenschia robusta

强壮詹尼斯龙

想象一下像阿根廷龙和潮汐龙（*Paralititan*）这样巨大的巨龙类恐龙，它们是在地球上生存过的最重的陆地动物之一，而它们的先辈詹尼斯龙只有10吨的体重和一节火车车厢的长度。詹尼斯龙来自侏罗纪，其他巨龙类则生活在白垩纪。这些恐龙逐渐遍布世界：它们的化石在除了南极洲以外的各个大陆都有发现，而这可能仅仅是因为南极洲的化石是沉睡在冰雪之下的。

植食性

10,000
千克

坦桑尼亚

可达20米

Europasaurus holgeri

霍氏欧罗巴龙

6 米

大鼻龙类包括一些像波塞东龙（*Sauroposeidon*，见第186页）这样十分巨大的恐龙，但是欧罗巴龙却以小而出名，至少以蜥脚类恐龙的标准来看是这样。它是在德国北部被发现的，似乎是“岛屿侏儒症”的一个实例，即动物为了应对生存资源匮乏而逐渐缩小体型。出产它的头骨和一些脊椎的下萨克森州在晚侏罗世是一片群岛的一部分。对骨骼的分析表明，尽管巨型的蜥脚类恐龙通过极其快速的生长而获得了巨大的体型，但欧罗巴龙却有不同寻常的低生长速率。在朗根贝格采石场（Langenberg Quarry）发现了几个不同个体的化石，它们的体长从1.7米到6.2米不等。人们由此推断典型的成年个体能将头部伸到3米的高度。尽管与腕龙（*Brachiosaurus*）有亲缘关系，它们的肩高也只与一个高个子人类的身高相当。

侏罗纪

期	
提塘期	晚
基末利期	
牛津期	
卡洛夫期	中
巴通期	
巴柔期	
阿林期	
土阿辛期	早
普林斯巴期	
辛涅缪尔期	
赫塘期	

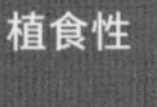

植食性

德国下萨克森州

侏罗纪

提塘期	晚
基末利期	
牛津期	
卡洛夫期	中
巴通期	
巴柔期	
阿林期	
土阿辛期	早
普林斯巴期	
辛涅缪尔期	
赫塘期	

植食性

美国怀俄明州

Drinker nisti

德林克龙和

1877年，奥斯尼尔·马什根据在美国西部发现的两具骨骼命名了一种小巧、快速的棱齿龙类恐龙。他起的名字是侏儒龙（*Nanosaurus*），意思是“小个儿的蜥蜴”。但是一个世纪之后，一位英国古生物学家彼得·高尔顿（Peter Galton）为了向马什致敬而将它重新命名为奥斯尼尔龙（*Othnielia*），现在则改作奥斯尼尔洛龙。

2米

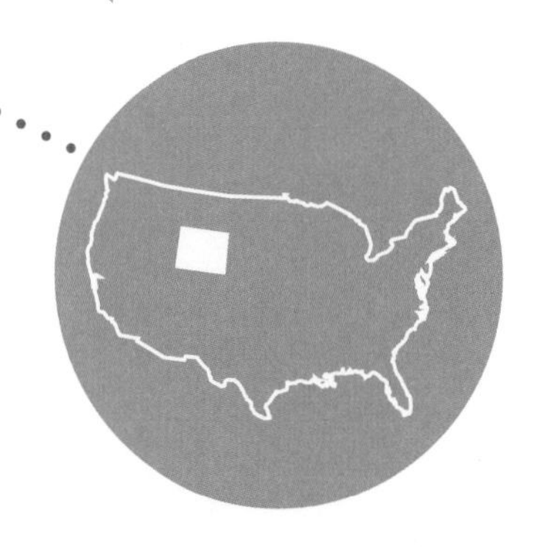

高尔顿在1990年还参与了另一种轻巧善跑型恐龙的研究。他和美国专家罗伯特·巴克（Robert Bakker）决定以马什在“骨头大战”中的竞争对手爱德华·德林克·科普的名字给这种恐龙命名。

Othnielosaurus consors

伴侣奥斯尼尔洛龙

2.2 米

这两种小型鸟脚类恐龙在巨大的蜥脚类恐龙之间穿梭，啄食更大的同辈吃不到的低矮植物。德林克龙似乎有更加柔韧的尾巴和伸展开的脚趾，说明它生活在较软的地面上，可能是类似沼泽的环境。但是这两种恐龙实际上差不太多。

两者之间巨大的相似性提示它们可能是同一种生物。由于先起的名字有优先权，所以德林克龙应该改称奥斯尼尔洛龙——具有讽刺意味的是马什也在“骨头大战”中战胜了科普（见第74页）。

侏罗纪

期	世
提塘期	晚
基末利期	
牛津期	
卡洛夫期	中
巴通期	
巴柔期	
阿林期	
土阿辛期	早
普林斯巴期	
辛涅缪尔期	
赫塘期	

植食性

美国怀俄明州、科罗拉多州和犹他州

侏罗纪

提塘期	晚
基末利期	
牛津期	
卡洛夫期	中
巴通期	
巴柔期	
阿林期	
土阿辛期	早
普林斯巴期	
辛涅缪尔期	
赫塘期	

肉食性

美国科罗拉多州，可能还有葡萄牙

Torvosaurus tanneri

谭氏蛮龙

这是侏罗纪最壮观的恐龙之一，是在横贯美国中西部，由砂岩和泥岩组成的富含化石的莫里森组岩层中找到的。化石由1.5亿年前一条流经此处山谷的河流冲到现在所在的位置。蛮龙唯一确定的化石是詹姆斯·詹森（James Jensen）在科罗拉多州的干燥台地采石场（Dry Mesa Quarry）发现的，只有一个前肢，但是其他归入一起的标本还包括一块头骨碎片、一块下颌骨、一块髋部的残片和一些颈椎。把这些化石拼在一起，显示出蛮龙是其所处时代最大的肉食性恐龙之一——与异特龙一样大，而且更重，与河马的重量相似。短小有力的前肢上长有巨大的爪。2006年，在葡萄牙发现了一块下颌骨，有可能属于一种蛮龙，显示蛮龙的头骨长达1.5米。尽管其名字的意思是“野蛮的蜥蜴”，但是和很多巨型食肉恐龙一样，还有一个关于它的问题没有解决，即它究竟是猎食者还是食腐者。

与虎鲸一样长

9米

Marshosaurus bicentesimus

二百年马什龙

侏罗纪

期	世
提塘期	晚
基末利期	晚
牛津期	晚
卡洛夫期	中
巴通期	中
巴柔期	中
阿林期	中
土阿辛期	早
普林斯巴期	早
辛涅缪尔期	早
赫塘期	早

这种可怕的猎食者拥有60厘米长的强有力的头部，嘴里还长着弯曲的、有锯齿状边缘的牙齿。它发现于犹他州的克利夫兰-劳埃德采石场，这是奥斯尼尔·查尔斯·马什在19世纪后期的重要化石采集地，但这种恐龙并不是马什的发现。马什龙是1976年为纪念马什而命名的；而它的种名则暗示那一年是美国独立二百周年。在同一地点还发现了许多异特龙化石，说明这两种凶猛的肉食性恐龙曾共存于世。

60 厘米
长的强有力的
头部

肉食性

美国科罗拉多州
和犹他州

期	世
提塘期	晚
基末利期	
牛津期	
卡洛夫期	中
巴通期	
巴柔期	
阿林期	
土阿辛期	早
普林斯巴期	
辛涅缪尔期	
赫塘期	

虫食性?

中国内蒙古自治区

Epidexipteryx hui

胡氏耀龙

2008年，这种奇怪的小巧生物的发现改变了我们对羽毛演化的理解。它是一只鸽子大小的不会飞的恐龙，全身覆盖着松软的绒羽，尾部有4根又直又长、非常引人注目的尾羽——只可能是装饰，它的年代在1.68亿到1.6亿年前之间，中侏罗世到晚侏罗世。这明显比传统上认为的第一只鸟——始祖鸟要早，年代是1.47亿年前。所以耀龙证明了羽毛在用于飞行之前，已经当了数百万年的装饰品。这些羽毛的样子使人想起现代的一些天堂鸟，它们的羽毛有类似的吸引异性和威胁敌人的双重功能。

内蒙古是中国的自治区，这块精致的化石来自内蒙古宁城县的道虎沟层，除了明显的羽毛印痕以外，还有小小的爪子和一根长长的第三指。这种小恐龙可能在树干上上蹿下跳，用这根指头掏出树皮中的甲虫幼虫。

30厘米

侏罗纪

期	
提塘期	晚
基末利期	
牛津期	
卡洛夫期	中
巴通期	
巴柔期	
阿林期	
土阿辛期	早
普林斯巴期	
辛涅缪尔期	
赫塘期	

Chialingosaurus kuani

关氏嘉陵龙

这是在中国发现的第一种剑龙，也是最早的剑龙之一。嘉陵龙比它的大多数后裔瘦小：1959年，在嘉陵江发现的不完整化石显示，它的头部高而窄，有一些间隔较远的牙齿，背上还有两列较小的骨板和尖刺。但是，之所以体型较小，有可能因为它其实是幼年的沱江龙，这种恐龙长得更大且更笨重。嘉陵龙吃那些在侏罗纪很繁盛的低矮的羊齿植物，不过尾椎显示它可能会用后腿站起来，去吃较高的树叶。

植食性

中国四川省

Supersaurus vivianae

维氏超龙

超龙拥有恐龙世界中最长的脖子——从肩膀到头部的长度有15米，相当于一辆半双层公共汽车的长度。我们之所以知道这些，是因为它是留下了近乎完整骨骼的最大的恐龙之一。在美国的怀俄明恐龙中心有一具复原模型，站立起来有将近34米长，甚至比更加著名的亲戚梁龙还要大。它是从科罗拉多州干燥台地采石场的一堆杂乱的晚侏罗世蜥脚类恐龙化石中间找出来的。这里因乱作一堆的骨骼化石而出名：数以千计的恐龙因干旱造成的饥荒而死亡，一场洪水将它们的尸体冲到一起，最终沉入泥中并变成了化石。

脖子比任何恐龙都长

34米

侏罗纪

期	
提塘期	晚
基末利期	
牛津期	
卡洛夫期	中
巴通期	
巴柔期	
阿林期	
土阿辛期	早
普林斯巴期	
辛涅缪尔期	
赫塘期	

植食性，吃较高的或低矮的植物

35,000
千克

美国

侏罗纪

期	
提塘期	晚
基末利期	
牛津期	
卡洛夫期	中
巴通期	
巴柔期	
阿林期	
土阿辛期	早
普林斯巴期	
辛涅缪尔期	
赫塘期	

植食性

美国、葡萄牙，可能还有中国

Stegosaurus armatus

装甲剑龙

“耶鲁大学博物馆最近收到了一只巨型爬行动物的大部分骨骼，是目前为止发现过的最惊人的动物之一……”1877年，奥斯尼尔·查尔斯·马什在《美国科学杂志》中这样写道。此前，他的一个雇工在科罗拉多州莫里森组岩层中挖到了脊椎骨、肢骨、髋骨和一些奇特的铲子状骨板，其中一个有1米多长。马什是对的——但是这位伟大的恐龙猎人需要花一点时间来弄明白应该如何复原这些奇特的化石。

他把这种动物称为剑龙（拉丁文属名意思是“有屋顶的蜥蜴”），最初他以为这些骨板像屋顶的瓦片一样平铺在背上，因此这是一种巨龟的化石。1879年，在观察了包括一片头骨在内的其他标本之后，他确定这是一种恐龙，但坚持认为它是水生动物。1885年，在科罗拉多州又发现了一个近乎完整的标本，马什终于取得了他想要的突破。这件化石是侧躺着的，并且被压扁了，于是得到了“在路上被轧死的剑龙”的绰号。那些被马什描绘为融合成一个硬壳的骨板在这只动物的背脊上直直地排成相互重叠的两列。当马什尝试复原剑龙时，他创造出了一个任何听过剑龙这个名字的人——也就是所有对恐龙有一点点兴趣的人都熟悉的形象。

他描绘的剑龙头部接近地面，脖子粗壮，背部高高凸起，尾部下垂，尖端还有指向上方的尖刺。这个复原图我们大多数人从小都知道，但是现在的专家把剑龙的尖刺画得斜向两侧并指向后方，尾部僵硬地平举着，离地大约1.8米——这个高度足以让大多数人站在底下。顺带说一下，剑龙的尖刺有一个很不错的名字：thagomizer。这个词最早出现在格雷·拉尔森（Gary Larson）的漫画《远方》（*The Far Side*）里，然后被普遍使用。

对于剑龙骨板的功能现在还有争论。它们过于纤弱，不大可能用于防御；与身体之间只有软骨而不是硬骨连接，所以剑龙化石的骨板常常丢失或者移位。它们也不太可能用于调节体温。因为骨板内有血管通过，所以有人认为凉爽的空气从骨板间流过的时候可以降低血液的温度，从而达到降低体温的目的——但是它的近亲肯氏龙（*Kentrosaurus*）的背部只有棘刺而没有骨板，我们认为两种相近的动物应当拥有相同的冷却系统。现在的主流观点是骨板在个体识别或性别展示中起作用：血液注入之后骨板会“涨红”，由此来吸引异性。

剑龙科因剑龙而得名，这个家族的恐龙从侏罗纪生活到早白垩世，它

们的化石在欧洲、北美、非洲和亚洲都有发现。根据苏珊娜·梅德门特（Susannah Maidment）及其同事在2008年发表的研究成果，剑龙在中国可能一直生活到白垩纪。他们认为乌尔禾龙（*Wuerhosaurus*）实际上就是剑龙。剑龙是这个奇异家族中最大的成员之一，并且一直享有“目前为止发现过的最惊人的动物之一”的盛誉。

Compsognathus longipes

长足美颌龙

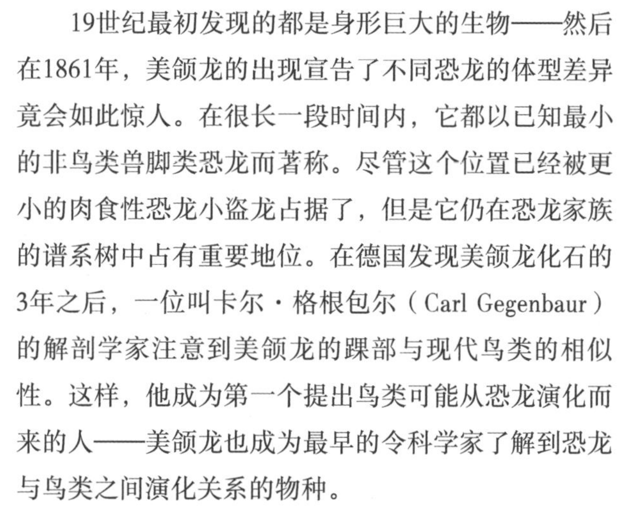

19世纪最初发现的都是身形巨大的生物——然后在1861年，美颌龙的出现宣告了不同恐龙的体型差异竟会如此惊人。在很长一段时间内，它都以已知最小的非鸟类兽脚类恐龙而著称。尽管这个位置已经被更小的肉食性恐龙小盗龙占据了，但是它仍在恐龙家族的谱系树中占有重要地位。在德国发现美颌龙化石的3年之后，一位叫卡尔·格根包尔（Carl Gegenbaur）的解剖学家注意到美颌龙的踝部与现代鸟类的相似性。这样，他成为第一个提出鸟类可能从恐龙演化而来的人——美颌龙也成为最早的令科学家了解到恐龙与鸟类之间演化关系的物种。

与中华龙鸟（*Sinosauropteryx*）这样披着一身原始羽毛的亲戚不同，美颌龙化石没有羽毛的痕迹，所以人们不清楚它的外部特征。它是一只长有两条长腿的敏捷善跑的恐龙，有可以抓握的前爪以及长在纤细头骨内的细小尖锐的牙齿。它的名字的意思是“精致的颌”。

许多人熟悉美颌龙的另一个原因是它曾经在电影《侏罗纪公园》里出镜，在电影中它被描绘成集群狩猎的动物。没有证据表明它不是独行猎手，它的猎物可能包括始祖鸟，这两种生物的化石发现在德国同一个石灰岩组中。第二具保存良好的更大的个体于1972年在法国出土，表明德国标本实际上是个未成年个体。

1.25米

德国南部和法国

侏罗纪

提塘期	晚
基末利期	
牛津期	
卡洛夫期	中
巴通期	
巴柔期	
阿林期	
土阿辛期	早
普林斯巴期	
辛涅缪尔期	
赫塘期	

植食性

美国怀俄明州、犹他州和科罗拉多州

Apatosaurus excelsus

秀丽迷惑龙

1877年，奥斯尼尔·查尔斯·马什在怀俄明州的科摩断崖发现了一只巨大的蜥脚类恐龙化石，并将它命名为迷惑龙。两年以后，他又发现了当时最大的恐龙化石，并给了它一个很恰当的名字：秀丽雷龙（*Brontosaurus excelsus*），意思是“雷霆蜥蜴”。

然而，1903年进一步的研究显示这两种动物是同一个属中不同的两个物种。科学界的分类法规定老的名字拥有优先权——但是“雷龙”的名字更能使人联想到这个庞然大物的身材，所以在科学界已经将其抛弃的一个世纪之后仍然为人熟知。根据从富含化石的莫里森组岩层中发现的化石判断，迷惑龙是晚侏罗世美国西部第二常见的蜥脚类恐龙，仅次于圆顶龙（见第86页）。它属于梁龙科，但是比它的亲戚梁龙要粗壮得多，通常重30吨左右，相当于7只大象的体重。迷惑龙的胃口很难满足，但它如何进食仍然是个问题。一些专家相信梁龙类的脖子过于僵硬，不能伸到树顶，所以迷惑龙会用它强壮的身体把树推倒，然后就可以轻易地吃到树叶。其他专家强烈反对脖子僵硬这个观点，宣称迷惑龙和它的亲戚们不仅能把脖子抬高，在进食的时候还能大范围摆动。

2006年，在科罗拉多州发现了年轻迷惑龙的脚印，由此推测这些狗一般大小的幼龙可以用后腿跑起来，就像今天的伞蜥，以便从猎食者手中逃脱。在兽脚类恐龙看来，这些幼年蜥脚类恐龙比它们强壮的父母更容易捕食。成年的迷惑龙可能用它们鞭子一样细长的尾巴进行防御：10米长的尾巴在空中抽打能够造成致命的伤害。成年恐龙的脚印大约90厘米长，非常清楚的一点是，尽管迷惑龙在后来的阿根廷龙面前黯然失色，但它仍是在地球上生活过的最令人印象深刻的巨兽之一。

侏罗纪

提塘期	晚
基末利期	
牛津期	
卡洛夫期	中
巴通期	
巴柔期	
阿林期	
土阿辛期	早
普林斯巴期	
辛涅缪尔期	
赫塘期	

植食性

23,000
千克

坦桑尼亚敦达古鲁

Giraffatitan brancai

布氏长颈巨龙

和

关于最有名的蜥脚类恐龙之一的令人困惑的故事从1900年化石猎人埃尔默·里格斯（Elmer Riggs）在美国找到高胸腕龙巨大的骨骼开始。而后在1914年，德国古生物学家沃纳·詹尼斯（Werner Janensch）在坦桑尼亚发现了一具相似但更好的标本，从而建立另一个叫作布氏腕龙（*Brachiosaurus brancai*）的种。这个后来的种确立了我们熟悉的腕龙形象，在许多年内都是已知最大的恐龙。经典的腕龙形象有着长颈鹿一般的体形，长长的脖子占据了身长的一半，还有穹窿形的头骨、凸出的颌部、隆起的脊梁骨以及对一只蜥脚类恐龙来说短得不寻常的尾巴……但是在1988年，美国古生物学家格雷戈里·保罗（Gregory Paul）宣布布氏腕龙实际上属于一个完全不同的属。于是，我们印象中的腕龙就成了被他称作长颈巨龙的动物。自从分裂出两个属以来，我们对腕龙形象的了解就变得模糊了很多。

然而，又过了21年，他这个有争议的分类方案才被接受。2009年，英国古生物学家迈克·泰勒（Mike Taylor）仔细检查并比较了这两种动物共有的每一种类型的骨头，确定其中26块都有明显的区别，从而证明了保罗的分类方案的正确性。

泰勒博士从仍归于腕龙的为数不多的骨头——一些脊椎骨、一对尾椎、一些腿骨和肋骨判断，这是一种更加巨大的动物：脊椎骨的尺寸和形状显示它的躯干和尾巴都比长颈巨龙的长大约四分之一。它的身体似乎更加粗壮，前腿甚至更长，可能还向外伸开。另外，腕龙的一些骨头没有完

Brachiosaurus altithorax

高胸腕龙

全融合，表明它还没有完全成熟。

这两种动物都是巨大的饥肠辘辘的植食者，估计每天要吃120千克苏铁、松柏和银杏的叶子。长长的前腿使它们能够吃到一般蜥脚类恐龙够不到的叶子，因为一般的蜥脚类恐龙四肢等长，身体与地面是平行的。但是，与其他蜥脚类恐龙不同，它们不能用后腿直立起来够到更高的地方。它们的重心非常靠前，前腿禁不起身体从后腿直立状态倒下恢复四足状态时的巨大冲击力。

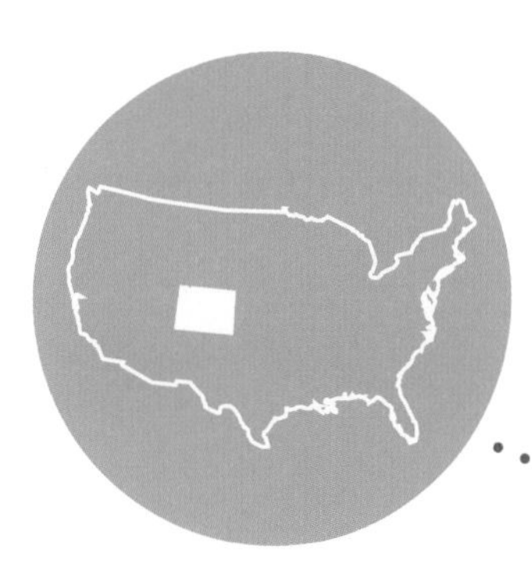

侏罗纪

期	
提塘期	晚
基末利期	
牛津期	
卡洛夫期	中
巴通期	
巴柔期	
阿林期	
土阿辛期	早
普林斯巴期	
辛涅缪尔期	
赫塘期	

植食性

美国科罗拉多州

侏罗纪

提塘期	晚
基末利期	
牛津期	
卡洛夫期	中
巴通期	
巴柔期	
阿林期	
土阿辛期	早
普林斯巴期	
辛涅缪尔期	
赫塘期	

Ceratosaurus nasicornis

角鼻角鼻龙

已知最像欧洲传说中的火龙的恐龙

它的鼻子上有一只角，眼睛上方有两个较小的突起，背上覆盖着骨质的突起（兽脚类恐龙中独一无二的甲胄），角鼻龙因此成为已知最像欧洲传说中的火龙的恐龙。阿贝力龙的这位亲戚与异特龙和蛮龙生活在一起：后两者可能专注于捕猎最大的蜥脚类恐龙，但角鼻龙既在水里捕猎，也袭击陆地上比它更小的植食性恐龙。如今美国西南部的干旱地区在那时是一片沼泽，角鼻龙窄而柔韧的尾巴可以像桨一样在水里划动，帮助它追捕鳄鱼和鱼类。

但是角鼻龙在蜥脚类恐龙骨头留下的齿痕表明它会吃掉任何能吃的东西，哪怕是这些大型动物的腐尸。

它的铠甲可能用来抵御更大的猎食者，不过角也许只有展示自己的用途。

肉食性，吃肉和鱼

美国科罗拉多州和犹他州

7米

Juravenator starki

斯氏侏罗猎龙

70厘米

夜行性的猎手

在德国南部的侏罗山脉（侏罗纪的名字由此而来）发现了一种昵称为Borsti的小型肉食性恐龙。这是德国人常给短毛狗起的名字，因为人们认为它与其亲戚中华龙鸟一样，全身覆盖着短短的原始羽毛。然而进一步的观察使人们对这一点产生了怀疑：在这件化石的腿部和尾部保存了具有圆形小鳞片的皮肤印痕。直到2010年，科学家在紫外光下观察了这件标本，更完整的图景才浮现出来。侏罗猎龙有非常模糊的羽毛纤维的痕迹，证实了先前的推测是对的，但是同时也发现了更多的鳞片印痕，说明“恐龙绒毛”可以呈丛状和斑块状分布于鳞片状的皮肤之中。这具唯一的标本是一个未成年个体——一些骨骼还没有像成年个体那样愈合——因此我们不知道它可以长到多大。2011年的研究表明侏罗猎龙的巩膜环（眼睛周围的环状骨头，控制眼部的收缩）使其在弱光下也有良好的视力，说明它应当是夜行性的猎食者。巨大的牙齿意味着它能够捕猎较大的猎物，下颌上的凹槽则表示它还擅长捕鱼。

侏罗纪	
提塘期	晚
基末利期	
牛津期	
卡洛夫期	中
巴通期	
巴柔期	
阿林期	
土阿辛期	早
普林斯巴期	
辛涅缪尔期	
赫塘期	

肉食性

德国

恐龙蛋

今天我们的星球上有数以千计永远不能孵化的蛋。

有些比橄榄球还长，另一些不比鸡蛋大；有些呈环状排列，另一些埋在土堆里。自从被沙漠的飓风深埋在沙丘之下，或被洪水掩埋在淤泥里，它们经历了6,550万年依然保持着原来的样子，仍然能够给我们讲述那些产蛋的生灵们的故事。

美国蒙大拿州的落基山脉有最经典的恐龙蛋化石点之一，这个化石点是美国古生物学家杰克·霍纳（Jack Horner）描述的。在晚白垩世，有一群鸭嘴龙在这里居住、繁殖，并照顾它们的孩子。霍纳发现这个被称为“蛋山”的化石点有许多直径1.8米的浅浅的碗状巢穴，每个巢穴内有多达20个蛋——也有刚刚孵化的和近两个月大的小恐龙的化石。反刍过的植物的痕迹表明，成年恐龙会将食物带回巢穴来哺育它们的孩子。因为这些恐龙会照顾它们的宝宝而不是在产蛋之后便将其抛弃，所以他将这些鸭嘴龙命名为慈母龙（*Maiasaura*），意思是“好妈妈蜥蜴”。但是其他的恐龙都不会照顾后代，现在的乌龟仍然是这样。

慈母龙的化石点虽然重要，但是最精彩的蛋化石点在南美洲发现。1997年，一支由美国和阿根廷的古生物学家组成的考察队在巴塔哥尼亚一块叫作奥卡·莫胡尔瓦（Auca Mahuevo）的荒原寻找恐龙化石。随后他们发现走过的地方布满了像鹅卵石一样的东西——蜥脚类恐龙的蛋，布满了目力所及的每一平方千米的干旱土地，其中许多在8,000

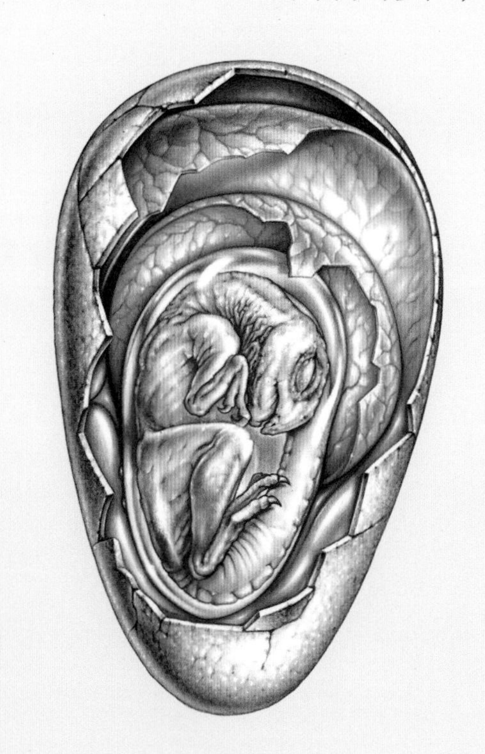

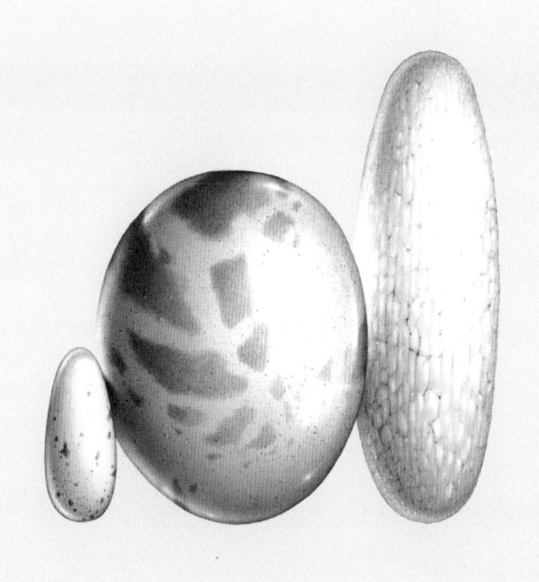

万年之后都保存得非常完好。这些蛋仍然躺在窝里，窝之间相距2—3米，每个窝都是深数英寸的小坑，里面还铺着植物。

在另一个南美洲的化石点，阿根廷的萨那加斯塔地质公园（Sanagasta Geological Park），科学家们发现了被蜥脚类恐龙埋在土里的蛋化石。一些晶体和泥质层表明那里曾经有间歇泉和喷气口，而蛋窝离这些地方仅有几英尺远。天然的热水可以加热潮湿的土壤，使其成为巨大恐龙蛋的完美孵化器，一定的温度和湿度可以保证恐龙胚胎的正常发育。

已知的第一枚恐龙蛋是19世纪70年代在法国发现的，不过没有引起公众的注意。恐龙蛋为世人所知要归功于20世纪20年代罗伊·查普曼·安德鲁斯（Roy Chapman Andrews）在戈壁沙漠的发现。他的团队找到了一窝被他们认为是原角龙（*Protoceratops*）蛋的蛋化石——尽管在20世纪90年代它们被重新归入窃蛋龙（*Oviraptor*）名下。2011年在蒙古发现了有重要意义的原角龙化石，这是一窝15只保存完好的角龙宝宝，从而证明除了鸭嘴龙类和蜥脚类恐龙，原角龙也会照顾它们的后代。

2011年，在印度西部发现了猎食者会把恐龙宝宝当作免费午餐的惊人证据。在一个6,700万年前的巨龙窝中，一条3.5米长的蛇盘绕在一个压碎的蛋上，旁边还有一只巨龙宝宝残缺的遗骸。正在这条蛇——名为印度古裂口蛇（*Sanajeh indicus*）——打算结束它的午餐时，一场滑坡将整个地区埋在了泥土之下。

从最大的蛋——无敌的巨盗龙（*Gigantoraptor*）产下的长达45厘米的长椭圆形蛋——到最小的蛋，恐龙蛋与其他遗迹化石，如脚印化石和粪化石一样，在很大程度上反映出恐龙这种动物实际上是如何生存的，而不是仅仅保存了它们死亡的瞬间。

侏罗纪

提塘期	晚
基末利期	
牛津期	
卡洛夫期	中
巴通期	
巴柔期	
阿林期	
土阿辛期	早
普林斯巴期	
辛涅缪尔期	
赫塘期	

Veterupristisaurus milneri

米氏旧鲨齿龙

属名意思是“老鲨鱼蜥蜴”

鲨鱼的颌部与鲨齿龙的颌部非常相似，不同的只是后者要大得多。这个非洲的标本是最早发现的，所以名字的意思是“老鲨鱼蜥蜴”。在坦桑尼亚著名的敦达古鲁组发现的只是一枚尾椎，但是已经足以让德国古生物学家奥利弗·劳赫在2011年对外宣称鲨齿龙家族的历史可以追溯到晚侏罗世［像南方巨兽龙（*Giganotosaurus*，见第219页）这样著名的成员生活在晚白垩世］。后来在附近发现的另外两块尾椎也被归入这个属。最初的那块尾椎长12.3厘米，劳赫据此推断这个两足猎食者的身长在8.5米到10米之间——不如它的后辈那样巨大，但也是个强悍的猎食者，行走在东非中侏罗世潟湖的泥岸上。这块化石可能是个未成年个体，如果是这样那么成年的旧鲨齿龙还会更大。

肉食性

3,000千克

坦桑尼亚

10米

Sciurumimus albersdoerferi

阿氏似松鼠龙

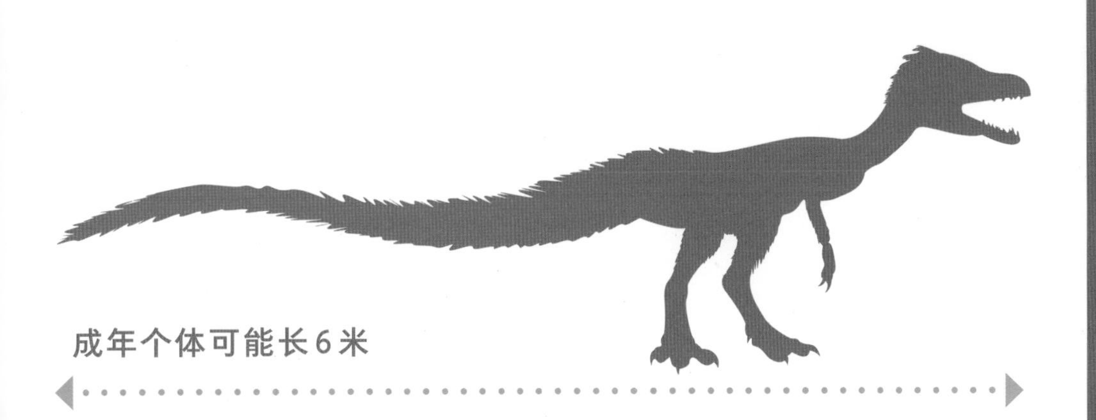

成年个体可能长6米

到20世纪90年代中期，已经有超过30个属的恐龙化石发现有羽毛或绒毛的痕迹。大多数都是虚骨龙类——这个类群包括暴龙类、恐爪龙类和鸟类，但毛也见于如鹦鹉嘴龙（*Psittacosaurus*，见第169页）这样原始的鸟臀类恐龙。2012年，在巴伐利亚的石灰岩里发现了一条71厘米长的未成年似松鼠龙，证明“恐龙绒毛”可能比预想分布得更加广泛。这种恐龙属于斑龙类而不是虚骨龙类，是一类非常不同且更加原始的兽脚类恐龙。这块化石可能是在欧洲发现的保存最完好的化石，在松鼠一样的尾部保留了绒毛的痕迹，身上也覆盖着斑块状的绒毛。蜥臀类恐龙和鸟臀类恐龙的毛结构很相似，表明在这两大类群分化之前有一个共同祖先，它们从那里继承了这个特征。古生物学家奥利弗·劳赫和他的同事在命名和描述似松鼠龙时提出，这件化石意味着羽毛至少出现在兽脚类恐龙谱系树的源头——不单保存在演化成现代鸟类的生物身上，还可以算得上是恐龙家族中非常古老而广泛的特征。随着越来越多非虚骨龙类的带羽毛恐龙的发现，我们越发有理由怀疑，某种形式的绒毛在恐龙家族中应该属于“标准配置”而不是特例。

“恐龙绒毛”的早期证据

侏罗纪

期	世
提塘期	晚
基末利期	
牛津期	
卡洛夫期	中
巴通期	
巴柔期	
阿林期	
土阿辛期	早
普林斯巴期	
辛涅缪尔期	
赫塘期	

肉食性

德国派恩滕

侏罗纪

提塘期	晚
基末利期	
牛津期	
卡洛夫期	中
巴通期	
巴柔期	
阿林期	
土阿辛期	早
普林斯巴期	
辛涅缪尔期	
赫塘期	

Mymoorapelta maysi

梅氏迈摩尔甲龙

3 米

植食性

美国科罗拉多州

这种矮胖、有装甲的植食性恐龙是甲龙家族的一位早期成员。这类身材低矮几乎坚不可摧的生物在整个晚白垩世都很繁荣。它的特点包括致密的头骨、背上刀枪不入的甲片、身体两侧尖利的棘刺，不过与近亲怪嘴龙（*Gargoyleosaurus*，见第129页）一样，迈摩尔甲龙的体型也相对较小，像多智龙（*Tarchia*）这样较晚期种属的体长几乎是它的3倍。

它的名字来自科罗拉多州的迈格特-摩尔采石场，杂乱的化石埋藏在莫里森组的岩层中。迈摩尔甲龙在1994年被首次描述，但是多年以来都不能确定它在甲龙家族中的具体位置。直到2011年一项新的研究表明它是结节龙类的基干成员，这个类型的甲龙只有棘刺而没有尾锤。

Diplodocus longus

长梁龙

任何去过伦敦自然历史博物馆的人都会对梁龙奇异的身体比例留下深刻印象，1905年国王爱德华七世送给博物馆的26米长的骨骼复制品至今仍在中央大厅欢迎每一位游客。1902年，他在苏格兰的斯科博（Skibo）城堡看到了一张精细的梁龙骨骼素描图。城堡是他的朋友安德鲁·卡内基（Andrew Carnegie）的家，这位在苏格兰出生的美国慈善家的名字成为了第二种梁龙的种名。国王也想拥有自己的梁龙，于是卡内基询问了他的古生物学家朋友们，得到的回复是为国王找到另一只梁龙是件很棘手的事情，但是可以给已有的化石做一件复制品。实际上他们确实也这么做了。博物馆里的复制品名叫“迪皮”（Dippy），精确复原了来自美国怀俄明州的3只梁龙的324块骨头。它在伦敦的社会精英面前揭开了面纱，很快成为普通公众的关注焦点。不管来自社会的哪个阶层，对大多数人来说这都是他们看到的第一具完整的恐龙骨骼复原模型，并且对当今的许多英国人来说仍是如此。自1979年以来，它就在博物馆里占据着现在的位置，唯一的改变是在1993年将其由80块尾椎组成的长尾巴从地面抬起到水平的位置。梁龙生活在晚侏罗世北美洲的半干旱环境中。不同寻常的牙齿排列方式表明它可以用嘴剥光树枝上的叶子，而不是把枝叶一起咬下来。虽然梁龙是已知最长的恐龙之一，但它还是比迷惑龙这样的蜥脚类恐龙苗条一些，不过它也能给如异特龙般的猎食者造成很大的威胁。它可以用鞭子一样的尾巴保护自己，巨大的脚上还有一枚尖爪，可能也起到相同的作用。1990年在怀俄明州的豪采石场（Howe Quarry）发现了一块皮肤印痕化石，显示梁龙的尾部有一列小刺，可能沿着脊背延伸到脖子。这些小刺是由角蛋白组成的，就像犀牛角或是我们的头发和指甲一样，这也就解释了它们为什么很少保存成化石。

典型体长22—24米，但有些可达35米

期	世
提塘期	晚
基末利期	
牛津期	
卡洛夫期	中
巴通期	
巴柔期	
阿林期	
土阿辛期	早
普林斯巴期	
辛涅缪尔期	
赫塘期	

植食性，扫荡者和牧食者

美国科罗拉多州、犹他州和怀俄明州

突破音障

长长的鞭子一样的尾部是梁龙类独有的特征——但是它的功能是什么？加拿大古生物学家菲利普·柯瑞（Philip Currie）和他的同事内森·梅尔沃德（Nathan Myhrvold）提出了一个新颖的观点。他们推测梁龙挥动尾巴时末端的速度足以突破音障，可以制造出很大的鞭打声。这样能警告敌人，也可能用于求爱展示。梁龙还能用挥动尾巴的方式吓阻、击败甚至杀死入侵的兽脚类恐龙。

侏罗纪

提塘期	晚
基末利期	
牛津期	
卡洛夫期	中
巴通期	
巴柔期	
阿林期	
土阿辛期	早
普林斯巴期	
辛涅缪尔期	
赫塘期	

Brachytrachelopan mesai

梅氏短颈潘龙

从肩部到细长尾巴的末端，短颈潘龙的身体比例与一般的蜥脚类恐龙没有什么不同：只是体型比较小，但总体还是正常的。这就使它粗短的脖子显得格外怪异，好像是把另外一只恐龙的头颈接到它的身体上一样。

当短颈潘龙在2005年被发现时，描述它的专家声称这个奇怪的脖子也许能够帮助它吃到晚侏罗世阿根廷的某种特定的植物，这种植物一两米高，可能特别充裕或者有营养。脊椎骨显示它不能将脖子抬到水平线以上，因而也就不能触及树梢。这种特化的食谱也许能够解释它的体格为何这么小。与阿马加龙（*Amargasaurus*）和叉龙（*Dicraeosaurus*）一样，它的颈、背和尾部也应该有长长的两列棘刺，因此这三种恐龙都被归入叉龙类，意思是“双叉蜥蜴”。短颈潘龙的种名指的是一个叫丹尼尔·梅萨（Daniel Mesa）的牧羊人，他在寻找一只失踪的羊时发现了被风化的骨骼。

植食性，牧食者或吃低矮的植物

阿根廷

Gargoyleosaurus parkpinorum

棘皮怪嘴龙

3 米

这只早期甲龙的坚韧铠甲是用来防御异特龙这样的猎食者的。一只肉食性恐龙杀死怪嘴龙的唯一机会是把它翻转过来，攻击它脆弱的腹部，骨质的甲板和尖锐的棘刺使猎食者无法从其他角度进行攻击。这只行动迟缓且矮胖的生物最初于1998年被描述，因为头骨与哥特式教堂的怪兽状滴水嘴非常相似，所以取了这样一个名字。它的正型标本（得到正式分类位置的唯一确定的标本）在1996年发现于美国怀俄明州的骨头小屋采石场（Bone Cabin Quarry）。后期的甲龙类可以长到7米长，但是怪嘴龙相对较小，所以可以将其视为后期那些巨型坦克们的雏形。

期	世
提塘期	晚
基末利期	
牛津期	
卡洛夫期	中
巴通期	
巴柔期	
阿林期	
土阿辛期	早
普林斯巴期	
辛涅缪尔期	
赫塘期	

植食性，吃低矮的植物

美国怀俄明州

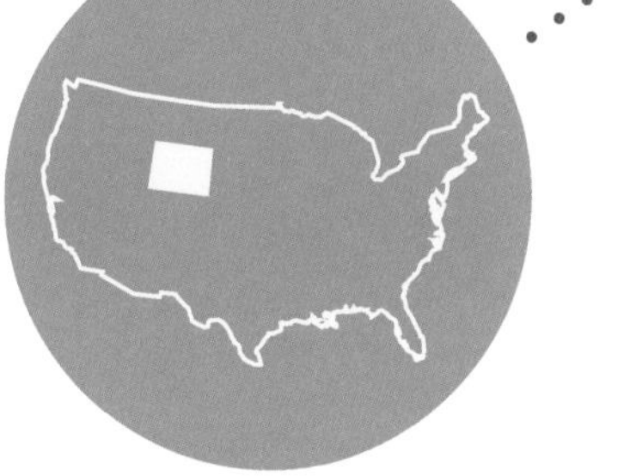

侏罗纪

提塘期	晚
基末利期	
牛津期	
卡洛夫期	中
巴通期	
巴柔期	
阿林期	
土阿辛期	早
普林斯巴期	
辛涅缪尔期	
赫塘期	

肉食性

美国俄克拉何马州，可能还有新墨西哥州

Saurophaganax maximus

巨食蜥王龙

莫里森组的岩层提供了侏罗纪时期美国的一系列快照，记录了一千多万年来变化的地貌景观及其上的居民。古老的泛滥平原、河床和火山灰层如今形成了横贯美国中西部的崎岖恶地上清晰的岩石条带。

即使我们假定沉睡在这个岩层组里的无数恐龙（它们经常发现于像科罗拉多州的干燥台地采石场和怀俄明州的科摩断崖这样的地方）与实际生存过的数量相比只有一小部分变成化石，食蜥王龙在晚侏罗世也一定是一道相对罕见的风景线。尽管这个岩层组已经产出了许多蜥脚类恐龙圆顶龙的化石，但是只有很模糊的线索显示了这种凶恶猎食者的存在。这是一种与暴龙体型相当的异特龙类恐龙，与它的亲戚异特龙一样有着肌肉异常发达的脖子和薄而尖锐的牙齿。名字的意思是“食蜥者之王”，在侏罗纪美国的林地中，迷惑龙一定是它的猎物之一。1931年在俄克拉何马州（食蜥王龙是官方确定的州化石）发现了一具不完整的骨骼，在新墨西哥州还发现了一具更大的标本有待科学家的研究。

莫里森组跨越了美国155万平方千米的土地，但是只有边缘部分是可见的，其他部分都埋在中西部的大草原之下，那里一定藏着无数种未知的动物。古生物学家们需要另一只食蜥王龙来帮助他们描绘侏罗纪时期最大、最野蛮的杀手之一的全貌。

Fruitadens haagarorum

哈嘉果齿龙

它不吃水果——在侏罗纪也没有任何水果或花朵，植物的繁殖策略直到白垩纪时期才演化出来。果齿龙是已知最小的鸟臀目恐龙，也是最晚的畸齿龙类恐龙（有混合型牙齿的恐龙）之一。它的名字来自科罗拉多州的弗鲁塔市（Fruita），20世纪70到80年代在那里的砂岩中发现了这种恐龙的化石。果齿龙是一种善于奔跑的瘦小两足动物，用它的混合型牙齿吃任何东西：大而尖锐的犬齿吃肉，小的磨牙可以咀嚼植物。果齿龙的颌部比早期畸齿龙类的更轻巧，也张得更大，使它们更加适合捉小蜥蜴和昆虫，同时也能够吃植物性的食物。

侏罗纪

期	
提塘期	晚
基末利期	
牛津期	
卡洛夫期	中
巴通期	
巴柔期	
阿林期	
土阿辛期	早
普林斯巴期	
辛涅缪尔期	
赫塘期	

杂食性

美国科罗拉多州

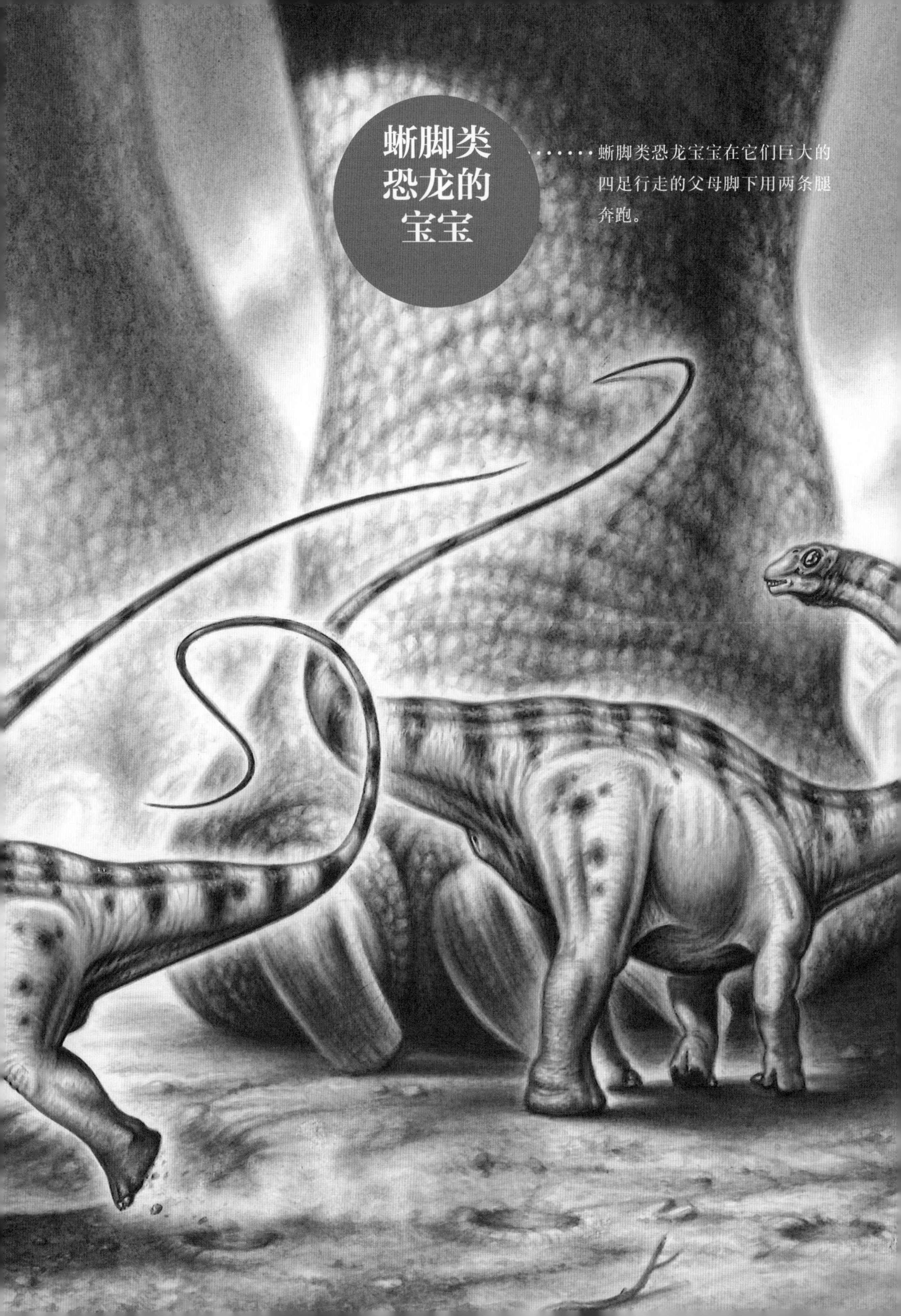

蜥脚类恐龙的宝宝

蜥脚类恐龙宝宝在它们巨大的四足行走的父母脚下用两条腿奔跑。

佈罗纪

提塘期	晚
基末利期	
牛津期	
卡洛夫期	中
巴通期	
巴柔期	
阿林期	
土阿辛期	早
普林斯巴期	
辛涅缪尔期	
赫塘期	

1.45亿年前

植

植食性

50,000千克

西班牙东部特鲁埃尔省里奥德瓦

Turiasaurus riodevensis

里奥德芬西斯图里亚龙

这是在欧洲发现的第一种巨大的蜥脚类恐龙。到底有多大呢？想象一下10辆小汽车的长度和8头大象的重量吧。它是目前为止在这块大陆上生活过的已知最大的陆地动物，也是世界上最大的恐龙之一。图里亚龙行走在今天西班牙东部的土地上，与它较小的同类露丝娜龙（*Losillasaurus*）生活在一起，在里奥德瓦镇附近发现了大量的骨骼化石。它的牙齿呈心形，覆盖着有褶皱的珐琅质，帮助它们研磨包括叶子、茎和芽在内的较为坚韧的植物。前肢的前臂骨与一个成人等长，后肢上的爪如一个橄榄球般大。它的脊椎骨显示有一列棘刺，或者至少是一条脊贯穿它的背部。在图里亚龙发现以前，巨大的蜥脚类恐龙总是与非洲和美洲联系在一起——现在我们知道这些巨大的植食性恐龙在晚侏罗世时期也在西欧一带活动。

在欧洲发现的第一种巨大的蜥脚类恐龙

Miragaia longicollum

长颈米拉加亚龙

侏罗纪

期	
提塘期	晚
基末利期	
牛津期	
卡洛夫期	中
巴通期	
巴柔期	
阿林期	
土阿辛期	早
普林斯巴期	
辛涅缪尔期	
赫塘期	

6 米

植

植食性

葡萄牙米拉加亚

这种奇怪的剑龙有一条更适合小型蜥脚类恐龙的长脖子——实际上它有17枚颈椎，数量比大多数蜥脚类恐龙都多，一般的蜥脚类恐龙只有12到15枚。它的存在表明剑龙逐渐演化出更长的脖子，但是原因不太清楚：可能是为了吃到更高的叶子；也可能是出于性选择的原因，有最长脖子的雄性对雌性最具有吸引力。在葡萄牙发现它不完整的骨骼以后，古生物学家在2009年对其进行描述时认为它与锐龙（*Dacentrurus*）——一种在英国发现的大型剑龙有较近的亲缘关系。不过锐龙的背部有骨板和尖利的棘刺，而米拉加亚龙则似乎长着与剑龙相似的骨板，只是小一些。

侏罗纪

提塘期	晚
基末利期	
牛津期	
卡洛夫期	中
巴通期	
巴柔期	
阿林期	
土阿辛期	早
普林斯巴期	
辛涅缪尔期	
赫塘期	

肉食性

挪威斯瓦尔巴群岛

其他令人惊异的侏罗纪动物……

Pliosaurus funkei

冯氏上龙

在晚侏罗世的海洋里潜伏着一种生物，令鲨齿龙相形见绌，我们现代的大白鲨在它面前也像是湖里供人垂钓的梭鱼一样。

在上一个十年中期的时候，北极圈内的挪威岛屿斯瓦尔巴群岛上发现了两具破碎的骨骼化石，它们很不正式地得到了如雷贯耳的称号："捕食者X"和"大怪兽"——而后在2012年底，作为前所未见的一种上龙标本被正式发表。冯氏上龙的大嘴里排列着30厘米那么长的尖利的三角形牙齿，可以嚼烂鱿鱼和长脖子的蛇颈龙等猎物，咬力可能是暴龙的数倍。它一般用前面的两个鳍游泳——先跟踪猎物，在进攻前再用后鳍提供爆发力，快速发动袭击。

在漫长的年月里，反复的冰冻和融化使化石变得非常破碎，在挪威科学家们进行研究的奥斯陆大学的实验室里，化石因为变干而进一步损坏。因为这个原因，我们只能对冯氏上龙的尺寸做出估计，但是较大标本的头骨似乎有2—2.5米长，一些肋骨、脊椎和一个巨大的鳍显示它的体长有10—13米。尽管许多关于捕食者X和大怪兽的报道对它的体型有所夸大，但它在恐龙世界中仍然是无敌的。它们还有一些尚未公开发表的亲戚，比如多塞特的"韦茅斯湾上龙"、墨西哥的"阿兰贝里怪物"，这些巨大而恐怖的野兽是统治侏罗纪海洋的真正的噩梦。

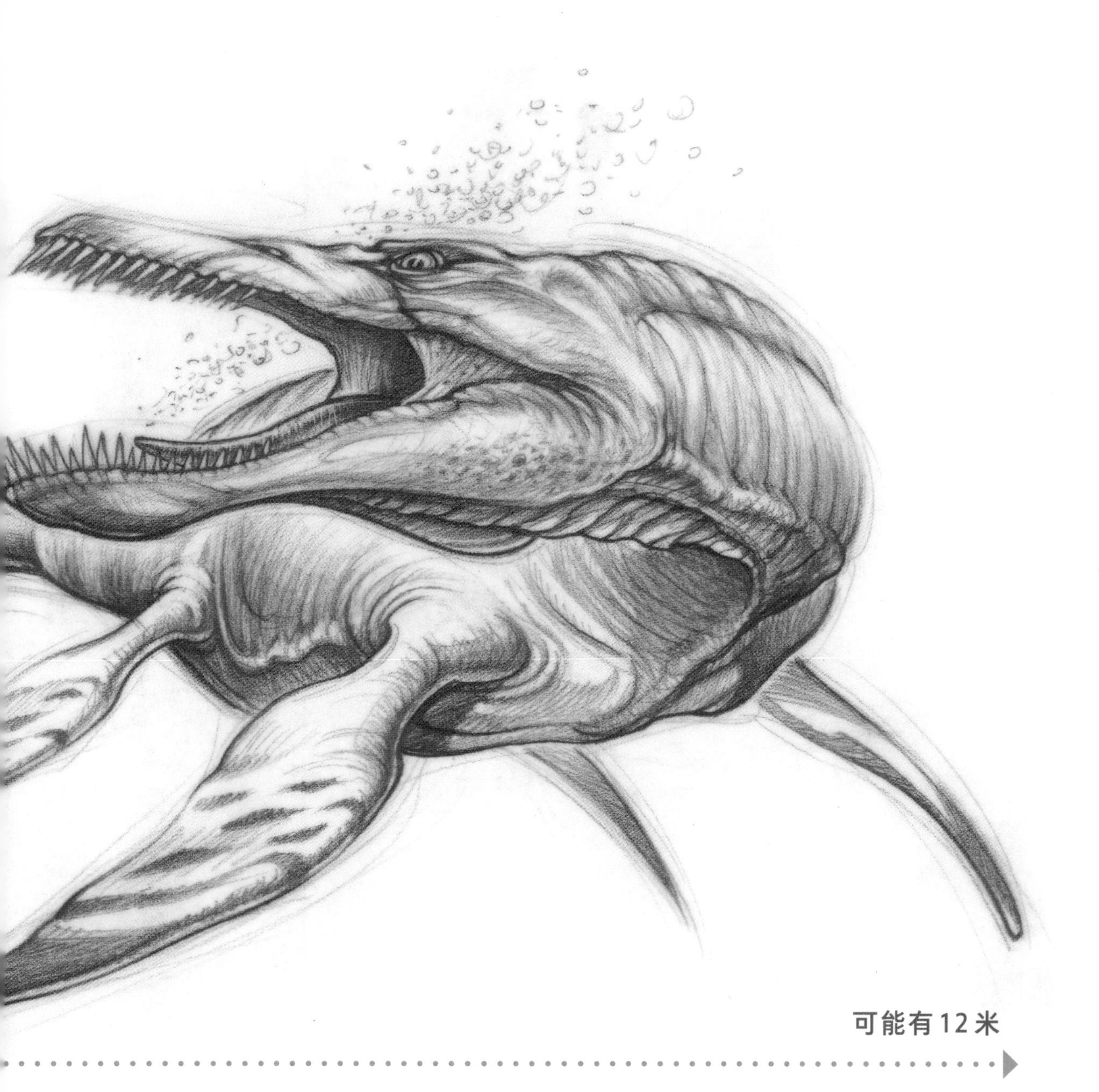

可能有12米

侏罗纪

提塘期	晚
基末利期	
牛津期	
卡洛夫期	中
巴通期	
巴柔期	
阿林期	
土阿辛期	早
普林斯巴期	
辛涅缪尔期	
赫塘期	

鱼食性

英国

Ichthyosaurus communis

典型鱼龙

同属其他种：短吻鱼龙、科氏鱼龙、间鱼龙

它有特大号的眼睛、突出的口鼻部和鱼形的身体，这就是最广为人知的侏罗纪时期的海洋生物。1811年，英国化石猎人玛丽·安宁在多塞特海岸找到了第一具标本，10年以后威廉·科尼贝尔（William Conybeare）和亨利·德拉贝什（Henry de la Beche）给它起名为鱼龙，即“鱼蜥蜴”。巨大的眼睛具有良好的视力，使它能够在浑浊的水里追踪鱼类和乌贼作为美餐。

目前已经发现了数以百计的鱼龙化石，大多数都是在英国找到的，一些雌性标本的腹中还有鱼龙宝宝的骨头，表明它们直接产下活的幼体而不是生蛋。其他标本保存了鱼龙的身体外形，以及与众不同的背鳍和尾鳍。虽然很像鱼类，但它仍然是一种爬行动物，其祖先在三叠纪时期从陆地回到水中生活。

2米

Rhamphorhynchus muensteri

明氏喙嘴龙

翼展 1.8 米

保存始祖鸟羽毛轮廓的德国石灰岩同样保存了另一种侏罗纪飞行生物的精美化石。喙嘴龙是一种中等大小的翼龙，有长着尖利针状牙齿的窄长喙部。它掠过侏罗纪时期的湖泊与河流，用细长的颌抓起鱼类和两栖动物。它的翅膀展开有1米宽，在好几块化石上都显示出清晰的翼膜痕迹。喙嘴龙曾经被分成好几个种，但是现在发现它们只是同一个种的不同发育阶段。

侏罗纪

期	世
提塘期	晚
基末利期	
牛津期	
卡洛夫期	中
巴通期	
巴柔期	
阿林期	
土阿辛期	早
普林斯巴期	
辛涅缪尔期	
赫塘期	

鱼食性

德国

侏罗纪

期	世
提塘期	晚
基末利期	
牛津期	
卡洛夫期	中
巴通期	
巴柔期	
阿林期	
土阿辛期	早
普林斯巴期	
辛涅缪尔期	
赫塘期	

肉食性

英格兰多塞特

Dimorphodon macronyx

长爪双型齿翼龙

翼展1.2米

这种有着巨大头部的翼龙在晚侏罗世欧洲的海岸上空上下翻飞。它的翼展与一只大海鸥差不多，特大号的喙部与海鹦非常相似，但它有两种不同的牙齿——前部的很尖，后部的像桩子一样适合咀嚼——表明它吃的不是跳动的鱼，而是昆虫、小动物和腐烂的尸体。

在陆地上它可能四足行走，因为其他翼龙的化石行迹显示它们用四条腿爬行。1828年，玛丽·安宁在莱姆里杰斯附近的布鲁里阿斯（Blue Lias）悬崖发现了英国已知的第一具翼龙化石，但是这种动物独特的头骨却下落不明。一年之后，威廉·巴克兰把它命名为长爪翼手龙（*Pterodactylus macronyx*），但1858年发现了一具完整的双型齿翼龙化石后，理查德·欧文更改了这块标本的属名，不过仍然保留了原来的种名，用于描述其前肢上的大爪。它可能用这些爪爬上高而陡峭的岩石，再从上面跳下来并起飞。

Pterodactylus antiquus

古翼手龙

侏罗纪

提塘期	晚
基末利期	
牛津期	
卡洛夫期	中
巴通期	
巴柔期	
阿林期	
土阿辛期	早
普林斯巴期	
辛涅缪尔期	
赫塘期	

翼龙家族最早发现的、最著名的成员有一撮向后突出的冠毛，长而尖细的颌部犹如枪尖一样非常适合抓鱼，不过它可能也吃小型陆地动物。已经发现了20多具不同年龄段的骨骼，大多数都在德国，最早的一具是1784年被描述的。名字的意思是“翼指”，这是所有翼龙共有的特征。一根粗大且极度延长的第四指撑起了一片一直延伸到后肢的皮膜——更像蝙蝠的翅膀，而与鸟类不一样。

鱼食性

德国

翼展70厘米

与恐龙同行……

它们在英国留下过脚印的地方。

恐龙在全世界都留下过脚印，今天仍有数以百万计保留了下来。

北美和南美是许多壮观行迹的家园，同一种动物在它走过或跑过软泥时留下了一列列脚印，而后软泥变成了岩石，脚印也就成了化石。玻利维亚有着世界上最著名的脚印化石地点，一条名为恰尔·奥尔考（Cal Orck'o）的陡峭石灰岩坝上纵横交错着属于330个不同物种的350条行迹，总共有5,000多枚脚印。

在美国，得克萨斯州达文波特牧场（Davenport Ranch）的白垩纪岩石中有23条平行的迷惑龙行迹，包括成年个体和幼年个体留下的脚印。科学家们推测它们以4到5只为一组，年长的恐龙领头，年轻的跟在后面。在犹他州的拱门国家公园（Arches National Park）一片广阔的区域内有无数的脚印——估计2,590平方千米内有10亿个——这个公园因此被称为“壮丽的行迹地点”。

在得克萨斯州的一个地点甚至记录下了戏剧性的一刻。一个大型猎食者［可能是高棘龙（*Acrocanthosaurus*）］的脚印显示它正在追踪一只更大的植食性的蜥脚类恐龙（可能是波塞东龙）。在它们的脚印汇聚的地方，猎食者的步伐由左右交替变成了左—右—右—左—右。美国古生物学家托马斯·霍尔茨（Thomas Holtz）解释说：“如果这个3吨重的肉食者不是在跳房子，那么对失踪的左脚脚印最简单的解释就是，高棘龙用它强有力的脚爪抓住了植食性恐龙，在被挣脱之前拖着其走了一步。”但是我们无法知道受害者是死了还是逃走了，因为过了这个地点之后脚印就被风化掉了。

所有的这些脚印都被归为“遗迹化石”，由于不能准确地对应于某一个物种，所以有专属的科学名称，例如不同类型的小型三趾兽脚类恐龙足迹被笼统地称作善奔似鹬龙足迹（*Grallator cursorius*）。可能留下似鹬龙足迹的恐龙包括腔骨龙和尾羽龙（*Caudipteryx*）。

虽然英国没有像“壮丽的行迹地点”和兽脚类恐龙袭击蜥脚类恐龙那样引人注目的化石点，但是也有一些有趣而重要的脚印化石。这些脚印中的任何一个都能使你意识到一只恐龙曾经站在你所在的地方——不过只要是科学家都会认为行迹要有趣得多。测量脚印的步幅可以开启了解恐龙体型和行动方式的窗口。

多数恐龙的后肢是它们脚印的4倍长。所以专家可以从一枚脚印推断出腿的长度，继而估算出整只恐龙的体长——但是如果能够测量同一只恐龙脚印之间的距离，那么估算出来的结果会准确得多。

对迷惑龙这样的四足的蜥脚类恐龙来说，前腿与后腿之间的距离与臀部到肩部之间的距离是一样的。通过比较已知的完整骨架从臀部到肩部的比例，古生物学家可以估算出恐龙从头部到尾尖的全长。通过比较臀高与复步长（两个同侧脚印之间的距离），他们还可以推算恐龙行走的速度。

所以一些保存在石化泥土中的稍纵即逝的印记可以向我们透露大量信息，既包括它们是如何行动的，也有恐龙家族是怎样集体出行的。

下文列举了一些英国的化石点，在那里你可以清楚地看到恐龙们曾经在这片土地上行走过的证据。

苏格兰，斯凯岛（Isle of Skye），斯塔芬（Staffin）

苏格兰最大的恐龙脚印位于斯凯岛东海岸一片饱受风暴蹂躏的荒凉海滩上。侏罗纪时期这里同样是一座海滩，但是与今天大不相同——一个临近湖泊的沙岸，有着温暖的地中海式气候。大约1.65亿年前，一只两足的兽脚类恐龙在湖边留下了巨大的三趾足迹。2002年，一位当地妇女在遛狗时发现了它们。这些脚印现在还在那里，但是不知道还能存在多久——大风的侵袭意味着它们可能会是一道转瞬即逝的风景。

怀特岛

沿着西南海岸分布的威尔登露头（Wealden Outcrop）富含早白垩世的恐龙化石，在康普顿（Compton）和桑顿（Sandown）之间18千米的地带上，一些海滩拥有保存了古老脚印及其铸型的巨石。最好的位于汉诺威点（Hanover Point），在低潮时你可以找到一系列约50厘米长的三趾足迹，很可能是一只禽龙留下的。它们在雨后最容易看见。在海滩上的其他地方可以见到小一些的兽脚类恐龙足迹。

东苏塞克斯黑斯廷斯

1846年，《伦敦地质学会杂志》（*Journal of the Geological Society of London*）刊登了一篇题为“位于黑斯廷斯附近的黑斯廷斯砂层上的印记，应当是鸟类的足迹”的文章。这篇文章的作者爱德华·塔格特牧师（Rev Edward Tagart），向人们展示了恐龙实际上会把它们的印记留在海边杂乱的巨石上。这些印迹至今仍能看见，不过有时会被鹅卵石或沙子覆盖。海边的一块石头上有一个巨大的三趾脚印铸型，被归为禽龙的脚印，另一个值得注意的脚印有3个尖锐的爪子，可能是一只重爪龙（*Baryonyx*）留下的。在离这里不远的费尔莱特科夫的阿什当砂岩上也有可见的禽龙脚印。

东约克郡

大约1.6亿年前这片区域是一个被泥滩包围的巨大的河流三角洲。沿着约克郡的“恐龙海岸”有大量的脚印地点，从斯特尔兹到弗兰伯勒延伸了约56千米。在惠特比，你可以在海边的石头上看到它们；在斯科尔比，悬崖脚下有一条平直的石头层，上面有6个巨大而模糊的脚印；在伯尼斯顿，通往海滩的台阶底部的砂岩上时而可见小的足迹，更大而软的足迹则可能是禽龙留下的。有些地点不太好进入，尤其是在潮湿或有风的天气里，你需要随时注意涨上来的潮水——在出发之前查看一下潮汐的时间表。

英国最好的，但不是你目前可以参观的化石点：

牛津郡比斯特（Bicester）附近，阿德利行迹（Ardley Trackways）

大约1.65亿年以前，一群巨大的植食性恐龙沿着一条古老的海岸线在泥滩上跋涉，在泥巴干掉之前，一只巨型的肉食性恐龙也在这里蹒跚而行。1997年，它们的脚印在M40号高速公路旁边这块不再那么美丽的土地上被发现了。这个地点有多达40条由腕龙的亲戚留下的行迹，那只兽脚类恐龙可能是斑龙。2010年加拿大化石足迹学家大卫·莫斯曼（David Mossman）研究了60米长的一列足迹，并推断它正在加速，也许是在追踪猎物。

如此大面积而且清晰的行迹在英格兰前所未见，在世界范围内也非常罕见。遗憾的是，这个科学家们十分感兴趣的地点对于普通公众来说还是很难进入的。

沙子里的脚印

如此脆弱的东西能够保存这么长时间似乎是件很奇怪的事情。保存下来的脚印实际上被称作“遗迹化石”。这是动物活着的时候遗留下来的化石（其他的例子包括粪化石和蛋化石）；真正的化石是动物死掉的时候留下的遗骸。脚印化石形成的过程是这样的：一只恐龙在泥巴或潮湿的沙子上留下清晰的脚印，在遭到破坏之前，泥巴或沙子在阳光下被晒干、变硬。一场突如其来的洪水横扫了整个地区，带来了一层新的沙子和砾石，把脚印充填起来。过了很长一段时间，上下两层泥沙都被压缩成沉积岩并埋藏在地层之中。漫长的时光过去了，脚印又重见天日，通常是因为悬崖崩塌，石块滚落到海滩上。对每一个恐龙脚印来说，都有一个填充在里面的砂岩层形成的石头铸型，但是脚印经常是在这个铸型被侵蚀掉之后才被发现的。

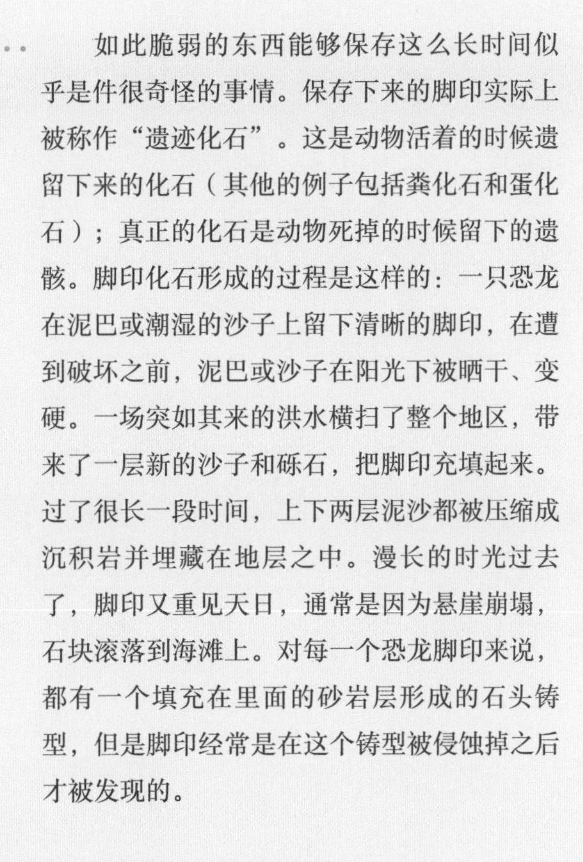

1. 盘古大陆在早侏罗世分裂成两块超级大陆，一块在北边，一块在南边。它们的名字是什么？

2. 为什么很少发现蜥脚类恐龙的头骨？

3. 1824年威廉·巴克兰首次科学地描述了一只恐龙。他给这只恐龙起的名字是什么？

4. 1842年理查德·欧文创造“恐龙”这个词的时候，他描述了哪三个属？

5. 南方猎龙、澳洲南方龙和澳洲盗龙是在哪个国家发现的？

6. 棘刺龙和蜀龙的尾巴有哪些特征与其他蜥脚类恐龙不同？

7. 19世纪后期发生在美国的“骨头大战”是哪两个古生物学家之间的竞争？

8.发现在中国的气龙为什么得到这样一个名字？

9.古生物学家约翰·奥斯特罗姆在研究了哪种恐龙之后提出兽脚类恐龙和现代鸟类之间存在演化上的联系？

10.曾经叫作布氏腕龙的蜥脚类恐龙现在叫什么名字？

11.玛丽·安宁在多少岁的时候找到了第一具完整的鱼龙化石？

12.雷龙为什么被改称迷惑龙？

13.动物活着的时候而不是死掉之后留下的化石，例如脚印、蛋和粪便，被称作什么？

14.谁在哪一年把著名的梁龙骨架送给伦敦自然历史博物馆？

15.冯氏上龙的咬力比霸王龙强多少倍？

答案见第320页

第三章

白垩纪

白垩纪

这个时代没有发生大的灭绝事件，只是在最近的5亿年以来，形成的白垩比其他任何时候都多，因此德国地质学家将它称为Kreidezeit或“白垩纪”。这个术语后来翻译成拉丁语*Cretaceous*；石灰岩丰富的希腊岛屿克里特岛的名字也是由此衍生而来。盘古大陆进一步分裂，南部的冈瓦纳古陆也分裂成若干个陆块，排列方式已经接近我们今天的地图。恐龙继续繁盛，进一步分化出一些在地球上生活过的最令人惊讶的类型。当巨大而可怕的鲨齿龙、轻盈而致命的猎手阿贝力龙和庞大的植食性的巨龙类在南美洲漫步的时候，第一批头部长着钉状物的角龙和具有坚实头骨的肿头龙类也演化出来了。在北美洲西部，暴龙类成为已知最进步的肉食性恐龙，它们兼具超强的脑力和咬力，在那个时代的陆地动物中所向披靡。菊石在温暖的海洋里遨游，巨大的翼龙掠过天空，第一批花朵开始在陆地上绽放。哺乳动物开始繁盛，鸟类也正式登场——然后这一切被一场史无前例的大撞击所终结……不过并没有完

全终结，因为我们今天仍然被恐龙所包围。幸存者再加上哺乳动物、鱼类、爬行动物、有花植物和树木，共同构成了我们今日的植物群和动物群。陆地恐龙的世界终结了，我们所熟悉的世界才刚刚开始。

白垩纪

马斯特里赫特期	晚
坎潘期	
三冬期	
康尼亚克期	
土仑期	
塞诺曼期	
阿尔布期	早
阿普特期	
巴雷姆期	
欧特里夫期	
凡兰吟期	
贝里阿斯期	

肉食性

英格兰东苏塞克斯

Becklespinax altispinax

长棘贝克尔斯棘龙

在理查德·欧文爵士首次尝试研究它那不受重视的化石的150多年后，人们对这种英国的肉食性恐龙仍然所知甚少。贝克尔斯棘龙的化石只有3块具有高棘的背椎，一度被误认为是斑龙的脊椎：这就是位于水晶宫的维多利亚时期的斑龙模型肩部有一个小驼峰的原因。有观点认为这种恐龙与它的英国同辈重爪龙一样，是一种棘龙，但是同样没有被采纳；虽然不排除这种可能，但是这些脊椎看上去更像异特龙的脊椎。尽管贝克尔斯棘龙仍然神秘，但它在1991年还是成为一个独立的属，乔治·奥利约夫斯基（George Olshevsky）为了向塞缪尔·贝克尔斯（Samuel Beckles）致敬而给它起了这个名字。这位19世纪的化石猎人在东苏塞克斯的巴特尔（Battle）发现了贝克尔斯棘龙的化石，不过不清楚化石在黑斯廷斯组的具体位置，所以不能确定它的准确年代。

贝克尔斯受雇于欧文，负责搜索南部海岸的化石点，并把结果反馈给他。贝克尔斯为多塞特的景观留下了一笔可观的“遗产”：在波贝克（Purbeck）半岛有一个面积达600平方米的发掘坑，现在被称为贝克尔斯坑。欧文把贝克尔斯发现的一种小型鸟臀类恐龙命名为贝氏棘齿龙（*Echinodon becklesii*），以向他表示敬意。对于贝克尔斯棘龙，我们可以肯定的是它是一种体型中等的兽脚类恐龙，所以推测它捕猎小型到中型的蜥脚类恐龙——可能是畸形龙（*Pelorosaurus*）或异波塞东龙（*Xenoposeidon*），但不能确定它们一定是同时代的，因为不清楚贝克尔斯棘龙的发现地。

8米

威尔登群

在早白垩世，大片的泛滥平原和蜿蜒的河流覆盖了英格兰南部的大部分地区，从今天伦敦的南部一直延伸到法国北部，留下的沉积物称为威尔登群，名字来自肯特郡的威尔登地区。这些地层中出产了贝克尔斯棘龙和英国其他许多的恐龙，包括禽龙和棱齿龙（*Hypsilophodon*）。

马斯特里赫特期
坎潘期
三冬期
康尼亚克期
土仑期
塞诺曼期
晚

阿尔布期
阿普特期
巴雷姆期
欧特里夫期
凡兰吟期
贝里阿斯期
早

Aragosaurus ischiaticus

迷阿拉贡龙

这种强壮的植食性恐龙生活在今天西班牙的阿拉贡地区，可能是它的美国同辈圆顶龙（见第86页）的亲戚。不过阿拉贡龙的前肢骨长一些，所以可以站得高一点。与其他蜥脚类恐龙一样，它对植物有难以满足的胃口，喜欢吃松树的叶子，还可以用后肢站起来够到最高处的树枝。由于只找到了零散的化石，所以很难精确复原阿拉贡龙的样貌。它于1987年在拉里奥哈（La Rioja）的卡斯特里亚尔组被发现，证实蜥脚类恐龙在早白垩世已经散布到世界各地。

植食性，吃较高的植物

18米

西班牙阿拉贡

Mei long

寐龙

属名意思是“熟睡”

40厘米

它的属名在中文里是“熟睡”的意思。2004年发现它的化石时就处于这个状态，它因吸入了火山喷发出的气体而窒息，然后在火山灰中埋藏了大约1.4亿年。这只鸭子大小的伤齿龙类恐龙化石是三维保存的，口鼻部舒适地放在前肢的下面，就像一只企鹅在睡觉的时候把头折叠到翅膀后面。因此，它又展现了恐龙与鸟类之间在行为上的联系。寐龙还获得了一项殊荣——与足龙（*Kol*），一种在蒙古发现的阿尔瓦雷兹龙类一起——拥有恐龙世界最短的属名。

白垩纪

马斯特里赫特期	晚
坎潘期	
三冬期	
康尼亚克期	
土仑期	
塞诺曼期	
阿尔布期	早
阿普特期	
巴雷姆期	
欧特里夫期	
凡兰吟期	
贝里阿斯期	

肉食性，吃昆虫和小动物

中国辽宁省

白垩纪

马斯特里赫特期	晚
坎潘期	
三冬期	
康尼亚克期	
土仑期	
塞诺曼期	
阿尔布期	早
阿普特期	
巴雷姆期	
欧特里夫期	
凡兰吟期	
贝里阿斯期	

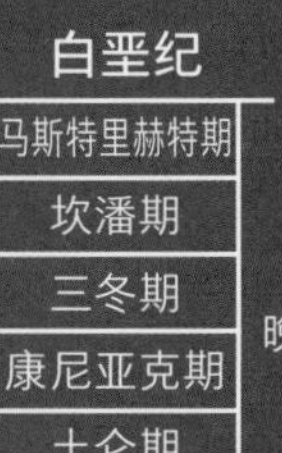

肉食性

英格兰怀特岛

Eotyrannus lengi

郎氏始暴龙

成年个体
可能长5.5米

这种强有力的带羽毛的肉食性恐龙表明，在晚白垩世著名的暴龙类出现约6,000万年前，它的一个缩小版已经在英格兰南部威胁着小型植食性恐龙的生存。

暴龙类的谱系可以追溯到中晚侏罗世，原始的种类包括原角鼻龙（见第65页）、史托龙、祖母暴龙（见第96页）和冠龙（见第63页）。

到了早白垩世，始暴龙来了，名字的意思是“黎明暴君”，并与中国的兽脚类恐龙帝龙（*Dilong*）一起构成了暴龙超科第二梯队的一部分。

在这个阶段，它们已经演化出沉重的头部和横截面为D形的上颌前部的牙齿——这些都是暴龙的典型特征。不过与霸王龙和特暴龙那短小的两指前肢不同，始暴龙的前肢很长，有3个指头；实际上它的第二指跟它的前臂一样长，在捕食如小型的棱齿龙和更大的禽龙等植食性恐龙时会使用到它们。它很可能是一个快跑健将，既可以帮助它捕捉到猎物，也有利于从天敌，如棘龙类的重爪龙和异特龙类的新猎龙手中逃脱。

已知唯一的始暴龙化石的完整度约为40%，是1996年在怀特岛悬崖上的韦塞克斯组的泥岩中被发现的。一些骨骼还没有愈合在一起，说明它是一个亚成年个体，所以完全成年的个体会超过其4.5米的体长。尽管化石上没有羽毛的印痕，但帝龙的羽毛表明始暴龙和其他早期的暴龙类恐龙很可能也有羽毛。

Gastonia burgei

伯氏加斯顿龙

犹他州的许多石板中有凸凹不平的块状物和脊状物，就是这种健壮的结节龙那刀枪不入的背部的外部特征。

大约30具加斯顿龙的化石混乱地堆积在同一个岩层组里，同时发现的还有一具犹他盗龙（*Utahraptor*）的化石，给其为什么需要这样的铠甲提供了线索。除了背上的骨板，身体两侧还有突出的尖刺可提供额外的防御。与其他结节龙类一样，它与甲龙类不同的地方在于没有尾锤。

詹姆斯·柯克兰（James Kirkland）在1998年命名了伯氏加斯顿龙，这个名称是向发现了第一具化石的罗伯特·加斯顿（Robert Gaston）和建立了犹他州史前博物馆的唐·伯奇（Don Burge）致敬。

4-6 米

白垩纪

期	
马斯特里赫特期	晚
坎潘期	晚
三冬期	晚
康尼亚克期	晚
土仑期	晚
塞诺曼期	晚
阿尔布期	早
阿普特期	早
巴雷姆期	早
欧特里夫期	早
凡兰吟期	早
贝里阿斯期	早

植食性

美国犹他州

白垩纪

马斯特里赫特期	晚
坎潘期	
三冬期	
康尼亚克期	
土仑期	
塞诺曼期	
阿尔布期	早
阿普特期	
巴雷姆期	
欧特里夫期	
凡兰吟期	
贝里阿斯期	

肉食性

中国

Sinornithosaurus millenii

千禧中国鸟龙

90厘米

这只小巧的带羽毛的驰龙类是已知第一只有毒的恐龙吗？专家们分成了三派，一派对此深信不疑——由古生物学家昂皮·贡（Empu Gong）领导的研究团队在2009年提出了这个观点——另一派还想看到更多证据，还有一些人则对此不屑一顾。支持这一观点的阵营指出，中国鸟龙长有长长的像毒牙一样的牙齿，上面还有独特的沟槽，连接着颌骨内的毒液囊。但是其他人则回应道，长牙之所以是那个样子是因为它们在石化过程中被压扁了，从颌骨窝中被挤出来了一点，而且其他兽脚类恐龙也有带沟槽的牙齿。

不管怎样，中国鸟龙是恐爪龙和犹他盗龙的亲戚。它与其他驰龙类一样有羽毛，每只脚上还有独具特色的镰刀状爪子。但是令中国鸟龙与众不同的是，我们知道了其羽毛的颜色——似乎是由红褐色和黑色组成的——这是最近对石化的色素细胞进行研究的成果（见第188页）。

同属其他种：
郝氏中国鸟龙

Neovenator salerii

萨氏新猎龙

属名意思是
“新的猎手”

在英国发现的最令人毛骨悚然的兽脚类恐龙之一，就是这种漫步在英格兰南部的有冠的肉食性恐龙。那时这片区域被沼泽地所覆盖，生活着大群的禽龙和棱齿龙。它们的主要威胁来自一种有流线型身体的猎食者，名字的意思是“新的猎手”。它可能也会捕食甲龙，也许还有分享同一片栖息地的蜥脚类恐龙。最有意思的是，2010年的一项研究显示新猎龙属于鲨齿龙类异特龙一个广布世界的支系——也就是说，这种英格兰的恐龙是南方猎龙（见第206页）、福井盗龙（*Fukuiraptor*）和大盗龙（*Megaraptor*，见第227页）等致命杀手的亲戚。这些恐龙都被归为新猎龙类。新猎龙自身生活在早白垩世，但是已知最晚的新猎龙类—— 一种巨大的来自阿根廷的猎手，名字是齿河盗龙（*Orkoraptor*），存活到了白垩纪末期。说明晚白垩世除了有暴龙类和阿贝力龙类这些为人熟知的猎食者以外，还有一些幸存的异特龙类。

1978年，在怀特岛西南海岸的白垩质悬崖上发现了第一批新猎龙化石；1996年又发现了更多的化石，目前人们复原了一具完整骨架的70%：足以使人们对欧洲最可怕的恐龙之一形成清晰的认识。

白垩纪

期	
马斯特里赫特期	晚
坎潘期	
三冬期	
康尼亚克期	
土仑期	
塞诺曼期	
阿尔布期	早
阿普特期	
巴雷姆期	
欧特里夫期	
凡兰吟期	
贝里阿斯期	

肉食性

英格兰怀特岛

7.5米

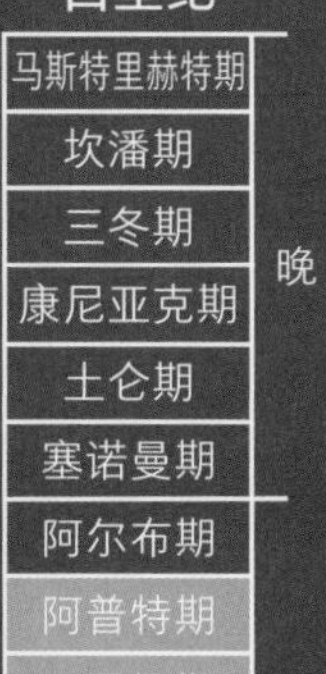

Hypsilophodon foxii

福氏棱齿龙

在1849年发现其化石之后的20年里，这种数量极其丰富的小型植食性恐龙的骨骼一直被认为是属于禽龙的。但是1870年托马斯·赫胥黎发表了关于它的第一篇完整描述，并建立了一个新属，种名用来纪念他的朋友威廉·福克斯（William Fox），后者在怀特岛的布莱斯通湾（Brighstone Bay）发现了一些骨骼。与维多利亚时代英格兰几位重要的恐龙猎人一样，福克斯是一位牧师，但是与他找化石的热情相比这只能排到第二位。福克斯的妻子曾说他“总是把骨头放在第一位，教区放在第二位”。福克斯曾经给理查德·欧文爵士写过一封信，在信中表示：“只要还有钱生活下去，我就不能离开这里，寻找古老的龙给我带来了无比的喜悦。”

他发现的棱齿龙是早白垩世英国分布最广的恐龙之一。但是，1882年对其脚趾骨的错误解释使它长期被认为是一种爬树的生物，就像现代的树袋鼠，直到20世纪70年代，研究才证明它是生活在地面上的。它在南方的湿地里与禽龙一起啃食树叶；它们可能都会被新猎龙捕食。棱齿龙唯一的防身武器是它的速度。僵硬的尾巴能够在跑动中起平衡作用，使它轻松地躲闪和转向，以便从猎食者手中逃脱。大量的棱齿龙化石聚集在一起，说明它们是群体行动的；它们的体型不大，多齿的喙部适合取食柔嫩的幼芽。这些特点让它们得到了“白垩纪鹿群”的绰号。

植食性，吃较矮的植物

英格兰怀特岛，可能还有西班牙

2.3米

Amargasaurus cazaui

凯氏阿马加龙

13 米

一列从脖子延伸到背部的高高的分叉棘刺使它在蜥脚类恐龙中鹤立鸡群。它的同伴梁龙类的叉龙有短的分叉棘刺，而阿马加龙则要惊人得多，拥有蜥脚类恐龙中最大的棘刺。这些棘刺在脖子上最高，到臀部缩小为一列骨质的小桩。一些专家认为，棘刺之间的皮肤形成了两道平行的帆状物；而另一些专家则认为它们能使阿马加龙的脖子变得僵硬，并且提出它们是包裹着角蛋白的防御性棘刺。棘刺可能的功能包括物种识别、体温调节和防御，甚至有观点认为阿马加龙可以通过让它们一起发出响声来表示警告。

阿马加龙是一种短脖子的小型梁龙类，1984年在阿根廷的拉阿马加组发现了一具骨骼，描述于1991年。种名用来纪念刘易斯·凯撒（Luis Cazau）博士，正是他推动了发现该化石的野外研究工作。

白垩纪

期	
马斯特里赫特期	晚
坎潘期	
三冬期	
康尼亚克期	
土仑期	
塞诺曼期	
阿尔布期	早
阿普特期	
巴雷姆期	
欧特里夫期	
凡兰吟期	
贝里阿斯期	

植食性

阿根廷内乌肯省

白垩纪

马斯特里赫特期	晚
坎潘期	
三冬期	
康尼亚克期	
土仑期	
塞诺曼期	
阿尔布期	早
阿普特期	
巴雷姆期	
欧特里夫期	
凡兰吟期	
贝里阿斯期	

肉食性

中国

Yutyrannus huali

华丽羽王龙

如果说始暴龙可能有恐龙毛的话，那羽王龙则一定有——9米的身长使它不仅是已经发现的最大的带羽毛的恐龙，也成为地球上已知最大的带羽毛的动物。它在2012年刚一露面就引起了全世界的关注。就像名字所显示的那样，羽王龙很可能是一种暴龙类恐龙，不过它的骨骼与鲨齿龙类也有些相似。通过研究3具在中国辽宁发现的精美而近乎完整的骨骼，人们很有希望更加精确地确定其与那些类群的关系。这3件标本最显著的特征是身上有一片片15厘米长的羽毛，从分布情况来看应当是覆盖全身的。它们不像现代多数鸟类的飞羽或绒羽，而更像如鸸鹋等不会飞的鸟类的羽毛。

多数大型动物是没有毛发的，例如大象，但是在寒冷的气候下也会演化出毛发，例如猛犸象。徐星和他的同事在描述羽王龙时也给出了同样的解释。根据最近的计算，那时中国的平均温度大约是10摄氏度，羽毛可能是凉爽气候下的保温隔热层。

暂且把羽毛放在一边，其另一个显著的特征是结实的口鼻部，堪与它的同类——暴龙超科的冠龙（见第63页）相媲美。但是羽王龙的发现带来的最引人注目的消息是：许多类型的大型虚骨龙类恐龙——包括最著名的暴龙类——在某种程度上都覆盖着毛发。

这3具标本分别是一个成年个体、一个亚成年个体和一个幼年个体，其中成年个体的头骨大约90厘米长。羽王龙有3个指；而晚白垩世进步的暴龙类只有两个指。它比之前所知的最大带羽毛恐龙——北票龙（*Beipiaosaurus*），中国早白垩世的一种原始的镰刀龙类恐龙——要大上40倍。羽王龙因其相貌和凶猛的性格而得名。“huali”和“yu”分别是“华丽”和“羽”的汉语拼音，所以它是一位“华丽的有羽毛的暴君”。

9米

白垩纪

马斯特里赫特期
坎潘期
三冬期
康尼亚克期
土仑期
塞诺曼期
（晚）

阿尔布期
阿普特期
巴雷姆期
欧特里夫期
凡兰吟期
贝里阿斯期
（早）

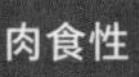

美国犹他州

Utahraptor ostrommaysorum

奥氏犹他盗龙

最大的“盗龙”（更准确的叫法是驰龙类）在早白垩世的美国西部过着令人恐惧的生活。想象一下，一只1.8米高、带羽毛，还长着23厘米长的镰刀状爪子的生物以每小时32千米的速度向你直扑过来，这一定是许多植食性动物此生看到的最后景象。犹他盗龙是一位致命的猎食者，很可能像今天的大型猫科动物一样。我们可以通过“战斗的恐龙”这一化石来推测一下它的捕猎技术。这块化石保存的是犹他盗龙的一个小亲戚——伶盗龙，把一根趾爪刺入了一只原角龙的脖子——我们没有理由认为犹他盗龙不会这么做。它的另一位亲戚，恐爪龙的化石成群保存在一只腱龙（*Tenontosaurus*）的身边，说明驰龙类很可能是集体捕猎的。一些古生物学家猜测，犹他盗龙在将其“致命利爪”刺向猎物的时候可以用僵硬的尾巴支撑住身体，以加强踢腿的力量，不过其他人则觉得它的尾巴不够强壮，不足以当作支撑物。他们认为驰龙类先用镰刀状的爪子把猎物固定住，然后用下颌撕扯出大块的鲜肉；或者它们造成的可怕的伤口会使猎物流血致死，这时犹他盗龙再回来吃掉猎物的尸体。

詹姆斯·詹森和他的同事于1975年在犹他州找到了它的第一具遗骸，不过在1991年发现了一枚大爪之前，这些化石都没有得到很好的研究。与其他驰龙类一样，它用两根脚趾奔跑，第三根长有大爪的脚趾是离开地面的。1993年，科学家建立了这个新的属，种名是向知名的美国古生物学家约翰·奥斯特罗姆和克里斯·梅斯（Chris Mays）致敬，他们建立了制造电子恐龙的Dinamation公司。

犹他盗龙一度准备被命名为斯氏犹他盗龙（*U.*

spielbergi，种名为斯皮尔伯格），目的是希望这位电影制作人能够捐献一笔研究经费，然而这笔交易并没有做成。尽管如此，犹他盗龙仍然与《侏罗纪公园》存在有趣的联系：虽然制作这部电影的时候它并不为人所知，但是其与电影中的明星——致命的“伶盗龙”非常相似。电影中的伶盗龙远比真实的大——如果你把它们画下来，加上羽毛，再想象得更大一点，那你就能大致了解犹他盗龙的形象。随着《侏罗纪公园》的上映，犹他盗龙被公之于众，让我们意识到巨型的盗龙不再是虚构的生物。

7米

白垩纪

马斯特里赫特期	晚
坎潘期	
三冬期	
康尼亚克期	
土仑期	
塞诺曼期	
阿尔布期	早
阿普特期	
巴雷姆期	
欧特里夫期	
凡兰吟期	
贝里阿斯期	

植食性

英格兰、比利时和德国

Iguanodon bernissartensis

贝尼萨尔禽龙

1822年，一些零散的与鬣蜥牙相似的牙齿（只是要大许多）发现于苏塞克斯提尔盖特森林（Tilgate Forest）的砂岩里——只有这些是确定的。关于发现过程的其他细节就都不清楚了——它们是被吉迪恩·曼特尔（Gideon Mantell），或是他的妻子，或是一些当地的采石工人发现的？——但是结论才是更要紧的。这些棕色的石块第一次打开了一扇通向失落世界的大门。3年之后，曼特尔——一位乡间医生兼业余博物学家，描绘了这些牙齿并将它们的主人称作禽龙。又过了17年，理查德·欧文爵士——一位才华横溢的科学家，同时也是曼特尔的对手，根据这种动物与斑龙、森林龙共有的骨骼特征定义了恐龙这个动物类群。

因为最早的禽龙化石非常少，所以19世纪中期人们对其形象的认识是错误的。可以理解的是曼特尔认为它具有鬣蜥一样的体形——四足行走，趴在地上，笨重——只是个头要大得多。一

只鬣蜥如果有那种尺寸的牙齿体长至少要有18米长，所以一开始人们想象中的禽龙体型几乎是现在我们所见的两倍大。1834年在肯特郡的梅德斯通（Maidstone）发现了更好的化石，在禽龙日渐完整的骨架中又加入了一枚钉状物、一些椎体和肢骨（你可以在英国自然历史博物馆里看到梅德斯通的标本）。从伦敦水晶宫里本杰明·沃特豪斯·霍金斯于19世纪50年代初建造的混凝土雕塑上可以看到，禽龙早期的形象中鼻子上有个钉状物，脖子上有凸出的脊椎形成的隆起；那个突出的隆起实际上是来自另一种恐龙，贝克尔斯棘龙（见第152页）。1878年，在比利时贝尼萨尔（Bernissart）的一座位于地下300多米深的矿井里有了新的发现，禽龙的形象忽然得到了澄清。

矿工们一开始以为挖到了石化的木头，然而实际上是沉没在深水里的大量的禽龙骨头。大约1.25亿年前，一场洪水将它们的尸体冲到了这个最终的安息之地。动物学家乔治·艾伯特·布朗热（George Albert Boulenger）用地名命名了禽龙属唯一的一个种，专家们至今都表示赞同。与其他许多很早就为人所知的恐龙一样，禽龙也经常成为“废纸篓属”，容纳了许多外表相似的动物，之后它们都成为了独立的属：例如库克菲尔德龙（*Kukufeldia*）、库姆纳龙以及向禽龙发现者致敬的曼特尔龙（*Mantellisaurus*）。真正的禽龙是沉重的素食者，它们用四足行走，需要的时候也可以用两足行走。前肢的长度是腿长的四分之三。钉状的大拇指可能是防御武器，也许还可以用来打开大型的种子和果实；另外，禽龙的食谱还包括树叶和低矮的植被，它用尖锐的喙部取食这些植物。那枚让曼特尔打开恐龙世界之门的牙齿应当是禽龙100多颗颊齿中的一枚，它们成天都在忙于磨碎各种植物。

自曼特尔的时代以来，人们发现的禽龙化石已经遍布西欧，成为连接早白垩世的棱齿龙类和鸭嘴龙类的演化环节。不过它的另一种角色却更加有名，那就是现代世界和恐龙世界之间的链环。

白垩纪

马斯特里赫特期	晚
坎潘期	
三冬期	
康尼亚克期	
土仑期	
塞诺曼期	
阿尔布期	早
阿普特期	
巴雷姆期	
欧特里夫期	
凡兰吟期	
贝里阿斯期	

杂食性

中国辽宁省

Tianyulong confuciusi

孔子天宇龙

70厘米

任何对恐龙感兴趣的人都知道许多兽脚类恐龙身上覆盖着绒毛或是真正的羽毛——但是有类似覆盖物的鸟臀类恐龙则不为人所知。天宇龙的发现证明了确实有这样的恐龙，一件鹦鹉嘴龙的标本也表明它不是个例。天宇龙是一种小型的畸齿龙类，它的骨骼发现于著名的辽宁省的化石层，在脖子、背部和尾巴保存了一片片长而刚硬的丝状物。2009年，天宇龙的报道引发了对羽毛起源的更多的思考。它的丝状物似乎比虚骨龙类柔软的“恐龙绒毛”更僵硬。如果天宇龙的毛与兽脚类恐龙的绒毛不同，那么这两个类群可能是独立地演化出了体表的覆盖物。不过假如这些毛在结构上是相同的，就有理由认为鸟臀类和蜥臀类恐龙在分裂成两个亚目之前已经从一个共同祖先那里遗传了这项特征——这样一来原始羽毛的出现就可以追溯到恐龙时代的黎明。

像天宇龙和果齿龙（见第131页）这样的畸齿龙类得名于它们混合型的牙齿；除了咀嚼植物的牙齿以外，天宇龙还装备着尖利的犬齿，表明它是个杂食性动物。它是一种灵巧的小型四足动物，穿行在早白垩世中国潮湿的林地中，其发现扩展了畸齿龙类的分布范围。早先的畸齿龙类仅见于非洲、欧洲和美洲，天宇龙（由郑晓廷命名）成为孤立于亚洲的一支晚期的幸存者。唯一已知的标本是一个幼年个体，所以不清楚它成年后的体长是多少。

Psittacosaurus mongoliensis

蒙古鹦鹉嘴龙

白垩纪

马斯特里赫特期	晚	
坎潘期		
三冬期		
康尼亚克期		
土仑期		
塞诺曼期		
阿尔布期	早	
阿普特期		
巴雷姆期		
欧特里夫期		
凡兰吟期		
贝里阿斯期		

植食性

中国、蒙古和俄罗斯

作为一种长着鹦鹉一样喙部的原始角龙类，鹦鹉嘴龙是白垩纪时期最成功的恐龙之一：这个属生存了大约2,500万年，包含的种类比任何非鸟恐龙都多。虽然多数恐龙属只有一个种，但是人们却在中国、蒙古和俄罗斯发现了11个不同种类的鹦鹉嘴龙。1923年，亨利·费尔菲尔德·奥斯朋（Henry Fairfield Osborn）在蒙古发现了第一具鹦鹉嘴龙的骨骼，随后发现的400多具标本使它成为最为人熟知的恐龙之一。但是在20世纪90年代，一具因被从中国走私到德国，而没有归入到任何一个特殊的种里的标本，使人们对这个似乎早已熟悉的植食性动物产生了新的兴趣。一件来自著名的辽宁省的精美标本显示出清晰的鬃毛痕迹，与天宇龙的毛很相似，不过却是长在尾巴上，总共大约100根，最长的有16厘米。它们排成一长条，排除了当作保温隔热层的可能。2001年，由古生物学家杰拉德·迈尔（Gerald Mayr）领导的一个德国研究小组公布了第一个相关的研究成果，他们认为如果这些毛有颜色的话，可能会用于传递信息，就像现代鸟类的饰羽。除此之外，与晚白垩世的大型角龙相比，鹦鹉嘴龙平凡的外形显得与众不同。它的头部像乌龟，在一些口鼻部较钝的种类中几乎是个立方体。头上与三角龙（*Triceratops*）的棘刺和颈盾最接近的东西是一对从颌部背面长出的钝的突起。两足行走是它与后来的亲戚们之间的另一个不同点；2007年的研究显示其前肢甚至不能着地。它有许多天敌，不过最有趣的是其中还包括了哺乳动物中的爬兽（*Repenomamus*，见第313页）。

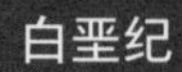

白垩纪

期	
马斯特里赫特期	晚
坎潘期	
三冬期	
康尼亚克期	
土仑期	
塞诺曼期	
阿尔布期	早
阿普特期	
巴雷姆期	
欧特里夫期	
凡兰吟期	
贝里阿斯期	

1.35亿—1.2亿年前

肉

肉食性

1,200千克

英格兰，西班牙和尼日尔

Baryonyx walkeri

沃氏重爪龙

一开始，一枚可怕的爪子出现在来自1.3亿年前的萨里黏土里……而后，一具骨骼显示出有一个噩梦般的猎食者曾潜行在英格兰南部的泥泞平原。重爪龙是一种棘龙类恐龙，虽然没有它后来的亲戚棘龙那么大，但仍然是一种巨大的兽脚类恐龙，跟家族里的其他成员一样，主食是鱼类：在化石胃部出现的属于与鲤鱼相似的鳞齿鱼（*Lepidotes*）的鳞片和骨头证明了这一点。重爪龙的发现故事激励了各处的业余化石猎人。威廉·沃克（William Walker）是一位以寻找化石来打发业余时光的水暖工。他在多金附近的奥克利（Ockley）勘察斯莫克杰克斯采石场（Smokejacks Quarry）时，注意到威尔登黏土中有一团奇怪的突出物。打开这个团块，里面有一枚全长25厘米的爪子。他通知了伦敦的自然历史博物馆，那里的专家挖掘出一具完整度达70%的骨骼：长长的颌部长着96枚牙齿，口鼻部还有个小冠，前肢有3根指头——其中一根长有那枚“沉重的爪子”，重爪龙因此而得名。它可能兼具防御和抓鱼的双重功能，就像今天的北美洲灰熊。重爪龙的发现彻底改变了人们对棘龙类，尤其是它那位神秘的亲戚棘龙（见第198页）的解剖结构和生活习性的认识。此后，在怀特岛、西班牙和西非的尼日尔又有一些零散的发现。最初的重爪龙骨骼保存在英国自然历史博物馆，展出的模型仍在向人们展示着在英国发现的最壮观和最具科学价值的恐龙的风采。

9米

白垩纪

期	
马斯特里赫特期	晚
坎潘期	
三冬期	
康尼亚克期	
土仑期	
塞诺曼期	
阿尔布期	早
阿普特期	
巴雷姆期	
欧特里夫期	
凡兰吟期	
贝里阿斯期	

肉食性

西班牙昆卡拉斯奥亚斯

Concavenator corcovatus

驼背昆卡猎龙

恐龙爱好者们早就习惯长着越来越怪的装饰物的新恐龙了，比如近期的两个例子——冠龙和拥有扇形头冠的鸭嘴龙类的扇冠大天鹅龙（*Olorotitan*）——但是这里要介绍的兽脚类恐龙似乎格外奇怪，它在2010年被发现之时甚至令古生物学界不知所措。第一，昆卡猎龙的臀部前方有两枚极度扩展的脊椎，支撑着一种类似更圆的鲨鱼背鳍的结构；第二，它的前肢可能长有羽毛：在其尺骨上有“羽茎节”（见第83页），这是羽茎着生在骨头上的部位。但是昆卡猎龙是一种原始的鲨齿龙类恐龙，是庞大的巨兽龙的身形较小的祖先——而不是虚骨龙类，后者包括从暴龙类到手盗龙类的许多类型，都拥有羽毛。

如果这是正确的，那么它将改变人们关于羽毛在兽脚类恐龙中的分布的认识，说明羽毛比现在估计的起源更早，分布更广。然而，包括英国古生物学家德恩·奈许（Darren Naish）在内的一些专家对此并不信服：他注意到这些结节在尺骨上不是等距排列的，说明它们可能附着肌肉而不是羽毛。

昆卡猎龙近乎完整的骨骼发现于拉斯奥亚斯，这个地点位于昆卡市附近，因其出产精美的白垩纪化石而闻名。西班牙古生物学家何塞·路易斯·桑斯（José Luis Sanz）、弗朗西斯科·奥尔特加（Francisco Ortega）和费尔南多·埃斯卡索（Fernando Escaso）描述了这个标本。它的发现也进一步说明了欧洲也有鲨齿龙类恐龙，这类恐龙最著名的巨型品种来自晚白垩世的南美洲。

Agustinia ligabuei

利氏奥古斯丁龙

15米

白垩纪

白垩纪	
马斯特里赫特期	晚
坎潘期	晚
三冬期	晚
康尼亚克期	晚
土仑期	晚
塞诺曼期	晚
阿尔布期	早
阿普特期	早
巴雷姆期	早
欧特里夫期	早
凡兰吟期	早
贝里阿斯期	早

植食性

阿根廷

如果奥古斯丁龙背部的骨板是被单独发现的，那么它们很有可能被认为是甲龙身上的骨板——但四肢的残余部分又显示这似乎是一只巨龙类恐龙。将其组合在一起则出现了一只独特的恐龙：一只从脖子到尾巴沿着背部长有骨板和棘刺的蜥脚类恐龙。

这是目前发现的拥有最沉重装甲的蜥脚类恐龙。除了那9片装甲之外，发现者奥古斯丁·马蒂内利（Agustin Martinelli）只找到了一些零散的骨头，如一些脊椎、一块髋骨和一根90厘米长的腓骨。这根腓骨是后腿两块骨头中较小的那块。

何塞·波拿巴在1998年给这只恐龙起了名字。尽管与梁龙类有一些共同特征，多数专家还是认为奥古斯丁龙属于巨龙类，不过要等到发现更多的化石之后才能得到确切的结论。

白垩纪	
马斯特里赫特期	晚
坎潘期	
三冬期	
康尼亚克期	
土仑期	
塞诺曼期	
阿尔布期	早
阿普特期	
巴雷姆期	
欧特里夫期	
凡兰吟期	
贝里阿斯期	

植食性

澳大利亚

Minmi paravertebra

旁椎敏迷龙

甲龙并不因智慧出名，但即使是以恐龙的标准来看，这种原始的种类最特别的地方也是其乌龟一样的头部内极小的脑子。它的腿很长——后期的种属长得更大，身体也相对地更接近地面，它们独自缓慢地行走，啃食所到之处的植物。与其他许多植食性恐龙不同，我们非常清楚它吃的是什么，因为它的化石保存得十分精美，而且近乎完整，肠道中还有最后一餐的残骸：整吞进来的种子和果实，以及在嘴里被切碎的尚未消化的植物碎片（可能是蕨类植物）。它的第一具化石在20世纪70年代后期发现于澳大利亚昆士兰的敏迷十字路口（Minmi Crossing）。2011年的分析显示敏迷龙是已知所有甲龙中最基干的种类。

3米

Tyrannotitan chubutensis

丘布特魁纣龙

白垩纪

马斯特里赫特期	晚
坎潘期	
三冬期	
康尼亚克期	
土仑期	
塞诺曼期	
阿尔布期	早
阿普特期	
巴雷姆期	
欧特里夫期	
凡兰吟期	
贝里阿斯期	

肉食性

阿根廷巴塔哥尼亚省丘布特

与它的同类鲨齿龙类一样，魁纣龙一定是在地球上生活过的最强大、最丑陋的肉食性恐龙之一。其猎物很可能包括丘布特龙（*Chubutisaurus*）——一种23米长、19吨重的蜥脚类恐龙，由此你可以想象这种早白垩世的南美猎手有多么强大和贪婪。

现在人们对它所知甚少。唯一的化石在2005年被简要描述，名字意在强调它的体型可能超过暴龙。由阿根廷古生物学家费尔南多·诺瓦斯（Fernando Novas）领导的研究小组相信魁纣龙比鲨齿龙和巨兽龙更原始，年代也更早。

白垩纪

马斯特里赫特期	晚
坎潘期	
三冬期	
康尼亚克期	
土仑期	
塞诺曼期	
阿尔布期	早
阿普特期	
巴雷姆期	
欧特里夫期	
凡兰吟期	
贝里阿斯期	

杂食性

中国辽宁省

Protarchaeopteryx robusta

粗壮原始祖鸟

可能吃昆虫、小型脊椎动物和植物

始祖鸟经常被认为是已知最早的鸟类——所以你可能以为名字的意思是“在始祖鸟之前”的动物一定是始祖鸟的前辈。实际上，原始祖鸟生活的时代比始祖鸟晚了1,500万年，虽然它看上去像是一种更原始的生物。比如，大多数古生物学家都认为始祖鸟在某种程度上可以飞行（尽管2010年一些未被广泛接受的研究提出它的羽毛可能太轻）。原始祖鸟有长着羽毛的前肢，却不能使自己离开地面：它的胳膊太短了，羽毛也太对称。它可能可以“降落”，即从树上跳下来再滑翔到地面。长腿、长脖子和带爪的指头说明它是一个跑步健将，能够追踪并抓捕猎物。羽毛很可能是用来保温的，也许还能用于展示自己。不管怎么说，这具化石明白无误地是一只恐龙——根

70厘米

据一些特征可将其归入窃蛋龙类——它在1996年被发现时，清晰的羽毛印痕是最令古生物学家震惊的地方。它结束了人们关于恐龙是否有羽毛的讨论，而把争论的焦点转向羽毛从何时开始用于飞行，而不只为保暖或展示自己。原始祖鸟发现之后，加拿大皇家蒂勒尔古生物博物馆（Royal Tyrrell Museum of Palaeontology）的专家菲利普·柯瑞说："我们第一次拥有了一只长有确定无疑的羽毛的确定无疑的恐龙。它是肉食性恐龙与早期鸟类之间缺失的环节。"

这就是这只小动物如此重要的原因。至于为什么尽管它的生活年代比始祖鸟晚很多，却没有始祖鸟那么进步，可能的解释是它们拥有一个共同的祖先，但是有不同的独立演化速率。

第一只确定
有羽毛的恐龙

白垩纪

马斯特里赫特期	晚
坎潘期	
三冬期	
康尼亚克期	
土仑期	
塞诺曼期	
阿尔布期	早
阿普特期	
巴雷姆期	
欧特里夫期	
凡兰吟期	
贝里阿斯期	

肉食性

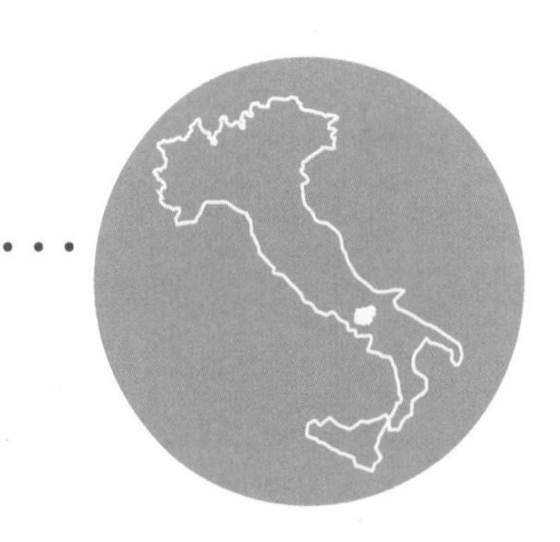

意大利贝内文托省

Scipionyx samniticus

萨姆奈特棒爪龙

尽管在科学上并不是那么准确，但电影《侏罗纪公园》重新点燃了公众对恐龙世界的巨大热情，在某种意义上确实促进了古生物学的发展。在20世纪80年代早期，一位名叫乔凡尼·特德斯科（Giovanni Tredesco）的业余化石收集者在意大利中部彼得拉罗亚村（Pietraroia）附近的一个石灰岩采石场搜寻时发现了一具幼年恐龙的化石。他将其带回家里，闲置了很多年，直到《侏罗纪公园》这部电影促使他把化石交到了专业古生物学家的手里。经过检测之后，科学家宣称这是发现过的最完美的兽脚类恐龙标本，保存了诸如肌肉纤维、气管、肝脏和部分肠道等细节。如果这个恐龙宝宝能长到成熟，估计可以长成一个2米长的猎食者。它也是意大利境内发现的第一只恐龙，产自因埋藏精美鱼类化石而闻名的白垩纪岩层。［名字的意思是“西皮奥之爪”，指的是第一个研究这个岩层组的地质学家西皮奥内·布莱斯拉克（Scipione Breislak），罗马方言通常把他的名字叫作西皮奥。］古生物学家对恐龙的许多印象都是来自对一两块化石骨头的推断，但是棒爪龙的遗骸保存得非常好，可以直接展现这只小恐龙的解剖结构。例如，肝脏还保持着桃红色，专家们认为这就是它原来的颜色。肠子很短，说明消化食物的速度比较快。肠道里有鱼和蜥蜴的残骸，让我们得以一窥它的食谱。

当然，这块化石在采石场并没有完全暴露出来，而是保持着原始状态。古生物学家需要工作好几个月，用显微镜和很小的凿子，一点点地去除仍然遮盖着部分骨骼的沉积物。当他们完工的时候，结果令人吃惊。1998年，在其短暂生命结束的1.13亿年之后，这只棒爪龙上了世界各地的头条新闻，它的照片还登上了享有盛誉的科学杂志——《自然》的封面。

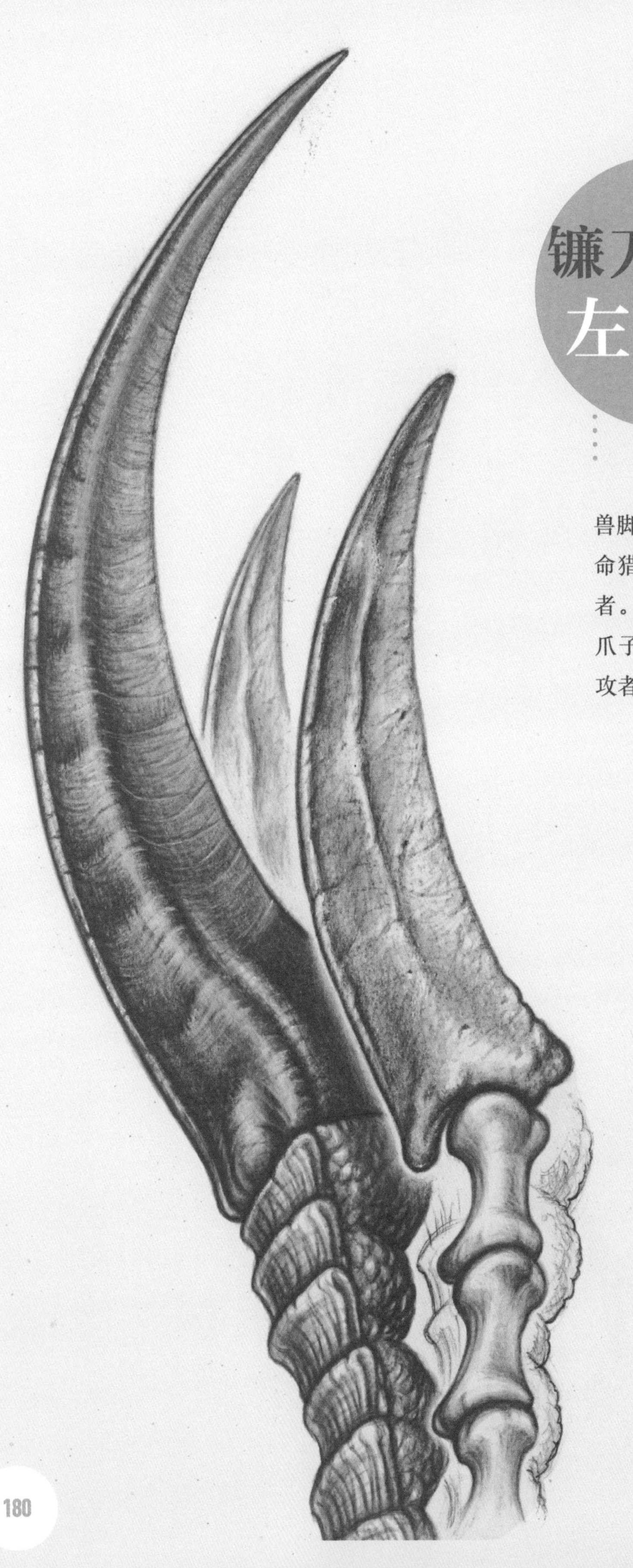

镰刀龙的左前肢

长达1米的大镰刀一样的爪子最初表明兽脚类的镰刀龙（*Therizinosaurus*）是个致命猎手，但是后来的发现证明它是个素食者。镰刀龙和它的同类慢龙类以其惊人的爪子把枝叶切下来吃，也可以用来抵挡进攻者。

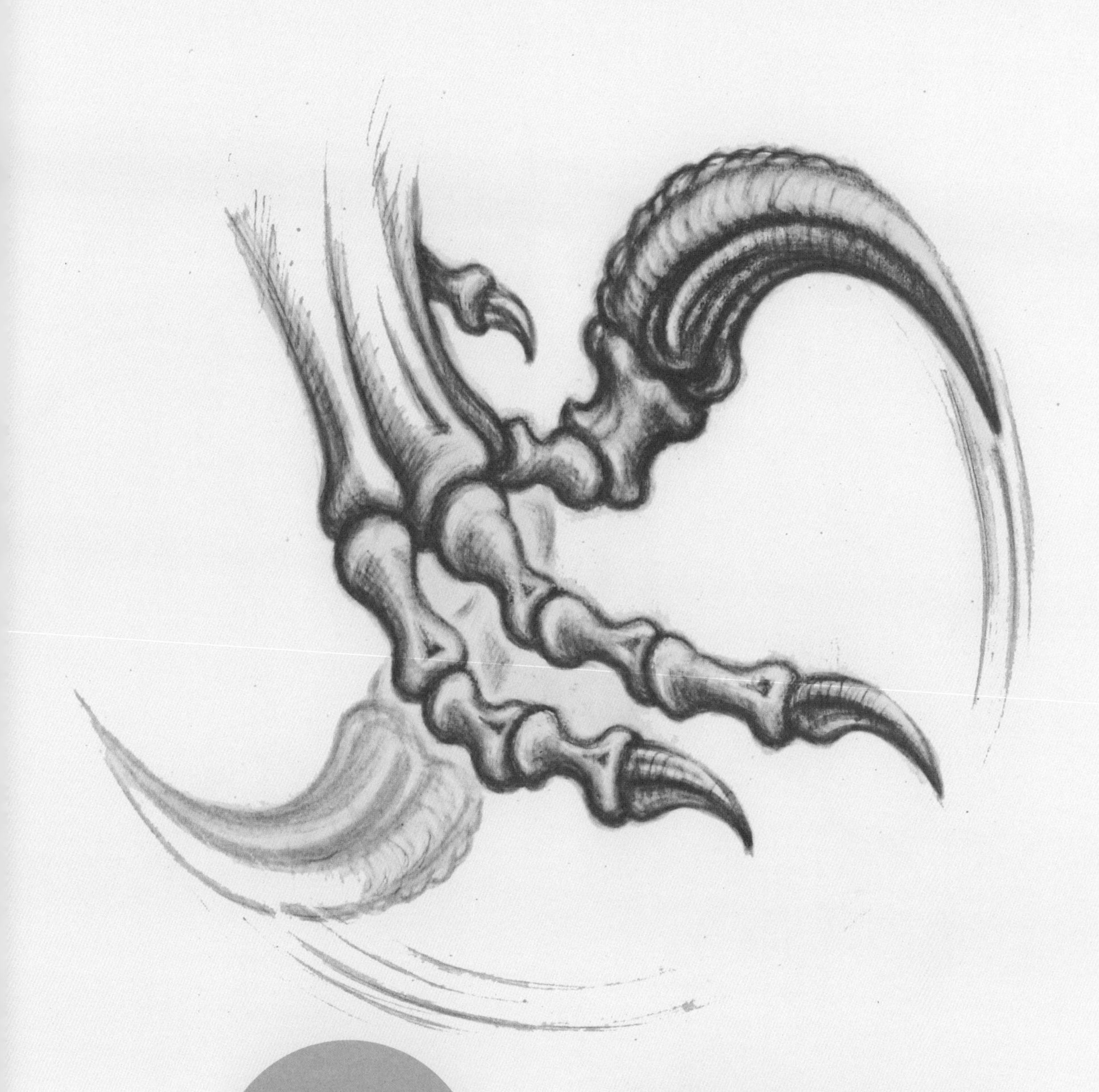

恐爪龙的右足

驰龙类的恐爪龙名字的意思是“恐怖的爪”，其每只脚上都有一根巨大的镰刀状的爪。化石行迹显示在跑步的时候它把爪子举在空中，袭击猎物的时候再放下来。恐爪龙的“致命大爪”有大约12厘米长。古生物学家研究的化石大爪在恐爪龙活着的时候包裹在一个尖端十分锐利的角质鞘里。

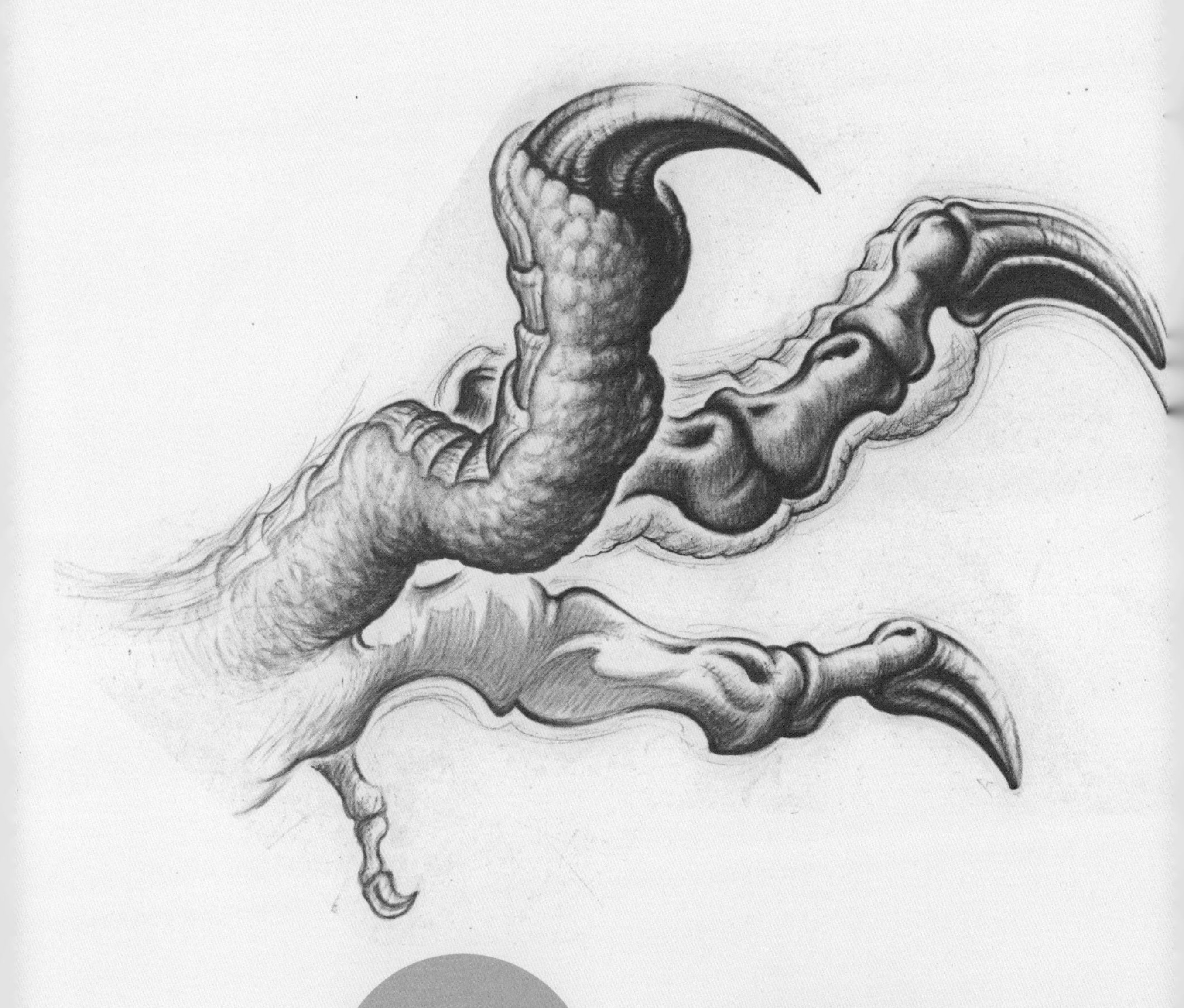

暴龙的右足

这个著名的猎食者用3只像鸟一样的脚趾短距离冲刺，每个脚趾上都有可怕的钩状爪，它在跑动的时候脚后跟和更小的第四趾是离开地面的。这样的设计使暴龙有更好的弹跳力，在追赶猎物的时候可以轻松地加速。

迷惑龙的右足

这只巨大的蜥脚类恐龙的脚粗看起来跟大象的差不多，但是近看就会发现它们的骨骼是不一样的。与大多数蜥脚类恐龙一样，它的前足有1枚大爪，而后足有3枚。在用尾巴抽倒一个可能的猎食者之后，这只27吨重的植食性恐龙用它的脚狠狠地踩下去，给倒地的猎食者以致命一击。它的脚也更长更大一些——大约是90厘米×60厘米，成年大象的脚是圆的，很少超过40厘米长。

禽龙的左前肢

不同于它19世纪的发现者吉迪恩·曼特尔，我们知道禽龙的钉状物长在手上而不是鼻子上，但是依然不清楚其确切的功能是什么。可能的用途包括近距离防御兽脚类恐龙、破坏果实和种子的外壳，或是与竞争者搏斗。

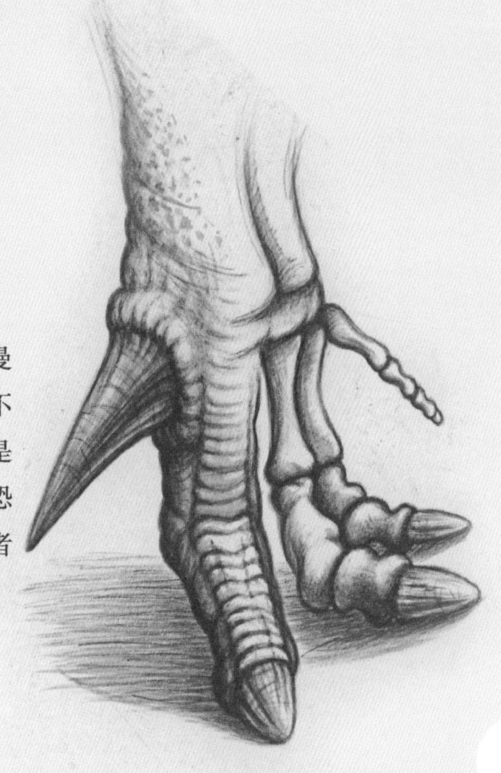

白垩纪	
马斯特里赫特期	晚
坎潘期	
三冬期	
康尼亚克期	
土仑期	
塞诺曼期	
阿尔布期	早
阿普特期	
巴雷姆期	
欧特里夫期	
凡兰吟期	
贝里阿斯期	

肉食性

美国得克萨斯州和俄克拉何马州

Acrocanthosaurus atokensis

阿托卡蜥蜴尾龙

这是白垩纪时期最强大的杀手之一，背部有一道高高的脊，还有一对弯曲的大爪，嘴有1米长，里面长着68枚有锯齿状边缘的牙齿，身体与一辆货车等长。它可能是一种鲨齿龙类恐龙——这个类群还包括马普龙、巨兽龙和魁纣龙——但是其相貌和这些恐龙不同。它的脊有什么功能目前还不清楚，不过专家们已经知道蜥蜴尾龙是如何捕猎的。对前肢的一项研究显示它们没有足以抓住其他动物的柔韧性，不过一旦蜥蜴尾龙伸着脑袋向前冲，用嘴巴咬住猎物以后，就会用爪子把猎物钉住，以便在进食的时候固定住尸体。

在得克萨斯州发现的一些巨大脚印表明有一种兽脚类恐龙似乎是成群行动的。那些如今位于石头上的脚印原先踩在西部内陆海道边缘泛滥平原上的泥地里。它们通常被归于不善于快跑的蜥蜴尾龙，因为它的大腿骨比小腿骨长，明显跑不出速度。但是从集体行动这一点来看，这种巨大的猎食者可以攻击它想要追踪的任何猎物。1950年，蜥蜴尾龙的骨骼首次发现于俄克拉何马州并得到描述。

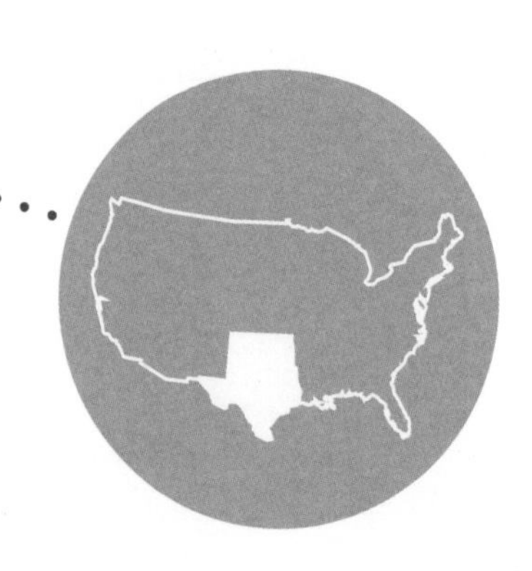

Erketu ellisoni

埃氏长生天龙

这只蜥脚类恐龙7.5米长的脖子是它身长的两倍之多。它拥有所有恐龙中最长的颈椎，脖子与身体的比例可能也是最大的。但它的脖子本身并非最长：那项殊荣属于超龙（见第109页），其脖子长度是长生天龙的两倍。长生天龙是一种体型相对较小的巨龙形类——就是说，它实际上不是巨龙类，而是属于一个称为多孔椎龙类的更大的分枝，其中包括巨龙类以及其他相关种类，如盘足龙（*Euhelopus*）和波塞东龙。［“分枝”（clade）是希腊词，意思是“树枝”。这个词指的是包含单一祖先及其所有后裔的一个类群——可以将其想象成生命之树上一个单独的分枝，所有的细小树枝都是从这里放射出来的。］长生天龙是2002年在蒙古的戈壁沙漠发现的，名字来自蒙古的一个神灵。2006年，位于纽约的美国自然历史博物馆的丹尼尔·克塞普卡（Daniel Ksepka）在描述它的时候解释道：最大的颈椎有气腔，还有一个含有支撑韧带的沟槽，因此长生天龙不需要仅凭肌肉的力量举起它超长的脖子。克塞普卡还指出，它的姿态很可能是水平而非倾斜的，脖子几乎平行于地面，可以吃到大范围内的植物，而不是向上够到树顶。然而其他古生物学家认为保持脖子的水平需要巨大的肌肉力量——远远超过向上或斜着举起脖子。

白垩纪

马斯特里赫特期	晚
坎潘期	
三冬期	
康尼亚克期	
土仑期	
塞诺曼期	
阿尔布期	早
阿普特期	
巴雷姆期	
欧特里夫期	
凡兰吟期	
贝里阿斯期	

植食性，吃较矮的植物

蒙古

15米

白垩纪

马斯特里赫特期	晚
坎潘期	
三冬期	
康尼亚克期	
土仑期	
塞诺曼期	
阿尔布期	早
阿普特期	
巴雷姆期	
欧特里夫期	
凡兰吟期	
贝里阿斯期	

植食性

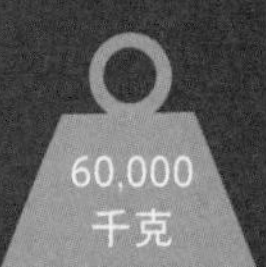

美国俄克拉何马州

Sauroposeidon proteles

完美波塞东龙

当波塞东龙的4节颈椎被雨水从俄克拉何马州一座监狱的黏土岩里冲出来的时候，发现者将它称为有史以来最大的恐龙——实际上是在地球上行走过的最大的生物。不过这个说法是不准确的，因为阿根廷龙（见第216页）更重，梁龙更长，而波塞东龙可能是最高的。它巨大的脊椎最初被误认为是树干化石，但是当它们被正确地鉴定并描述之后就引起了一阵骚动：最大的脊椎有1.4米长，说明波塞东龙的头部离地面大约有20米高。换句话说，它站起来有6层楼高，或者相当于3只非常高的长颈鹿加起来的高度。

长这么高意味着波塞东龙可以吃其他大多数恐龙够不到的树顶上坚韧、难以消化的树叶。这是一个很大的优势。难以消化的食物会非常缓慢地释放能量，比摄取即时能量更加有效，使它们拥有稳定的营养来源。

虽然它的栖息地是墨西哥湾边上的一片河流三角洲，但其名字并不意味着这里有海洋环境。作为希腊神话中的海神，波塞东地震之神的身份更鲜为人知。人们认为波塞东龙的每一步都会使大地颤抖，所以才给它起了这样的名字，不过实际上大型动物并不会造成这样的效果。

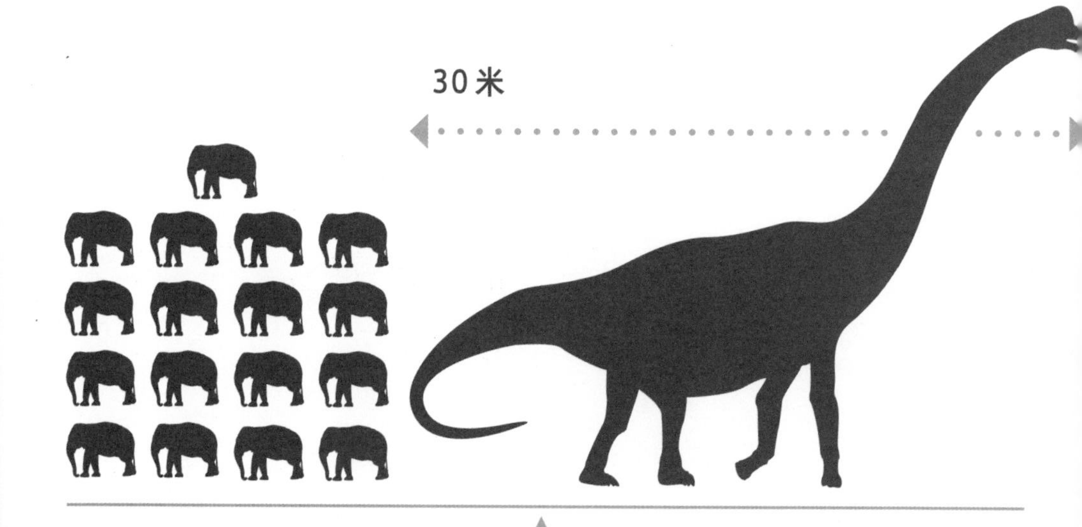

Caudipteryx zoui

邹氏尾羽龙

70—90
厘米

属名意思是“长羽毛的尾巴”

这只孔雀大小的窃蛋龙类是在恐龙与鸟类关系之争的关键时期发现的。1998年，人们在中国辽宁省发现了一具完整的化石，尾巴的末端有明显的羽毛轮廓，形成了一个模糊的扇形。手臂上也有类似的羽毛簇，不过不能用来飞行，因为它的手臂太短了，羽毛也不够长和坚硬。但是另一方面，这些手臂上的羽毛与鸟类的羽毛非常相似，有羽轴和羽小枝，而不像更加典型的“恐龙绒毛”，因此尾羽龙是具有可辨别的鸟类羽毛的恐龙。对于大多数古生物学家来说，这是兽脚类恐龙和现代鸟类之间存在联系的另一个证据。

如果是这样的情况，那尾羽龙在演化的进程中处于怎样的地位？尾羽龙被认为是一种基干的窃蛋龙类而不是鸟类。大多数古生物学家把窃蛋龙类的分枝作为近鸟类分枝的姐妹群，近鸟类包括恐爪龙类和鸟类。（记住：一个分枝是一个单一的祖先及其所有后裔。姐妹群是谱系树上共用一个分裂点的两个分枝。所以窃蛋龙类和近鸟类是更大的手盗龙类分枝中的姐妹群。）

尽管它不能飞行，羽毛也是用来展示自己的，但它们有另一种有趣的潜在用途。尾羽龙主要是一个地栖者，但是可能也会跑到树上去——不是用四条腿爬上去，而是前后拍动带羽毛的前肢，在腿推动它向上的时候产生一种吸力，阻止它从树干上掉下来。这称作“翅膀辅助的倾斜跑”。2002年，美国科学家肯尼斯·戴尔（Kenneth Dial）在鸡形目鸟类——鸡、火鸡、野鸡和松鸡——中研究这种行为，并提出尾羽龙也应该有同样的行为。

白垩纪

期	
马斯特里赫特期	晚
坎潘期	晚
三冬期	晚
康尼亚克期	晚
土仑期	晚
塞诺曼期	晚
阿尔布期	早
阿普特期	早
巴雷姆期	早
欧特里夫期	早
凡兰吟期	早
贝里阿斯期	早

杂食性

中国

探索恐龙的颜色

从恐龙发现至今已过去了150多年，我们所描绘的恐龙世界的图景终于有了些颜色。多年以来，古生物艺术家从调色板上选取颜料时都要进行推测，最保守的选择就是暗淡的绿色、棕色和灰色——但是现在，至少对于一部分恐龙种属来说，出现了全新的色彩。

2010年1月，由中国和英国科学家组成的研究小组宣称他们在似鸟的恐龙化石里发现了黑色素体。它们内含色素，体积小到100个排在一起才有一根人类的头发般粗细。科学家们是用扫描电子显微镜观察到黑色素体的，这种显微镜向物体发射电子束，可以形成放大50万倍的三维图像。

他们研究的动物是中华龙鸟，这是在中国辽宁省发现的一种火鸡大小的肉食性恐龙，化石产自早白垩世地层，因保存精美而出名。看看这些石化了的原始羽毛，这种刚硬的毛有时被称为“恐龙绒毛”，像现代鸟类的羽毛和哺乳类的毛发（包括你的头发）一样，从中也检测出了黑色素体。

黑色素体有不同的种类：有些是真黑色素体，形状像香肠，产生黑色和灰色；还有一些是褐黑色素体，呈球形，产生红褐色和黄色。在对中华龙鸟尾部的“恐龙绒毛”进行研究的过程中，科学家们发现了“完全充满褐黑色素体”的条带，研究的合作者，布里斯托大学的迈克·本顿（Mike Benton）教授如是说。这使他们认为中华龙鸟有“栗色到红褐色”的条纹，巩固了羽毛最初是用来展示自己，直到很晚的时候才用于鸟类飞行的观点：也许中华龙鸟用它有条纹的尾巴吸引异性或吓阻竞争者。

这个科研小组也研究一种名叫孔子鸟（*Confuciusornis*）的原始鸟类的羽毛，这种鸟类的化石同样来自上述的化石点。他们认为它身上覆盖着黑色、白色和棕色的斑块。实际上在2008年，一个由中国北京和美国耶鲁大学的科学家组成的团队率先尝试了这项技术。在丹麦科学家雅各布·温瑟尔（Jakob Vinther）的领导下，他们检测了一根来自巴西的白垩纪鸟类的羽毛和另一根来自德国的4,700万年前的始新世中期的鸟类羽毛。前者有黑白相间的条带，后者颜色很深且富有光泽，就像八哥的羽毛。在这个中英研究小组公布了他们的发现之后，耶鲁大学温瑟尔的团队公布了对1.55亿年前的赫氏近鸟龙（*Anchiornis huxleyi*，一种比始祖鸟早1,000万年的有羽毛的似鸟恐龙）更加深入的研究成果。他们从一具完整的近鸟龙化石上取了29个样品进行分析，第一次描绘出一只恐龙全身的色彩及其分布模式。这只小型的伤齿龙类就像啄木鸟和雉鸡的杂交品种，长着黑白相间的翅膀，头上还有淡红色的羽冠。

而后在2011年，另一个由美国科学家瑞安·卡尼（Ryan Carney）领导的研究团队综合使用扫描电子显微镜和X射线分析技术研究一根始祖鸟的羽毛。他们发现它富含黑色素体，与87种不同的现代鸟类的比较显示，这根羽毛的颜色非常深，很可能是黑色。尽管不知道始祖鸟是不是全身都是深色，但卡尼发现深色的细胞比浅色的更坚韧，可使羽毛更加强壮——所以颜色不仅具有美学意义，还能带来实实在在的优越性。

你或许已经注意到迄今为止只提到了几种有限的颜色：黑色、灰色、白色、棕色和棕红色。当然也存在其他色素——比如类胡萝卜素，可以产生橙色、粉红和鲜艳的红色调，但不幸的是这些结构在化石中难以保存。不过它们确实会留下化学痕迹，科学家们希望在今后的研究中能找到。不管怎样，科学家们并不指望能够在中华龙鸟、近鸟龙、孔子鸟或始祖鸟身上找到那些色素，因为这4种动物都是肉食性的——带有粉红色、橙色和红色的生物会从植物或甲壳纲动物身上获取必需的类胡萝卜素。例如，火烈鸟通过食用含类胡萝卜素的藻类和卤水中的虾来获得粉红色，吃其他食物会使它们变成白色。

然而，在2011年出现了一种新的研究手段，并且得到了惊人的发现：在加拿大的艾伯塔省（Alberta）发现了一些包裹着似乎是原始羽毛残骸的琥珀。7,900万年前，在一片潮湿的海岸森林里，一只恐龙擦过一棵带有黏稠树脂的树，从而留下了这些琥珀。现在还不知道羽毛的颜色，也不知道它们属于哪一种恐龙，不过这个发现（一位博士研究生重新检测了皇家泰瑞尔博物馆（Royal Tyrell Musenm）仓库中数以千计的琥珀之后才获得的发现）是非常令人兴奋的，因为其中保存的是原始的生物物质，而没有经历任何的石化作用。

由此可见，研究一些带羽毛恐龙真实面貌的绚丽图景已经展开，但不幸的是，确定恐龙鳞片颜色的机会仍然微乎其微，因为化石鳞片没有保存色素。不过直到最近，我们还以为永远不会了解恐龙的颜色，所以又有谁会怀疑出现另一个重大突破的可能性？未来的艺术家们会拥有足够的知识去运用他们绚丽的调色板，描绘出恐龙世界每一个角落的色彩。

白垩纪

马斯特里赫特期	晚
坎潘期	
三冬期	
康尼亚克期	
土仑期	
塞诺曼期	
阿尔布期	早
阿普特期	
巴雷姆期	
欧特里夫期	
凡兰吟期	
贝里阿斯期	

Leaellynasaura amicagraphica

合作雷利诺龙

植食性

澳大利亚维多利亚

澳大利亚的古生物学家汤姆·里奇（Tom Rich）和帕特里夏·维克斯-里奇（Patricia Vickers-Rich）在维多利亚州南部的恐龙湾（Dinosaur Cove）发现了雷利诺龙的化石，白垩纪中期的时候那里位于南极圈以内。虽然当时的南极比现在要暖和，但是一年里仍然会有几个月处于寒冷和黑暗之中，这种鸟脚类恐龙的发现首次证实了恐龙可以在这样的环境中生存。头骨和硕大的眼窝表明，它的眼睛巨大，能够在南极暗无天日的冬季里看到东西。雷利诺龙另一个显著特征是长长的尾巴，达到体长的3倍——这是所有鸟臀类恐龙中最长的。发现者在1989年以他们的女儿的名字雷利诺（Leaellyn）为其命名。

Lurdusaurus arenatus

沙地沉龙

这是一只奇怪的恐龙：像蜥脚类恐龙一样矮胖而庞大的禽龙，可能还过着半水生的生活。北非的泰内雷沙漠（Tenere Desert）在那个时代是一片临海的河流三角洲，沉龙张开的脚骨表明它适合涉水而行。与其他禽龙一样，其手上有一根钉状的大拇指——非常致命，毫无疑问在自卫时发挥作用。身体重心很低，腿也很结实，说明它是一只行动缓慢的恐龙。

1965年，法国古生物学家菲利普·塔丘特（Philippe Taquet）在一次对尼日尔沙漠的野外调查中发现了沉龙的部分骨骼。直到1988年，一位法国的博士研究生才将它命名为泰内雷重龙（*Gravisaurus tenerensis*），虽然这个名字非正式地使用了一段时间，但从学术上来说是无效的，因为论文里并没有给予这个标本恰当的描述。所以塔丘特和美国古生物学家戴尔·罗素（Dale Russell）最终在1999年发表了一个意思相当的名称：“来自沙漠的沉重蜥蜴。”

白垩纪

期	
马斯特里赫特期	晚
坎潘期	
三冬期	
康尼亚克期	
土仑期	
塞诺曼期	
阿尔布期	早
阿普特期	
巴雷姆期	
欧特里夫期	
凡兰吟期	
贝里阿斯期	

植食性，吃低矮和中等高度的植物

非洲北部，尼日尔

白垩纪

马斯特里赫特期	晚
坎潘期	
三冬期	
康尼亚克期	
土仑期	
塞诺曼期	
阿尔布期	早
阿普特期	
巴雷姆期	
欧特里夫期	
凡兰吟期	
贝里阿斯期	

肉食性

尼日尔

Suchomimus tenerensis

泰内雷似鳄龙

名字的意思是“像鳄鱼一样”，恰当地形容了它细长的口鼻部，不过它的身材几乎是今天最大鳄鱼的两倍长。与其他棘龙类（以及与其特别相似的现代印度长吻鳄）一样，它很可能靠吃鱼为生，在满布沼泽的白垩纪非洲的河流和湖泊中，用挤满了100颗细小牙齿的嘴捕鱼。正确地说这种食性应该叫“鱼食性”，但是据推测似鳄龙也吃陆地动物的尸体，所以叫它肉食性动物也是没问题的。它有长而有力的前肢，可能会伸入水中把猎物抓出来。它更加著名的亲戚棘龙在背部有一面巨大的帆，1998年在尼日尔的泰内雷沙漠发现的似鳄龙骨骼沿着背脊长有一个较小的帆，更像英国的棘龙类重爪龙。实际上它与重爪龙的相似性使一些古生物学家认为似鳄龙就是一种非洲的重爪龙。然而它比英国的标本大，而且可能是一个幼年个体，可以长得更大——也许可以与棘龙匹敌。

Deinonychus antirrhopus

平衡恐爪龙

美国早白垩世最可怕的猎食者之一恐爪龙，是促进“恐龙文艺复兴”的功臣，在20世纪中期一段长时间的沉寂之后，人们对恐龙的兴趣又被重新点燃了。

更准确地说，美国古生物学家约翰·奥斯特罗姆应该对此负责，是他研究了这具庞大的奔龙类骨骼，在1969年将它描述为一个每只脚上都拥有镰刀状利爪的活跃的猎食者。他的发现使中生代的画面更有生气：数十年来，恐龙学家们都认为恐龙是行动迟缓而呆滞的爬行动物，对我们了解现代世界没有帮助，但奥斯特罗姆的发现描绘出了一些温血、活跃而聪明的生物，与今天有直接的联系。恐爪龙的名字来自脚上“恐怖的大爪”，尽管它的前肢没那么特别，但仍然引发了科学家们极大的兴趣。奥斯特罗姆发现其前肢的骨骼与鸟类的翅膀非常相似，因此复活了鸟类与恐龙之间存在演化上的联系的旧观点。

《侏罗纪公园》里“伶盗龙”的面貌实际上就是恐爪龙，不过真实世界里这种动物很可能长着羽毛而不是鳞片，并且也没有那么大，但电影制作者将它表现成一个致命猎手也无可厚非。它的栖息地分布在北美西部的沼泽地带，很可能在那里猎食腱龙，因为在这种大型鸟脚类恐龙的身边发现了恐爪龙的牙齿。它的牙齿在啃咬植食性恐龙的过程中似乎会脱落。为了猎杀体长超过自身两倍的生物，它也许会选择集体捕猎；一些被归为恐爪龙的行迹显示，有几只动物是在一起奔跑的。

白垩纪

马斯特里赫特期	晚
坎潘期	
三冬期	
康尼亚克期	
土仑期	
塞诺曼期	
阿尔布期	早
阿普特期	
巴雷姆期	
欧特里夫期	
凡兰吟期	
贝里阿斯期	

肉食性

美国蒙大拿州和俄克拉何马州

3.5米

白垩纪

马斯特里赫特期	晚
坎潘期	
三冬期	
康尼亚克期	
土仑期	
塞诺曼期	
阿尔布期	早
阿普特期	
巴雷姆期	
欧特里夫期	
凡兰吟期	
贝里阿斯期	

植食性

尼日尔冈多弗瓦

Nigersaurus taqueti

塔氏尼日尔龙

为什么有的恐龙会演化出像真空吸尘器的扁平吸嘴那样的嘴巴？进化论说动物的每一种形态都是有目的的——或者至少是曾经有过，许多动物身上都保留了演化的遗迹，例如蟒蛇那小刺一样的腿，因此尼日尔龙的这种面部特征在演化上有什么意义一直是科学家们感兴趣的问题。它的头部极端特化，骨头非常轻，几乎是半透明的。颌部扁平的前端长着3排尖利细小的牙齿，一共有100多颗——每一颗下面还有多达8颗替补的牙齿，在上面的牙齿磨光之后可以进行替换。发现者保罗·塞雷诺认为它每个月都会换牙。

在白垩纪中期，尼日尔龙栖息在非洲西北部，那里潮湿而泥泞。塞雷诺在尼日尔的泰内雷沙漠里的一个地区发现了它的化石，由于气候非常干燥且不适宜居住，当地人称之为冈多弗瓦，意思是“连骆驼都不敢去的地方”。2007年，他的研究小组给尼日尔龙的头骨做了数字扫描，首次确定了这只蜥脚类恐龙大脑、内耳和掌管嗅觉的嗅球的位置。人们由此很好地了解了尼日尔龙（也许还可以扩展到其他属于雷巴奇龙类的梁龙）的自然姿态，这只短脖子的植食性恐龙通常把头垂向地面——因此进食的时候确实像个真空吸尘器。它的嘴有条不紊地从一边移向另一边，在蕨类和其他低矮的植物中啃出一条路来。

9米

Microraptor zhaoianus

赵氏小盗龙

属其他种：顾氏小盗龙

90厘米

这是一只四翼恐龙吗？这只驰龙娇小的身体上覆盖着原始羽毛，但四肢上长着用于飞行的真正的羽毛。一种观点认为它采用的是双翼飞机的姿势，在亚洲的林地里以浅U形的轨迹于树间滑翔，不过另一些观点认为它可以飞翔。一些专家将小盗龙的4个翅膀视为演化上的盲端，但是其他人注意到老鹰的腿上也有飞行用的羽毛，说明它们可能是从四翼的祖先演化来的。

徐星在2003年描述了小盗龙，现在世界上大约有300件标本保存在各个博物馆和研究所里。许多标本都保存了羽毛的细节，上面似乎有明暗相间的条带。丰富的化石记录显示小盗龙是其栖息地里最常见的小型猎食者之一。2011年，徐星和两个同事描述了一件胃部有一具小鸟骨骼的化石标本；其他标本的胃里还有小型哺乳动物的骨头。徐星提到的小鸟生活在树上而不是地上，所以这件化石表明小盗龙可能会在树上捕猎。它的爪子使它在追踪猎物的过程中能够在树干和树枝上攀爬。

这种行为支持了鸟类飞行的“树栖起源说”而不是“地栖起源说”。小盗龙的眼睛似乎适合夜间活动，说明它可能是在夜幕的掩护下捕猎。

白垩纪

期	
马斯特里赫特期	晚
坎潘期	
三冬期	
康尼亚克期	
土仑期	
塞诺曼期	
阿尔布期	早
阿普特期	
巴雷姆期	
欧特里夫期	
凡兰吟期	
贝里阿斯期	

肉食性

中国辽宁省

8米

Irritator challengeri

挑战者激龙

对于古生物学家来说很少有比这更令人气恼的事情了：研究了一块奇怪的化石，然后发现那是被人篡改过的。更糟糕的是，一些没有道德的人是为了提高它的价值而故意为之的。当英国古生物学家大卫·马提尔（David Martill）和他的研究小组开始研究一块在巴西东部发现的80厘米长的头骨时，发现找到这块化石的非法盗挖者用石膏延长了其口鼻部，使它作为一块翼龙化石被卖出之前看上去更加完整。把化石恢复原状耗费了大量的时间和精力，可以想见他们因为受到愚弄而感到多么愤怒。化石展现出的本来面目明显应该是一只兽脚类恐龙——一开始被鉴定为与伤齿龙相似的虚骨龙类恐龙，后来又被鉴定为一种棘龙类，是庞大的棘龙的一个体型较小的亲戚。不过它仍然是一个庞然大物，食谱也应该差不多，以鱼和小型陆生动物为食。2004年，科学家们研究了一具真正的翼龙化石，它的一块颈椎里嵌着一颗被认为是属于激龙的牙齿。唯一的激龙标本以亚瑟·柯南道尔爵士的小说《失落的世界》里的查林杰（Challenger，意为挑战者）教授的名字命名，这个角色领导了一次南美洲考察，去揭示一个恐龙世界。

白垩纪

马斯特里赫特期	晚
坎潘期	
三冬期	
康尼亚克期	
土仑期	
塞诺曼期	
阿尔布期	早
阿普特期	
巴雷姆期	
欧特里夫期	
凡兰吟期	
贝里阿斯期	

肉食性——鱼、翼龙、动物尸体

巴西东部

白垩纪

马斯特里赫特期	晚
坎潘期	
三冬期	
康尼亚克期	
土仑期	
塞诺曼期	
阿尔布期	早
阿普特期	
巴雷姆期	
欧特里夫期	
凡兰吟期	
贝里阿斯期	

肉食性

埃及巴哈利亚绿洲

Spinosaurus aegyptiacus

埃及棘龙

前肢上1英尺长的爪子强壮到足以刺穿钢铁；鳄鱼一样的嘴里排列着圆锥形的牙齿；一人高的背帆长在有一辆货车那么长的身体上。棘龙身上的每一样东西都能引起人们的敬畏和恐惧，因为这只不可思议的兽脚类恐龙是已知生存过的最大的肉食性动物。虽然多数巨型猎食者在身体构造上大同小异，但是棘龙和它的亲戚们有些不一样——它们拥有一些引人注目的非常特化的特征，不过现在只有棘龙跻身中生代最强大巨兽的行列。

它发现于1912年，比暴龙晚了10年，但是数十年来我们对其相貌的认识非常模糊，所以棘龙没有像暴龙那样给公众留下深刻印象。一支由贵族恩斯特·弗赖赫尔·施特罗默·冯·赖兴巴赫（Ernst Freiherr Stromer von Reichenbach）领导的德国考察队从埃及带回了一列带有1.65米高的棘突的脊椎，以及一个长长的像鳄鱼一样的颌骨的下部。他们描述了这些有趣的骨头并绘制了图片，然后将它们保存在位于州首府慕尼黑的巴伐利亚州立古生物学收藏馆，但在1944年4月，同盟国的炸弹像雨点般落在这个地区，命中了附近的纳粹总部，同时也毁掉了博物馆。在撒哈拉沙漠的岩石中度过了9,500万年之后，棘龙化石与人类接触了仅仅30年就毁于一旦。

大约40年之后，一枚重爪龙（见第170页）的爪子在英国的一个采石场现身，揭开了棘龙的秘密。随后发现的一具骨骼是第一具完好的棘龙骨骼，很像施特罗默绘制的那件被炸毁的棘龙标本，只不过稍微小一些，而且没有延长的棘突。通过两者之间的比较，古生物学家推断出了棘龙的整体比例，即将更加完整的重爪龙骨骼按比例放大。根据计算，棘龙身长达18米，前肢有2米长，上面长着38厘米的钩状大爪，头部长度可能有1.75米，长长的上下颌里镶嵌着相连的圆锥状的弯曲利齿。

那么它为什么会演化出如此奇特的外形？这样可以让棘龙在一般的兽脚类恐龙中争取到自己的生态位。棘龙与强大的鲨齿龙生活在一起，后者虽然体型较小，但是颌部更加强壮。棘龙没有跟鲨齿龙竞争陆地的统治权，而是将精力放在统治水域上。鲨齿龙尽情享受着蜥脚类恐龙大餐，而棘龙则以鱼和生活在岸边的动物果腹，就像今天的鳄鱼所做的那样。如此庞大的动物主要以鱼类为食似乎是不可思议的，但是白垩纪时期非洲的湖泊里生活着多种多样的鱼类，其中有3米长的，叫作马索尼亚鱼（*Mawsonia*，见第220页）的腔棘鱼、巨型肺鱼和令人畏惧的长达8米的

18米

帆锯鳐（*Onchopristis*）。1975年，在摩洛哥的卡玛卡玛沙漠（Kem Kem Desert）的红色砂岩里发现的骨骼碎片提供了一些棘龙头骨素材；嵌在一片颌骨和牙齿之间的可能是一块帆锯鳐的脊椎。保存完好的似鳄龙（见第192页）表明这个家族的头部比原先预计的还要窄：比起一般的鳄鱼更像印度长吻鳄，印度长吻鳄窄长的口鼻部有个球形的尖端，可以帮助它牢牢咬住挣扎的猎物。这增强了棘龙捕鱼的能力，也减少了它们杀死大型陆生恐龙的可能性。与其较小的亲戚激龙一样，棘龙的鼻孔长在口鼻部偏上的位置，这使它们在身体大部分浸没在水中的时候还能够呼吸。2009年法国的一项研究测定了棘龙化石中的氧同位素含量（在水生动物中更高），并指出它过着半水生的生活，像今天的河马和鳄鱼一样有许多时间待在水里。

根据一位意大利古生物学家，克里斯提亚诺·达鲁·沙索（Cristiano Dal Sasso）的说法，棘龙对捕鱼生活的适应甚至可以解释它背部大帆的功能。他观察到有些鹭鸟用翅膀在水面上制造阴影。鱼很快就游到阴影里，这时鹭鸟就用喙将鱼从水里捉出来。棘龙背帆造成的巨大圆形阴影也有同样的功能吗？支持这个观点的是2005年的一项研究，达鲁·沙索在棘龙长长的口鼻部发现了作为运动检测器的感觉点，当它眼睛还在水面上时就可以感觉到水面下鱼类的运动。

虽然棘龙以吃鱼为主，但它们无疑也会吃掉任何可以吃的东西。例如，在重爪龙的肚子里发现了一只年轻禽龙的残骸，尽管这可能是它吃掉的尸体。

与其他特化的恐龙一样，在某一个环境下使棘龙强大的力量在另一个环境下则会造成它的没落。大约9,700万年前，北非的气候迅速变冷，减少了食物供应，它可能无法适应这样的变化。棘龙从历史上消失了，迄今为止，北非的岩石只产出了寥寥几具遗骸，向人们提示这种已知最大兽脚类恐龙的庞大身形和奇特外貌。

Muttaburrasaurus langdoni

兰氏穆塔布拉龙

这种庞大的植食性动物是在澳大利亚发现的最完整的恐龙之一。不过在1963年，它的骨骼在穆塔布拉（Muttaburra）被发现之后，首先被吃草的牛踢来踢去，然后又被当地人当作纪念品带回家中。当发现其重要性之后，人们归还了大多数标本，使研究人员能够重塑一只巨大的禽龙类恐龙的精确样貌。眼睛前方有一个空心的肿块，能够增强它的嗅觉，或者使它发出大的声音。长长的前肢表明它可以四足或二足行走。牙齿能够切开苏铁般坚韧的植物，而不是像其他恐龙那样嚼碎植物。非常奇怪的是，在新南威尔士州的闪电岭（Lightning Ridge）发现了另一只穆塔布拉龙，它的牙齿随着时间的流逝变成了一种叫蛋白石的半宝石。

白垩纪

马斯特里赫特期	晚
坎潘期	
三冬期	
康尼亚克期	
土仑期	
塞诺曼期	
阿尔布期	早
阿普特期	
巴雷姆期	
欧特里夫期	
凡兰吟期	
贝里阿斯期	

植食性

8米

澳大利亚

白垩纪

马斯特里赫特期	晚
坎潘期	
三冬期	
康尼亚克期	
土仑期	
塞诺曼期	
阿尔布期	早
阿普特期	
巴雷姆期	
欧特里夫期	
凡兰吟期	
贝里阿斯期	

肉食性

非洲北部

Carcharodontosaurus saharicus

撒哈拉鲨齿龙

“*Carcharodon*”是大白鲨的学名，这是海洋中最令人恐惧的杀手。我们现在简单地看一下鲨齿龙为什么会有这样一个名字：它长着20厘米长、边缘有锯齿的弯曲牙齿，头部有1.5米长，身体可能长达13米，是在地球上行走过的最大的肉食性动物之一。它也许比暴龙还大，不过智商略低。1995年，在摩洛哥发现了一个完好的鲨齿龙头骨，表明虽然这两种恐龙的脑袋差不多大，但暴龙的脑容量是鲨齿龙的1.5倍。尽管如此，鲨齿龙毫无疑问是生活在当今北非沿海红树林沼泽的大型植食性动物如潮汐龙的最可怕的天敌。

第一具鲨齿龙化石是20世纪20年代由恩斯特·施特罗默在埃及发现的，它与棘龙一起保存在慕尼黑的巴伐利亚州立古生物学和历史地质学收藏馆。这些标本在第二次世界大战时期被毁坏了，使后来的专家不得不依赖于施特罗默保留下来的绘图和描述。同样丢失的还有施特罗默在埃及的发掘地点的详细资料。然而，一支来自芝加哥菲尔德博物馆（Field Museum）的队伍在摩洛哥也找到了头骨，并且发现它符合施特罗默关于鲨齿龙的描述，为这种生物带来了新的光明。现在可以确定施特罗默的发掘地点是一个名为巴哈利亚绿洲的地方，古生物学家们期待今后能在那里找到更多的化石。

Equijubus normani

诺氏马鬃龙

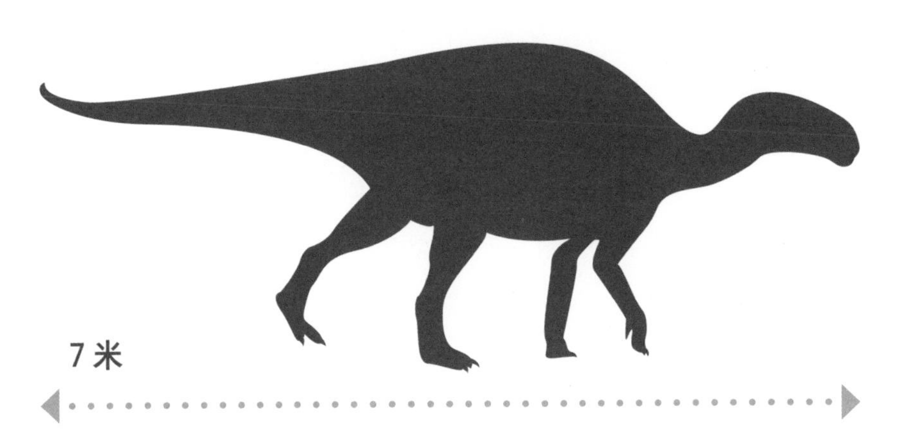

7 米

白垩纪

晚
马斯特里赫特期
坎潘期
三冬期
康尼亚克期
土仑期
塞诺曼期

早
阿尔布期
阿普特期
巴雷姆期
欧特里夫期
凡兰吟期
贝里阿斯期

与一辆拖拉机一样长

植

植食性，吃中等或低矮的植物

中国

在早白垩世时期，禽龙类的恐龙开始向鸭嘴龙类演化，并一直生存到恐龙灭绝。它们在晚白垩世非常繁盛，成为北半球最常见的植食性动物，也是暴龙最喜欢的食物。

马鬃龙是这种转变的早期代表，是已知最基干的鸭嘴龙。它有禽龙类长长的颌部，但是里面长满了小小的钻石形的磨牙，这是较晚的植食性恐龙的特征。它也保留了咀嚼植物时同时移动上下颌的能力，而人类在咀嚼时只能移动下颌，因此这些恐龙拥有两倍的咀嚼力。

马鬃龙唯一已知的标本是一块头骨和脊椎，于2000年在中国的马鬃山发现。马鬃翻译成拉丁文就是Equijubus。与其他原始鸭嘴龙一样，它很可能保留了禽龙多功能的前肢。钉状“拇指”用于防御或者取食，一根可以对握的“小指”能将植物抓到掌心里，另外3根“中指”有蹄，则用于行走。

白垩纪

马斯特里赫特期	晚
坎潘期	
三冬期	
康尼亚克期	
土仑期	
塞诺曼期	
阿尔布期	早
阿普特期	
巴雷姆期	
欧特里夫期	
凡兰吟期	
贝里阿斯期	

Koreaceratops hwaseongensis

华城韩国角龙

桨状的尾部表明这种小型角龙过着水生生活。它不是第一种引发人们这种思考的恐龙；原角龙可能也会游泳，不过其他专家认为，其高而扁的尾部是用来散发多余热量或向异性展示的，所以韩国角龙可能也是这样。2011年描述它的科学家表示，能否更深入了解其习性，取决于埋藏它的岩石能否告诉我们它生活在干旱地区还是海边。

韩国角龙是在韩国发现的第一具角龙化石。这一发现填补了亚洲其他地区最原始的角龙和晚白垩世北美洲著名的大型角龙如3,500万年后的三角龙之间的一段2,000万年的化石记录空缺。它比大多数更加有名的角龙小很多，大约与一只拉布拉多犬等长。主要是两足行走，用前肢抓取植物。头骨没有保存下来，不过几乎可以肯定的是它有一张鹦鹉似的脸和有喙的颌部。

植食性

韩国华城

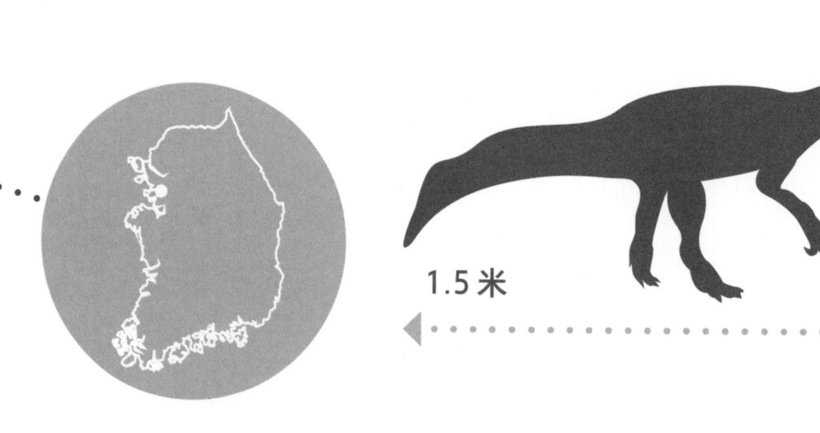

Diamantinasaurus matildae

玛蒂尔达氏迪亚曼蒂纳龙

16米

两种中等大小的蜥脚类恐龙和一种致命的猎手（见后页）彻底改变了澳大利亚在古生物学上的地位，使它成为恐龙化石的著名产地。

很长一段时间以来，人们都知道澳大利亚缺少好的化石——大部分标本都很破碎，只有穆塔布拉龙（见第201页）和敏迷龙（见第174页）这样极少的例外。然而在2009年，澳大利亚古生物学家斯科特·霍克努尔（Scott Hocknull）及其同事在一篇文章中一次性报道了3只蜥脚类恐龙，它们都来自昆士兰的温顿组岩层，根据对花粉粒化石的分析，这些岩层属于晚阿尔布阶。那时候这个发掘地点是一个季节湖，用澳大利亚人的话说是一潭死水；如今，迪亚曼蒂纳河（Diamantina River）流经这里，使之也成为人们心目中可能产出精美化石的宝地。

迪亚曼蒂纳龙是一种巨龙类恐龙，不同寻常的地方在于拇指上有突出的大爪。它很可能属于萨尔塔龙科（Saltasauridae），这类恐龙的背部长有骨片组成的装甲。这种恐龙的昵称是玛蒂尔达（Matilda），因为化石点附近的温顿镇（Winton）上有一位名叫安德烈·“班卓”·帕特森（Andrew ‘Banjo’ Patterson）的诗人撰写了被誉为澳大利亚“第二国歌”的《丛林流浪》（*Waltzing Matilda*）。

白垩纪

期	
马斯特里赫特期	晚
坎潘期	
三冬期	
康尼亚克期	
土仑期	
塞诺曼期	
阿尔布期	早
阿普特期	
巴雷姆期	
欧特里夫期	
凡兰吟期	
贝里阿斯期	

植食性

澳大利亚昆士兰州

和

白垩纪

马斯特里赫特期	晚
坎潘期	
三冬期	
康尼亚克期	
土仑期	
塞诺曼期	
阿尔布期	早
阿普特期	
巴雷姆期	
欧特里夫期	
凡兰吟期	
贝里阿斯期	

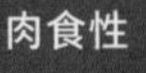

Australovenator wintonensis

温顿南方猎龙 和

《丛林流浪》这首歌描述了一个溺死在湖中的流浪汉，似乎也是大约1亿年前一只南方猎龙的命运。这种敏捷的肉食性恐龙的昵称是“班卓”。它可能是在水边吃已经死掉的迪亚曼蒂纳龙的尸体，然后两者都陷入泥沙之中，最后沉入湖底，在21世纪的今天出现在泥质的沉积物中。

南方猎龙是一个激动人心的发现，它是迄今为止在澳大利亚找到的最完整的兽脚类恐龙骨骼。作为一种基干鲨齿龙类，与晚白垩世统治南美洲的南方巨兽龙等大型肉食性恐龙有亲缘关系。南方猎龙虽然相对小巧，但体型仍然和马一样大，是一个轻盈而有活力的猎手。根据剑桥大学的古生物学家罗杰·本森及其同事的研究，它是新猎龙科（Neovenatoridae）的成员。

Wintonotitan wattsi

沃氏温顿巨龙

温顿巨龙的发现是另外一个故事。1974年，基思·沃茨（Keith Watts）博士发现了它，并在最初把它归为澳洲南方龙（*Austrosaurus*）。在后来的研究中，霍克努尔博士将其比作河马，而迪亚曼蒂纳龙更接近长颈鹿。与其他健壮的蜥脚类恐龙一样，它的背部很可能也有装甲。这两种恐龙以蜥脚类恐龙的标准来看都很小——有些蜥脚类恐龙的体重是它们的10倍——都生活在冈瓦纳古陆上，享用着银杏叶、苏铁和蕨类，这些植物的化石也都保存在温顿组的岩层中。研究小组将温顿巨龙昵称为“克兰西”（Clancy），这个名字来自帕特森的另一首歌。

班卓、玛蒂尔达和克兰西一起，突然为广阔而古老的南方世界增加了色彩和多样性，这个世界也最终吐露了自己的秘密。不过众所周知，澳大利亚还生活着比它们大得多的蜥脚类恐龙。在澳大利亚西部布鲁姆（Broome）的海岸线上保存着数以百计的脚印化石，有些直径竟达到1.5米。留下这些脚印的恐龙会很快从岩层中出现吗？

白垩纪

马斯特里赫特期	晚
坎潘期	
三冬期	
康尼亚克期	
土仑期	
塞诺曼期	
阿尔布期	早
阿普特期	
巴雷姆期	
欧特里夫期	
凡兰吟期	
贝里阿斯期	

植食性

澳大利亚昆士兰州

15 米

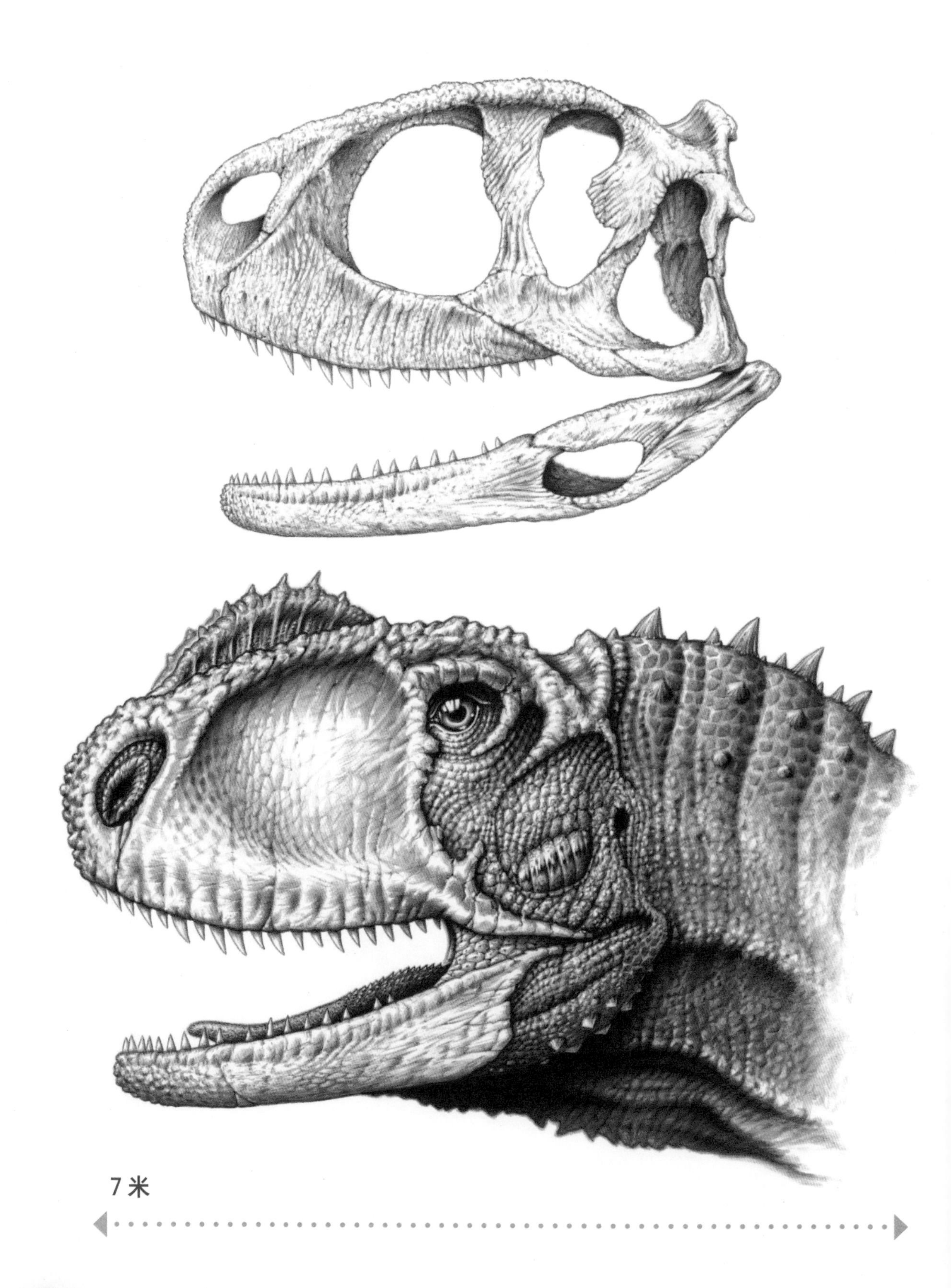
7米

Rugops primus

始皱褶龙

由于只发现了部分头骨，所以我们很难推测这只健壮的阿贝力龙类恐龙的模样，不过它的化石也提供了一些有趣的线索：脸上有两列孔，每列7个，里面可能长有棘刺；头骨相对纤弱，里面充斥着血管，说明皱褶龙（属名意思是“有皱纹的脸”）是一个食腐者而不是杀手。需要撕咬并杀死其他动物的恐龙通常有更加强壮的头骨。

与其他大多数阿贝力龙一样，它或许也有用途不明的细小前肢—— 一种可能性是具有一些性展示功能。不过，皱褶龙的发现的最大意义是澄清了冈瓦纳古陆是何时、以怎样的方式分裂并漂移成今天的样子。这块南方超级大陆包含了今天的非洲、马达加斯加岛、南美洲和亚洲。皱褶龙是2000年在尼日尔发现的，在此之前从未在非洲发现过阿贝力龙类，人们以为这表明非洲在1.1亿年前阿贝力龙类出现的时候就已经与冈瓦纳古陆其他部分分离了。皱褶龙头骨的年代是9,500万年前，说明实际上非洲那时还与冈瓦纳古陆的其他部分连在一起。

白垩纪

期	
马斯特里赫特期	晚
坎潘期	
三冬期	
康尼亚克期	
土仑期	
塞诺曼期	
阿尔布期	早
阿普特期	
巴雷姆期	
欧特里夫期	
凡兰吟期	
贝里阿斯期	

肉食性

尼日尔

白垩纪

期	
马斯特里赫特期	晚
坎潘期	
三冬期	
康尼亚克期	
土仑期	
塞诺曼期	
阿尔布期	早
阿普特期	
巴雷姆期	
欧特里夫期	
凡兰吟期	
贝里阿斯期	

肉食性

蒙古南戈壁省

Achillobator giganticus

巨大阿基里斯龙

这只带羽毛的猎食者每只脚上都有一枚致命的镰刀状大爪，需要有强大的跟腱来操纵这些爪，使它们成为猎杀其他动物的有力武器。阿基里斯龙是一种2米长的驰龙科（Dromaeosauridae）成员，驰龙科是极富侵略性的像鸟一样的肉食性恐龙，在中侏罗世到晚白垩世期间广布全世界。它是驰龙科里生存时代较晚、更加进步的成员——现在认为与犹他盗龙（见第164页）有很近的亲缘关系，占据了与伶盗龙（见第262页）和恐爪龙（见第193页）不同的演化枝。阿基里斯龙的化石是1989年在蒙古发现的，尽管没有确凿的化石证据，但它身上仍然可能覆盖着恐龙绒毛。

巨大的有羽毛的猎食者

Oryctodromeus cubicularis

洞穴掘奔龙

这种小型的植食性恐龙是为数不多的掘穴恐龙之一。3具化石保存在一个2米长、70厘米宽的砂岩充填的洞穴里，位于蒙大拿州西部的泥岩层中。这些恐龙死在它们在泥土上挖的洞穴里，然后砂子在风的作用下填满洞穴，最终变成岩石，将这些小恐龙封闭了9,500万年。掘奔龙是一种奔跑快速的两足行走的恐龙，有一条非同寻常的柔韧的尾巴，使它能够在有限的空间里转弯。

白垩纪

期	
马斯特里赫特期	晚
坎潘期	
三冬期	
康尼亚克期	
土仑期	
塞诺曼期	
阿尔布期	早
阿普特期	
巴雷姆期	
欧特里夫期	
凡兰吟期	
贝里阿斯期	

美国蒙大拿州

白垩纪

期	
马斯特里赫特期	晚
坎潘期	
三冬期	
康尼亚克期	
土仑期	
塞诺曼期	
阿尔布期	早
阿普特期	
巴雷姆期	
欧特里夫期	
凡兰吟期	
贝里阿斯期	

植食性

蒙古南戈壁省

Graciliceratops mongoliensis

蒙古雅角龙

未成年个体长90厘米，成年个体可能长2米

这种瘦小灵活的两足恐龙是晚白垩世巨大的犀牛一样的四足角龙的亲戚。这具不完整的遗骸（一个头骨和一些不相关联的骨头）是在蒙古发现的，后肢比前肢长，表明它直立且善跑。与其他角龙一样，它有用来切碎植物（可能包括蕨类、苏铁和松柏）的鹦鹉一样的喙，头骨背面还有一块厚重的用于防御的骨板，但是不能与三角龙或开角龙（*Centrosaurus*）具有饰边的颈盾相比。1975年，雅角龙化石发现以后，最初被认为是已知的微角龙（*Microceratops*）的成年个体，但是在2000年，美国古生物学家保罗·塞雷诺将它定为一个新属的幼年个体。

Mapusaurus roseae

玫瑰马普龙

想象一下一只身材与暴龙一样大的肉食性恐龙在它的猎物身后迈着沉重的脚步……然后再想象一番6只一起捕猎的情形。除了巨大的身材，马普龙最令人兴奋的一点就是有迹象表明，它们会以团队合作的方式把庞大的蜥脚类恐龙打倒。

1997年，在阿根廷西部工作的古生物学家发现了至少7具这种未知鲨齿龙类的骨骼，均于不同的生长阶段。如果是社会性动物的话，就可以解释它们如何吃到足够生存所需的肉：尽管马普龙在兽脚类恐龙中算体型大的，但在其主要猎物蜥脚类恐龙面前仍然是侏儒。阿根廷龙（见第216页）是所有恐龙中最庞大的，有30—35米长，可能有75吨重。一只马普龙不会构成威胁——实际上它可能从阿根廷龙身上咬下一块肉当快餐，受害者虽然受了伤，但终究没有大碍。

然而团队合作的马普龙可以轻易地击败一只幼年阿根廷龙，甚至可能包括成年恐龙。2006年，古生物学家罗多尔夫·科里亚（Rodolfo Coria）和菲利普·柯瑞指出，马普龙与它的近亲南方巨兽龙和鲨齿龙一样，拥有用来切肉的带刃的牙齿，而后来的暴龙牙齿是锥状的，用于咬碎骨头。阿根廷龙的骨头太大了，所以不能咬穿——但是一群马普龙同时从它身上咬下肉来，则可能将其击倒，进而发动更致命的攻击。

类似的猎食者—猎物关系随处可见：凡是有巨型鲨齿龙类的地方，古生物学家就同样能找到巨大的植食性恐龙。所以就像南美洲的马普龙和阿根廷龙那样，非洲的鲨齿龙也许会捕食潮汐龙，北美的高棘龙可能会捕食波塞东龙。这些植食性恐龙灭绝以后，肉食性恐龙也就灭绝了。如果所言不虚，生活在大灭绝之前3,000万年的马普龙和阿根廷龙是恐龙在体型上达到的顶峰，从此以后恐龙就逐渐变小了。

白垩纪

马斯特里赫特期	晚
坎潘期	
三冬期	
康尼亚克期	
土仑期	
塞诺曼期	
阿尔布期	早
阿普特期	
巴雷姆期	
欧特里夫期	
凡兰吟期	
贝里阿斯期	

肉食性

阿根廷

复原图见背页

11.5米

玫瑰马普龙

一群马普龙在袭击一对阿根廷龙——这些恐龙是鲨齿龙类和蜥脚类之间猎食者—猎物关系的范例。

Argentinosaurus huinculensis

乌因库尔阿根廷龙

有6层楼那么高，3辆公交车那么长，6只大象那么重……这只庞大的蜥脚类恐龙无疑是在地球上生存过的最大的陆地动物。

阿根廷龙是一部完美的吃植物的机器：它的一切都是用来帮助它吃得尽可能多，尽可能快，从食物中获取尽量多的能量并且消耗最少。长长的脖子使它可以够到大范围内的树木和灌丛的叶子，同时无需让沉重的脚离开地面。它不会把时间和精力浪费在咀嚼上，而是把叶子整吞下去，让肠道里的细菌来分解纤维。由于没有用于咀嚼的沉重的牙齿，所以它的头部很轻，很容易就可以支撑起来。这样一来它就变得更高大，并与马普龙（见第213页）保持着共生的关系。

阿根廷龙的发现始于1988年，一位名叫吉列尔莫·埃雷迪亚（Guillermo Heredia）的巴塔哥尼亚牧羊人在他的土地上找到了一根像树干化石一样的东西，但是他看得越久就越觉得好奇……当他把卡门·菲耐斯市立博物馆（Carmen Funes Municipal Museum）的一队古生物学家叫来以后，得知那是一根1.5米长的胫骨。进一步的发掘花费了不少时间——用了5个人的力量才把一块含有一枚脊椎骨的巨大岩石拖出来——最终人们从乌因库尔组的岩层里找到了更多的脊椎骨、破碎的肋骨和荐骨，足以判断这只动物的体型大小。1993年，何塞·波拿巴和里卡多·科里亚（Ricardo Coria）命名了阿根廷龙，公众普遍认为腕龙和迷惑龙是最大恐龙的观点需要重新考虑了。

白垩纪	
马斯特里赫特期	晚
坎潘期	
三冬期	
康尼亚克期	
土仑期	
塞诺曼期	
阿尔布期	早
阿普特期	
巴雷姆期	
欧特里夫期	
凡兰吟期	
贝里阿斯期	

植

植食性

阿根廷内乌肯省

30米

神秘的巨龙

爱德华·德林克·科普
1840—1897

阿根廷龙虽然巨大，但是有些诱人的暗示表明还有一些动物令它相形见绌。易碎双腔龙就是恐龙研究史上的一个谜：这种难以置信的巨大梁龙类唯一已知的骨头在被发现并描述之后就丢失了。1877年，爱德华·德林克·科普手下的一个化石采集者在科罗拉多州的莫里森组岩层里发现了一枚不完整的脊椎。它有2.7米高——那就是说，一枚脊椎就有一头大象那么高，提示这只动物可能有60米长，110吨重。

科普描绘了这个发现……然后这块骨头便不见了踪影。没人知道发生了什么事。一个最合理的猜测是，作为一块从坍塌的有1.5亿年历史的侏罗纪泥岩里发掘出来的易碎化石，它只不过是在储存的过程中彻底崩坏了，然后科普就将其处理掉了。现在唯一留存的证据就是那张他为这块骨头画的图，不过并不足以确认双腔龙就是已知最大的恐龙。

后来又报道了一个身体更重，但是稍短一些的竞争者——梅氏巨体龙（*Bruhathkayosaurus matleyi*），但也受到人们的质疑。它发现于印度南部，描述于1989年，化石似乎包括髋骨、前肢和后肢骨，以及一段尾椎。据研究人员称，它的胫骨有2米长，肱骨有2.3米长，而阿根廷龙的胫骨和肱骨长度分别是1.5米和1.8米。从这些数据可以估算出巨体龙长达34米，重达139吨。

虽然描绘这些“巨型蜥脚类”是一件令人敬畏的事情，但是并没有足够的、太令古生物学家们兴奋的科学内容。他们不愿确认巨体龙是否代表一个独立的属，因为报道它的科学家并没有提供足够的分析、描述和科学绘图。这些遗骸甚至有可能不是骨头，而是大块的木头化石。最令人沮丧的是，它们从来没有被完全从围岩中清理出来，而且一直以来都遭受着严重的风化。

尽管如此，双腔龙和巨体龙确实使人们怀疑，已经确认存在的最大蜥脚类恐龙只不过是巨龙世界中体型中等的成员。

Skorpiovenator bustingorryi

普氏蝎猎龙

这种疙疙瘩瘩的丑陋猎食者生活在晚白垩世的阿根廷，与马普龙和肌肉龙（*Ilokelesia*）等大型杀手争夺猎物。食谱包括蜥脚类的鹫龙（*Cathartesaura*），而不是你感到好奇的蝎子——它的名字来自化石发掘地点的大群的蝎子，这个地点位于巴塔哥尼亚人曼努埃尔·布斯廷戈里（Manuel Bustingorry）的农场里。挖掘虽然冒险但是非常值得，人们得到了一具近乎完整的未知大型兽脚类恐龙的骨骼。

蝎猎龙两眼之间的脊表明它属于阿贝力龙类，这类肉食性恐龙在晚白垩世广泛分布于南美洲，也部分地扩散到非洲。通过钝圆的头骨可将它分到短吻龙（Brachyrostra）亚类，即“短的口鼻部”。2008年，由胡安·卡纳勒（Juan Canale）领导的阿根廷研究小组在蝎猎龙的描述中指出“头骨顶部的缩短和加厚可能与减震能力有关”，说明这种具有攻击性的卡车一样大的野兽会用头部撞击竞争对手。

白垩纪

期	
马斯特里赫特期	晚
坎潘期	
三冬期	
康尼亚克期	
土仑期	
塞诺曼期	
阿尔布期	早
阿普特期	
巴雷姆期	
欧特里夫期	
凡兰吟期	
贝里阿斯期	

阿根廷西部

7.5 米

Giganotosaurus carolinii

卡氏南方巨兽龙

13米

头部有一个人那么长，身体有一辆公交车那么长，这也许是已知最大的肉食性恐龙——有些专家相信它长得比暴龙还要大，而另一些较保守的专家则怀疑这两个属里最大个体的体型是差不多的。不管怎么说，体型是一回事，智力则是另一回事。虽然古生物学家们没有太多的时间去考虑南方巨兽龙和暴龙打架时谁会取胜，不过这仍然是个十分诱人的问题。即使我们承认南方巨兽龙更长，身体比暴龙重两吨，颌部也更大（长满了用于切肉的牙齿），但是暴龙有3倍于南方巨兽龙的咬力，更宽且更多样的用于咬碎骨头的牙齿，以及更大的大脑。问题的解答完全依赖于推测，因为这两种恐龙的生存年代相差了3,000万年，而且生活在相互独立的大陆上。在阿根廷发现南方巨兽龙表明南美洲不仅是恐龙的发源地，也是恐龙在体型上达到顶峰的地方。就像其同类巨大的鲨齿龙类那样，南方巨兽龙也是与庞大的植食性恐龙生活在一起；它的化石是在1993年由业余化石猎人鲁本·达里奥·卡罗利尼（Ruben Dario Carolini）在巨龙类的安第斯龙（*Andesaurus*）和雷巴齐斯龙类的利迈河龙（*Limaysaurus*）附近找到的。与它的亲戚马普龙一样，南方巨兽龙（“巨大的南方蜥蜴”）可能也会捕猎这些巨型植食性恐龙。

白垩纪

期	
马斯特里赫特期	晚
坎潘期	
三冬期	
康尼亚克期	
土仑期	
塞诺曼期	
阿尔布期	早
阿普特期	
巴雷姆期	
欧特里夫期	
凡兰吟期	
贝里阿斯期	

肉食性

阿根廷

活化石

"这些不同寻常的生物几乎可以称作活化石；它们顽强地生活到今天，是因为栖息在一个局限的环境里，没有遭受那么严酷的生存竞争。"

查尔斯·达尔文《物种起源》

鸟类的谱系可以一直追溯到恐龙时代——尽管联系是显而易见的，但是从那时起它们仍然改变了很多。也许更令人吃惊的是一些与恐龙一起生活的动植物存活到了今天，并且在数亿年的时间里几乎没有任何改变。这里列举了5种令人惊奇的幸存者。

腔棘鱼

矛尾鱼（*Latimeria chalumnae*）

远在恐龙来到地球上之前，这类大型硬骨鱼的许多品种已经在大海里遨游了，今天它们仍然这样生活着。19世纪中期，在澳大利亚发现了腔棘鱼的化石，年代是大约3.6亿年前。后续的化石发现使科学家们相信腔棘鱼已经在约6,500万年前的白垩纪—古近纪大灭绝中销声匿迹了。1938年，玛乔丽·拉蒂迈（Marjorie Latimer），一个南非小博物馆的负责人，在一艘在开普敦附近的东伦敦进港的拖网渔船上，注意到了一个古怪的鱼鳍从一大堆鳐鱼和鲨鱼中伸了出来。她没有理会那些告诉她这是一种鳕鱼的人，在阅读了一些讲到类似的奇怪史前鱼类的书以后，将此事通报给一位名叫史密斯（Smith）的大学教授，对方认为这个标本非常重要。腔棘鱼很快就被誉为"动物学上的世纪大发现"，对人们来说无异于找到了一只活恐龙。

后来人们又在非洲东部印度洋沿岸的许多地方和印度尼西亚发现了腔棘鱼［在印度尼西亚发现的属于第二个种，万鸦老矛尾鱼（*L.menadoensis*）］，最近还拍成了电影。它们白天潜伏在大约200米深处的洞穴里，晚上出来捕食其他鱼类。它的颌部有独特的铰链，可以使嘴张得很大。腔棘鱼可以长到1.8米长，并且被甲胄般的厚重鳞片包裹着。最引人注目的是它有8个鳍，包括背部平行的一对。这使它们有非同寻常的灵活性——在电影中它们能够颠倒过来游泳，甚至可以头部朝下。

鲎（马蹄蟹）

美洲鲎（*Limulus polyphemus*）

大约4.5亿年前的古生代，像三叶虫和鲎这样的原始生物是在浅海海床上横行的最早的生命形式之一。三叶虫在2.5亿年前的二叠纪大灭绝事件中消失了，留下的只有古老的化石，而鲎幸存下来，仍然生活在我们身边，至今没有发生什么改变。

今天在美国和日本都能找到鲎，虽然也叫作马蹄蟹，但实际上不是一种螃蟹，而是与蜘蛛和蝎子更接近的一类节肢动物。从腹面看，它像是多长了一对足的大蝎子。有9只眼，其中有2只是像苍蝇那样的复眼，沿着尾部还有一些光感受器。更奇怪的是，它的血是蓝绿色的。这是因为其中含有一种名叫血蓝蛋白的含铜的色素，而不是使人类的血呈现红色的血红蛋白。

由于栖息地受到威胁并且遭到过度捕杀，鲎在一些地方是濒危动物。它经常被当作鱼饵，是濒临灭绝的海龟的重要食物，也可以作为药用，这使我们有了另一个充分的理由来保护它的未来。其不同寻常的血里含有一种名叫鲎变形细胞溶解物（LAL）的蛋白质，被制药公司用来检测产品中的内毒素、细菌质等对人类有致命危险的物质，被认为是从海洋生物中获取的最重要的药用物质之一。

银杏树

银杏（*Ginkgo biloba*）

像禽龙这样贪婪的植食性动物吃各种各样的植物，其中就包括银杏。今天，这种树具有独特外形的叶子仍然和早侏罗世化石印痕上的一样，而且也与2.7亿年前二叠纪的银杏差不多。因为叶子形状很怪，所以银杏也叫掌叶树，历史可以追溯到有花植物出现之前的时代。它可以长到30米高，雌雄异株，也就是说某一棵树不是雄性就是雌性。银杏生长在中国的野外，但也是世界各地公园和花园里的观赏植物。雄性植株往往更受欢迎，而雌性植株会产生多肉的黄色种子，气味有点像变质的黄油。银杏的林龄很容易达到1,000岁，在中国，已知最古老的据说有3,500岁。银杏也是一种流行草药的原料，人们相信它可以改善记忆，使头脑更敏锐。

楔齿蜥

斑点楔齿蜥（*Sphenodon punctatus*）

这种爬行动物只生活在新西兰，虽然看上去像蜥蜴，但实际上是喙头目（Sphenodontida）唯一的幸存者，这类动物在2亿年前广布全世界。楔齿蜥有“第三只眼”，即位于头顶的一个对光线敏感的斑点，功能可能是利用阳光制造维生素D，或者根据一天中的时间来调节身体的节律。

一些科学家在争论楔齿蜥是否符合“活化石”的定义，毕竟它从恐龙时代起就一直在演化，但不容置疑的是，它是一个历史可追溯到二叠纪晚期的族群的最后幸存者。这可以解释其解剖结构上的一些显著特征。它没有耳孔，不过可以通过头内埋藏的两个原始的感受器来听到声音。头部还有不同寻常的骨质脊，牙齿的排列方式也非常独特：上颌有两排，下颌只有一排。它在夜间捕食昆虫和蜘蛛，能够长到80厘米长，寿命可超过100岁——并且可以在整个生命历程中持续繁殖！2009年，饲养在新西兰动物园的一只楔齿蜥在111岁时当上了爸爸。

哥布林鲨

欧氏尖吻鲛（*Mitsukirina owstoni*）

在没有阳光的深海里潜伏着一些非常奇怪的鱼类，但不会有谁比哥布林鲨难看太多。这种鲨鱼在大约250米深的水里捕食乌贼、螃蟹和鱼类——最深甚至可以潜到不可思议的1,300米深处。想象某个地方离你坐着的位置有超过1,000米远，再想象这个距离是阴暗、冰冷的海水下面。化石记录显示其样貌从晚白垩世开始就没什么改变。它可以长到3米长，皮肤是粉红色的。不过最显著的特征是从头部伸出的长长突起，可以产生电场，使它能够在黑暗中追踪猎物。这种鲨鱼可以突然扩大颌部，把猎物吸到嘴里。偶尔也会被渔船捕到，但是不会活得很久，没有了深海巨大的水压，它就会因为减压而死。

白垩纪

马斯特里赫特期	晚
坎潘期	
三冬期	
康尼亚克期	
土仑期	
塞诺曼期	
阿尔布期	早
阿普特期	
巴雷姆期	
欧特里夫期	
凡兰吟期	
贝里阿斯期	

植食性

阿根廷内乌肯省

Futalognkosaurus dukei

杜氏富塔隆柯龙

在2007年被发现时，这具庞大的巨龙类遗骸被誉为已知最完整的巨型蜥脚类恐龙骨骼。巨龙类的阿根廷龙只找到了3%的骨骼化石，而富塔隆柯龙却找到了大约70%的骨骼。它巨大的骨骼是在阿根廷一个高产的化石点富塔隆柯（Futalognko）找到的，其中包括一条完整的1米宽、一辆公交车那么长的脖子。与伊希斯龙（*Isisaurus*，见第284页）一样，这条奇怪的脖子可能像是装点着斑纹的招牌，用来吸引异性。

富塔隆柯龙的腰带几乎有3米宽，表明它是已知最大的蜥脚类恐龙之一。精确地测量它的长度是不可能的，尽管脖子和躯干保存下来了，但是没有找到尾巴。另外还发现了两只年轻的富塔隆柯龙，它们保存了一些肢骨，为富塔隆柯龙的形象增添了一些细节。在这个地点还发现了鱼类、翼龙和植物的化石，说明这只巨龙在晚白垩世生活在温暖的热带环境中。

30米

期	
马斯特里赫特期	晚
坎潘期	
三冬期	
康尼亚克期	
土仑期	
塞诺曼期	
阿尔布期	早
阿普特期	
巴雷姆期	
欧特里夫期	
凡兰吟期	
贝里阿斯期	

植食性

美国新墨西哥州

Zuniceratops christopheri

克氏祖尼角龙

一些古生物学家花费毕生的精力在世界各地的古老岩层中挖掘和搜寻，却没能挖出重要的恐龙新属，而另一个幸运儿8岁的时候就在新墨西哥州发现了祖尼角龙，他就是克里斯托弗·詹姆斯·沃尔夫（Christopher James Wolfe），古生物学家道格拉斯·沃尔夫（Douglas Wolfe）的儿子，在1996年完成了这项伟业。他找到的头骨和少量其他骨头足以填补我们关于角龙演化知识的空白：这只1米高的恐龙是已知最早的眼睛上面长角的角龙，生存时代比更加著名的三角龙早了1,000万年。它只有两只角，而后来的许多角龙有角和棘刺组成的饰边。其名字的意思是“来自祖尼部落的有角的脸”，祖尼是指当地的美国原住民部落。

Megaraptor namunhuaiquii

纳氏大盗龙

一只“盗龙”长着一根30厘米长的致命大爪？这是人们对一枚来自阿根廷岩层的大爪的最初印象，不过后来发现了一条完整前肢，显示这枚大爪长在一只巨大的异特龙类恐龙的手上。挖掘出来的这个家伙是很可怕的：一个杀戮机器，拥有比棘龙类更可怕的镰刀状大爪。

令古生物学家们非常感兴趣的是，这只南美洲的恐龙告诉了他们冈瓦纳古陆是如何破裂的。在澳大利亚发现了两种与之非常相似的兽脚类恐龙——南方猎龙和另一种尚未命名的恐龙——说明澳大利亚和南美洲分开的时间比原先认为的要晚。

8 米

白垩纪

马斯特里赫特期	晚
坎潘期	
三冬期	
康尼亚克期	
土仑期	
塞诺曼期	
阿尔布期	早
阿普特期	
巴雷姆期	
欧特里夫期	
凡兰吟期	
贝里阿斯期	

肉食性

阿根廷巴塔哥尼亚

Neuquenraptor argentinus

阿根廷内乌肯盗龙

2.5 米

人们原来认为恐爪龙类只生活在北半球的劳亚古陆，直到20世纪90年代中期，半鸟（*Unenlagia*）和内乌肯盗龙的发现表明冈瓦纳古陆也是这些似鸟猎食者的家园。内乌肯盗龙少而破碎的遗骸里有一块足骨，上面长着足以暴露其身份的致命大爪。这枚爪表明它是半鸟的近亲，甚至有可能是同一种动物。晚白垩世时期，劳亚古陆和冈瓦纳古陆已经分开了数百万年。这些恐龙在阿根廷西部的出现，表明恐爪龙类是一支在这两块大陆分裂之前就传承下来的古老支系。

白垩纪

马斯特里赫特期	晚
坎潘期	
三冬期	
康尼亚克期	
土仑期	
塞诺曼期	
阿尔布期	早
阿普特期	
巴雷姆期	
欧特里夫期	
凡兰吟期	
贝里阿斯期	

肉食性

阿根廷内乌肯省

和

白垩纪

马斯特里赫特期	晚
坎潘期	
三冬期	
康尼亚克期	
土仑期	
塞诺曼期	
阿尔布期	早
阿普特期	
巴雷姆期	
欧特里夫期	
凡兰吟期	
贝里阿斯期	

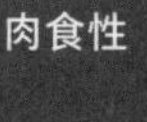

肉食性

阿根廷

Unenlagia comahuensis

科马约半鸟

同属其他种：佩氏半鸟

半鸟最初被认为是一种古老的鸟类，它的前肢像一对翅膀，肩关节也可以做振翅的动作。尽管名字的意思是“半鸟”，但其是否真的是某种鸟类还是有争议的。它是不会飞的猎食者，不过似乎是从会飞的祖先演化而来的：有研究显示，晚白垩世的这种不会飞的驰龙类恐龙是从侏罗纪的鸟翼类恐龙，比如始祖鸟演化而来的，它们有非常相似的腰带结构。在后来的进化过程中它们变得越来越大，越来越重——半鸟至少有3米长——以至于不能飞行，就像鸵鸟那样。

这个例子说明向鸟类演化的支系上的动物两次获得了飞行能力：第一次是在侏罗纪，第二次是驰龙类恐龙最终演化成现代鸟类的时候。半鸟的名字来自阿根廷部分地方讲的马普彻语（Mapudungun language），在那里的河流相沉积岩中人们发现了一具含有20块骨头的标本。

3.5米

Antarctosaurus wichmannianus

威氏南极龙

白垩纪

马斯特里赫特期	晚
坎潘期	
三冬期	
康尼亚克期	
土仑期	
塞诺曼期	
阿尔布期	早
阿普特期	
巴雷姆期	
欧特里夫期	
凡兰吟期	
贝里阿斯期	

这种宽嘴的蜥脚类恐龙大约有18米长，肩高是人类平均身高的3倍，可能披着甲胄，体重可达33.5吨。南极龙属可能还有另一个种：巨大南极龙（*A. giganteus*），在身材上可与阿根廷龙相较。在更好的化石发现之前，我们说不出更多的关于它的确凿信息了；其现在的外貌是根据在阿根廷卡斯蒂略组发现的一些不相关联的骨头推断出来的。这会使人对南极龙是在哪里生活的感到困惑：它并不生活在南极，而是在今天的阿根廷、智利和乌拉圭。名字是在1929年由多产的古生物学家弗里德里克·冯·胡艾尼创造的，准确地说意思仅仅是“非北方的蜥蜴”，表明它生活在南半球，但是这在恐龙命名史上可算不得什么好名字。已知的第一种生活在今天的南极洲的恐龙在1986年才被发现，它的名字不那么具有误导性，叫作南极甲龙（*Antarctopelta*）。

白垩纪

马斯特里赫特期	晚
坎潘期	
三冬期	
康尼亚克期	
土仑期	
塞诺曼期	
阿尔布期	早
阿普特期	
巴雷姆期	
欧特里夫期	
凡兰吟期	
贝里阿斯期	

杂食性

蒙古

Oviraptor philoceratops

嗜角龙窃蛋龙

这个最不公正的恐龙名称的意思是“喜欢偷角龙蛋的盗贼”。它之所以有了这样一个名字，是因为1923年挖掘出伶盗龙的蒙古考察队的美国科学家们发现，这只兽脚类恐龙好像是在掠夺一个原角龙的巢穴。另外，它没有牙齿，边缘锋利的喙部似乎是为咬碎蛋壳而设计的。不过即使是在公布了它的名字之后，考察队的负责人亨利·费尔菲尔德·奥斯本也承认这个名字可能有误导性——他是对的，这只有羽毛的似鸟恐龙实际是趴在自己的蛋上，而不是偷人家的蛋。后来人们又发现了与之非常相似的葬火龙（*Citipati*），它正伏在一窝蛋上，这窝蛋与窃蛋龙身边的蛋是相同的。20世纪70年代，蒙古的古生物学家瑞钦·巴思钵（Rinchen Barsbold）提出，窃蛋龙独特的颌部是用来咬碎软体动物的外壳，因为同样在加多克塔组也发现了蚌类的化石。

然而，唯一确定的这具窃蛋龙化石在胃部保存了一只小蜥蜴的骨骼，证明它什么都吃。既然如此，那它也很有可能确实会吃其他动物的蛋——不过没有理由认为这是它的主要食物来源。

跟一把普通的扫帚一样长

1.5米

Diabloceratops eatoni

伊氏恶魔角龙

白垩纪

马斯特里赫特期	晚
坎潘期	
三冬期	
康尼亚克期	
土仑期	
塞诺曼期	
阿尔布期	早
阿普特期	
巴雷姆期	
欧特里夫期	
凡兰吟期	
贝里阿斯期	

5.5米

植食性

从这只角龙的额头和颈盾上伸出来的角十分壮观，尽管这些华丽的装饰是目前已知最原始的。2002年唐纳德·德贝西（Donald DeBlieux）在犹他州的大阶梯—埃斯卡兰特国家遗迹（Grand Staircase Escalante National Monument）发现了它纤细的1米长的头骨。由于多年来一直保存在一块很重的砂岩里，德贝西用了一架直升飞机才将其空运出这块不毛之地，并送到实验室里。科学家们花了800个小时去剥离化石周边的岩石，最后得到了一个漂亮的可供研究的头骨。2010年，他和古生物学家詹姆斯·柯克兰命名并描述了这种恐龙。

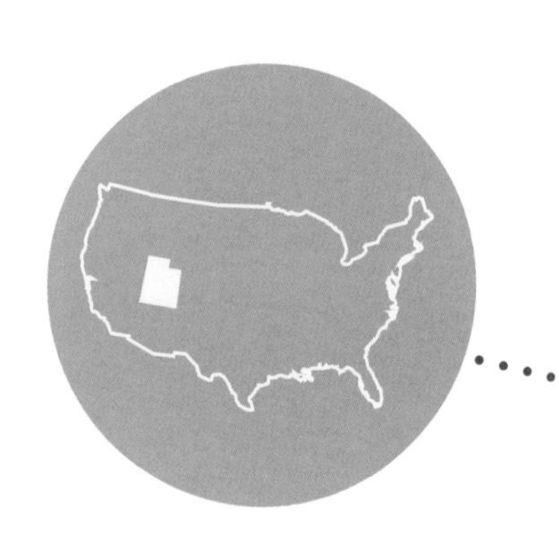

美国犹他州

Xenoceratops foremostensis

福莫斯特外星角龙

恐龙并不总是在荒野上剥掉岩石时发现的——当你在博物馆的档案室里打开尘封已久的盒子，看看里面有什么的时候，也会出现惊喜。这就是迈克尔·瑞安（Michael Ryan）和大卫·埃文斯（David Evans）在2012年所做的事情。他们描述了来自3个不同个体的骨骼碎片，建立了尖角龙类的一个新属。克利夫兰自然历史博物馆的瑞安博士和皇家安大略博物馆的埃文斯博士在渥太华的加拿大自然博物馆发现了这些骨头，它们作为南艾伯塔恐龙项目中的一部分，填补了加拿大化石记录中的空白。尽管这种恐龙的属名前一半的意思是“外星人”，但它并不是指外星角龙奇怪的外貌。外星角龙有一个鹦鹉一样的喙，眼睛上方有两根长长的眉角，巨大的颈盾上还有两根大刺，看上去与其他任何在晚白垩世生活在北美西部的多角恐龙一样奇怪。它的名字实际上是说在加拿大发现外星角龙的岩层里很少找到角龙的化石。美国古生物学家小沃恩·兰斯顿（Wann Langston Jr.）于1958年在艾伯塔的福莫斯特组发现了头骨碎片。附近的其他岩层，如恐龙公园组，因为富含化石而出名，但是福莫斯特组至今只产出了很少的化石。这些岩层的年龄大约是7,800万年，使外星角龙成为了加拿大最古老的角龙。

白垩纪	
马斯特里赫特期	晚
坎潘期	
三冬期	
康尼亚克期	
土仑期	
塞诺曼期	
阿尔布期	早
阿普特期	
巴雷姆期	
欧特里夫期	
凡兰吟期	
贝里阿斯期	

植食性

加拿大艾伯塔省

Zhuchengtyrannus magnus

巨型诸城暴龙

白垩纪

马斯特里赫特期
坎潘期
三冬期
康尼亚克期
土仑期
塞诺曼期
晚
阿尔布期
阿普特期
巴雷姆期
欧特里夫期
凡兰吟期
贝里阿斯期
早

肉食性

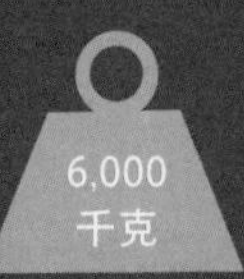

中国山东省

现在没有多少地方比中国更让古生物学家们兴奋了，似乎每年都会有启示性的发现，比如诸城暴龙这个在2011年被报道的大型猎食者。

它的名字指的是一个盛产化石的热点地区：诸城，在当地被称作“恐龙城”。虽然自1960年就被认为是一个重要的化石点，不过在2008年12月才取得新的突破：当地的古生物学家们声称在之前的9个月里挖掘出了7,600具动物遗骸，并且称诸城是世界上最大的化石产地。这些骨头的年代是恐龙王朝的最末期，刚好在标志着非鸟恐龙灭绝的K-T界线[1]之前。希望未来的研究工作能揭晓它们为何会全部死掉。

人们怀疑这些特别的动物是死于火山喷发，而后洪水把尸体冲到了此处。诸城暴龙的发现完全是个意外——2009年，一些工人正在建造一座博物馆来保存在此地发现的最好的化石，诸城暴龙的骨骼就是由他们找到的。

就像名字所显示的，诸城暴龙与暴龙是有亲缘关系的，这是由少数骨头做出的判断——一些头骨与颌骨——只是在体型上小了一点点。但它仍是一个巨大的杀手：下颌骨上长有10厘米长的尖锐而弯曲的牙齿。猎物可能包括15米长的鸭嘴龙，它们占了诸城化石遗骸的大多数。与其他暴龙一样，它可能拥有细小的前肢、两指的手和可以咬碎骨头的健壮颌部。

11 米

① K-T 界线：白垩纪－第三纪之间的界线，现在改叫“K-P 界线”，即白垩纪－古近纪之间的界线。——编者注

已知最晚的装甲恐龙

Tarchia gigantea

巨大多智龙

幸亏有保存了皮肤印痕的完美骨骼化石，我们才得以非常清楚地了解这种巨大的甲龙类，它是最大的甲龙之一，并且是已知最晚的甲龙。其沉重的具有装甲的头部覆盖着骨质的肿块和三角形的棘刺，与之类似，它的背部、身侧和尾部也覆盖着肿块和鳞片，同样刀枪不入，对于防御勇士特暴龙这样占据了食物链顶端位置的猎手是至关重要的。从头部后方伸出的棘刺和尖角可能是与同类竞争者打斗时使用的武器，尾部末端的巨大骨锤可能也有相同的作用。多智龙生活在干燥的沙漠环境中，死后被掩埋在沙丘之下，亿万年后沙丘变成了岩石，它们也就变成了化石。它不仅是一种非常巨大的甲龙，其脑颅与身体相比也很大——于是人们给它起了这样一个名字，蒙古语的意思是“有头脑的”。

8.5 米

白垩纪

马斯特里赫特期	晚
坎潘期	
三冬期	
康尼亚克期	
土仑期	
塞诺曼期	
阿尔布期	早
阿普特期	
巴雷姆期	
欧特里夫期	
凡兰吟期	
贝里阿斯期	

植食性

4,500
千克

蒙古

白垩纪

马斯特里赫特期	晚
坎潘期	
三冬期	
康尼亚克期	
土仑期	
塞诺曼期	
阿尔布期	早
阿普特期	
巴雷姆期	
欧特里夫期	
凡兰吟期	
贝里阿斯期	

植食性，吃较矮的植物

加拿大

Stegoceras validum

直立剑角龙

头上顶着一个巨大的骨质穹窿，脖子可以吸收震动，宽阔而健壮的髋部还能提供有力的支撑，剑角龙似乎是花了相当多的时间用头去冲撞其他动物。不确定的是它冲撞的对象是谁，以及为什么要冲撞。很长一段时间以来，人们认为雄性剑角龙在发情期会像鹿一样互相竞争，它们扑向对方，用头部冲撞，从而获得雌性的芳心并确立自己的首领地位。而现在人们更倾向于认为它们是从侧面冲撞对手，也许是为了避免竞争和标志领地。迄今为止没有在任何化石上找到与其他头骨冲撞而产生的碎裂或损伤，剑角龙也足够强壮，可以承受由侧面撞击带来的短暂伤害。剑角龙属于肿头龙科，这个属可能是该科中最为人所知的一个。它是1902年由劳伦斯·赖博（Lawrence Lambe）在加拿大发现的，他做了许多工作使加拿大成为古生物学研究的中心。

Tylocephale gilmorei

吉氏膨头龙

2米

白垩纪

白垩纪	
马斯特里赫特期	晚
坎潘期	
三冬期	
康尼亚克期	
土仑期	
塞诺曼期	
阿尔布期	早
阿普特期	
巴雷姆期	
欧特里夫期	
凡兰吟期	
贝里阿斯期	

植食性

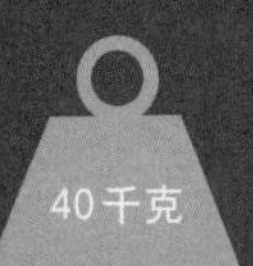

蒙古

大多数肿头龙类恐龙的头部都顶着一个厚厚的骨质穹隆，而膨头龙的穹隆是最高的。与在晚白垩世生活的其他具有骨质头部的恐龙相比，它的穹隆较窄，后部非同寻常地高，并长有一些小的棘刺。目前只找到了一个损坏的头骨，所以古生物学家很难确定膨头龙的外貌，不过它与剑角龙有很近的亲缘关系，甚至有可能是同一个种，但不能代表一个独立的属。波兰的古生物学家哈兹卡·奥斯穆尔斯卡（Halszka Osmólska）和特蕾莎·马里扬斯卡（Teresa Maryańska）在1974年描述并命名了膨头龙，名字的意思是“肿胀的头部”。膨头龙发现于蒙古的戈壁沙漠（在晚白垩世这里兼有沙丘和绿洲），专家们推测肿头龙类是在今天的亚洲演化的，迁徙到北美洲之后又在膨头龙生活的时期返回亚洲。

Shuvuuia deserti

沙漠鸟面龙

这种小型的长有羽毛的动物是已知唯一可以独立活动自己口鼻部的非鸟兽脚类恐龙——这个能力被称为“prokinesis”——当把嘴伸进腐朽的树木里时，也许能够帮助它吞下超大一口钻木的白蚁。与其他阿尔瓦雷兹龙类一样，短小手臂的末端有一枚特化的强壮大爪，可以帮助它挖开白蚁的巢穴，除了这枚爪之外还有两枚附加的小爪。作为一种较为瘦小的恐龙，鸟面龙可能就是以这些微小的生物为生。

鸟面龙的名字在蒙古语中意为“鸟”，古生物学家们有时也倾向于将其归为鸟类，但是现在人们一致同意它是一种似鸟的恐龙。尽管在化石里找到了确定无疑标志着羽毛的 β 角蛋白的痕迹，不过它根本无法飞行——所以它才长有细长而善跑的腿，这是逃避猎食者的唯一方法。

白垩纪

马斯特里赫特期	晚
坎潘期	
三冬期	
康尼亚克期	
土仑期	
塞诺曼期	
阿尔布期	早
阿普特期	
巴雷姆期	
欧特里夫期	
凡兰吟期	
贝里阿斯期	

虫食性

蒙古南戈壁省

Struthiomimus altus

高似鸵龙

它有一个小小的头部、尖尖的喙、长长的脖子和腿，几乎可以确定浑身长有羽毛，我们很容易看出它的名字为什么是“与鸵鸟相似”——仅从外表上看，这两种动物最显著的区别是似鸵龙长有一根长长的、水平的尾巴。它是第一个发现了完整骨骼的似鸟龙类恐龙，使我们能够深入了解这个已知跑得最快的恐龙家族。尽管站立时的身高只有约1.4米，似鸵龙的奔跑速度大约为每小时48至64千米，短距离冲刺时也许可达每小时80千米。长而强健的尾巴使它能够保持平衡，从而达到这样快的速度。

它生活在长有森林的海岸平原和沼泽，也就是今天的加拿大。速度可以帮助它逃离晚白垩世的艾伯塔龙和具有可怕大爪的驰龙类。对于似鸵龙是否为猎食者是有争议的。有些化石里含有“胃石”，这些成团的沙砾和石子是今天植食性鸟类吞入腹中用来磨碎植物和帮助消化的。但是尖锐的喙部表明它很可能是杂食性动物，也许会吃蜥蜴和昆虫这样的小动物。

白垩纪	
马斯特里赫特期	晚
坎潘期	
三冬期	
康尼亚克期	
土仑期	
塞诺曼期	
阿尔布期	早
阿普特期	
巴雷姆期	
欧特里夫期	
凡兰吟期	
贝里阿斯期	

杂食性

加拿大艾伯塔省

神话传说

远在恐龙这一概念出现之前，人类就已经发现了许多奇怪动物的骨骼化石。自然而然地，与生俱来的好奇心和认识世界的欲望使他们创造了形形色色的理论和传说，有些至今听起来仍然很熟悉。

其中一个例子是狮鹫（Griffin），它有鹰的头部和翅膀以及狮子的身体。它是由希腊作家和探险家普洛康奈斯岛的阿里斯提亚斯（Aristeas of Proconnesus）在公元前675年首次提到的。他遇到了一群在现代中国、蒙古、西伯利亚和哈萨克斯坦边界上的阿尔泰山和天山之间寻找金矿的斯基台（Scythian）游牧民族，记录了关于在荒野中守护金块的奇怪而凶残生物的传说。它们用尖利的喙和爪驱逐入侵者。斯基台人确信他们勇敢的祖先杀死了许多这样的野兽，并将骨头扔在沙漠里示众。这个传说在古典时代非常盛行，但是在2000年，美国民俗学研究者阿德里安·梅约（Adrienne Mayor）注意到这种神话里的生物与一种真实的动物非常相似，戈壁沙漠里有很多它们的遗骸：不是狮子，也不是老鹰，而是原角龙。数百万年以来，这种小型植食性恐龙的骨头和蛋散落在这个区域，石化成了奶油色的石头，在玫瑰色的加多克塔组岩石里非常醒目。原角龙头上有喙，颈盾的形状像翅膀，脚上长有强壮的爪子，骨骼与狮鹫之间有令人惊异的相似之处。

因为中国盛产恐龙化石，所以龙在中国神话里如此重要也并非巧合。它们与爬行动物相似的头部有长角的鼻子和带有凶恶牙齿的嘴，身躯庞大，四肢发达，长长的尾巴像蛇一样蜷曲着……许多恐龙的骨骼与典型的龙之间的区别仅仅在于没有翅膀且不能喷火。公元前2世纪的一份中国文献记载了挖水渠时发现大量骨头的事件，这条水渠因此叫作龙头水道。20世纪50年代，在贵州省的潜龙山发现了中国最早的三叠纪化石，这座山上有许多精美的30厘米长的海洋爬行动物化石，现在被称作贵州龙（*Keichousaurus*）。许多世纪以来，中国人把这些小“龙”当作幸运符收集起来，有些人甚至故意用带有化石的岩石建造房屋。这个国家今天已经走在古生物学研究的前沿，不过在一些地方古老的传说仍在继续流传。2007年，有报道说汝阳县的村民挖到了数吨巨型蜥脚类恐龙的化石，把它们磨成粉末后加到药汤里，认为龙的骨头可以带来健康和好运。这种文化上的传统也反映在中国的古生物学家给恐龙命名时喜欢用中文拼音“龙”上：比如寐龙、冠龙。

很多相似但不那么为人所知的例子在世界各地的民间传说中都有出现。印度北部的喜马拉雅地区有很多巨大的令人惊异的骨头，也有自己的关于龙的传说。尼日尔的图阿雷格部落也提到一种他们称为“约巴”的怪兽，其巨大的骨头散落在沙漠里。1997年，芝加哥的古生物学家保罗·塞雷诺在附近地区挖到了一些相对不那么重要的化石，图阿雷格人知道了以后，把他引到大得多的“约巴”的骨头那里，经其鉴定，这些骨头是一种巨型蜥脚类恐龙的化石。他和同事后来把这种恐龙命名为约巴龙（见第62页）。

北美原住民的很多故事解释了他们领地上大量化石的来源。苏族部落相信古时候生活着一种长角的、有四条腿的水蛇，名叫“Unktehi”，被一种会飞的叫作雷鸟的怪兽杀死了。这两个虚构的神话角色是分别受到恐龙和翼龙化石的启发而产生的。

虽然我们很容易以高人一等的态度来对待这些风俗，但是很多被我们称作神话的东西实际上来自人们在证据有限的情况下对世界的诠释和理解，是值得赞美的努力。神话传说也证明了早在现代科学家给那些古老的动物一个清晰的解释之前，这些十分迷人的遗迹的力量就曾经使人们感到震惊不已且发人深思。

白垩纪

马斯特里赫特期	晚
坎潘期	
三冬期	
康尼亚克期	
土仑期	
塞诺曼期	
阿尔布期	早
阿普特期	
巴雷姆期	
欧特里夫期	
凡兰吟期	
贝里阿斯期	

植食性

加拿大艾伯塔省
和美国蒙大拿州

Gryposaurus notabilis

注目钩鼻龙

属名意思是
“钩鼻蜥蜴”

注目钩鼻龙独特的“罗马鼻子”使这种鸭嘴龙的外貌与其他种属截然不同，不过相同的是它们都有无止境的大胃口。它以灌丛和低矮的树木为食，突出的大鼻子也许标志着雄性与雌性之间的差异，也可能用于撞击竞争对手，还可能附着用于展示自己的气囊。在美国蒙大拿州和加拿大艾伯塔省发现了几具精美的骨骼化石，其中一具还带有皮肤。从皮肤化石上可以看出钩鼻龙有3种不同类型的鳞片：沿着侧腹和尾部是3.8厘米高的金字塔形鳞片，脖子和体侧是普通鳞片，沿着背脊有一列三角形鳞片。劳伦斯·赖博描述了钩鼻龙，名字的意思是“钩鼻蜥蜴”。第一具标本是1913年在艾伯塔省发现的。

8米

Linhenykus monodactylus

单指临河爪龙

60厘米

这只小巧的阿尔瓦雷兹龙类恐龙只有一只鹦鹉那么大，在2011年它的化石发现之前，人们还不知道这个家族的特征——退化的指，可以退化到如此极端的地步。单爪龙（见第267页）的名字提示这种恐龙只有一根指，但实际上还存在另外两根指的痕迹。然而临河爪龙连这些痕迹都没有，所以它才是第一种名副其实的单指恐龙。非常奇怪的是，临河爪龙并不代表阿尔瓦雷兹龙类这种奇怪适应性的顶峰，它只是这个家族的早期成员之一。尽管它有结实的胸部和手臂，单一的爪却比其他种属的还要小而弱。但是与其他种类一样，它的手部也是演化成适合挖掘蚁丘的样子。中国古生物学家徐星和他的同事用化石的发现地——内蒙古的临河市为其命名。

马斯特里赫特期
坎潘期
三冬期
康尼亚克期
土仑期
塞诺曼期
晚
阿尔布期
阿普特期
巴雷姆期
欧特里夫期
凡兰吟期
贝里阿斯期
早

虫食性

中国内蒙古自治区

白垩纪

马斯特里赫特期	晚
坎潘期	
三冬期	
康尼亚克期	
土仑期	
塞诺曼期	
阿尔布期	早
阿普特期	
巴雷姆期	
欧特里夫期	
凡兰吟期	
贝里阿斯期	

植食性

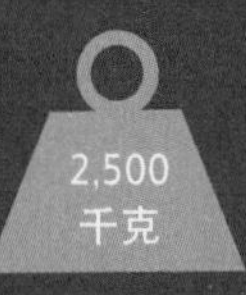

北美西部，从加拿大到美国新墨西哥州

Parasaurolophus walkeri

沃氏副栉龙

正如我们最终知道了一些恐龙的颜色一样（见第188页），现在我们也了解到一些关于它们声音的线索。自从副栉龙1922年被命名以来，从其口鼻部向后伸出的1.2米长的细Z管状头冠就引发人们许多的讨论。有人认为副栉龙是水陆两栖的，在长时间潜水时头冠可以当作通气管或氧气筒使用；也有人认为这是一件武器，或者含有能够增强嗅觉的组织。不过这些观点都是不正确的——副栉龙头冠的顶端没有孔洞，所以不能成为通气管；也不能储存足够的空气供这样的大型动物长时间使用，并且进一步的研究显示它的嗅觉神经在头部的其他地方。

实际上，这种独特的结构同时具有视觉和听觉沟通的功能。20世纪90年代中期，新墨西哥州自然历史与科学博物馆的科学家将一个近期发现的近乎完整的头骨送到阿尔伯克基（Albuquerque）的一家医院并做了350张计算机断层扫描（CT）。他们用电脑重建了一个头骨模型，然后加上虚拟的“气压”。测试显示头骨内曲折的管道能够产生低沉而忧伤的声音，这种声音很大，可以在平原上回响，也能穿透丛林。副栉龙可以控制声音的起伏，从而完成更加复杂的交流，并且每只动物可能都有独特的嗓音。

副栉龙头冠另一种可能的功能是展示——在脖子和头冠之间可能有一片皮肤，或许可以用来传递信号。头冠的最后一个功能也许是调节体温，白天吸收热量，晚上则把热量逐渐释放出来。

与其他鸭嘴龙类恐龙一样，副栉龙有数以百计的小

同属其他种：小号手副栉龙、短冠副栉龙

牙齿，称作齿列，使其能够咀嚼大量的植物。它主要靠四足行走，但是遇到猎食者时也能够用两条后腿逃跑。副栉龙已知的3个种类有弯曲程度不同的头冠，在每个品种之中，雄性的头冠可能比雌性的更大：事实上，头冠最短的短冠副栉龙可能是另外一种或两种副栉龙的雌性或未成年个体。

白垩纪

马斯特里赫特期	晚
坎潘期	
三冬期	
康尼亚克期	
土仑期	
塞诺曼期	
阿尔布期	早
阿普特期	
巴雷姆期	
欧特里夫期	
凡兰吟期	
贝里阿斯期	

植食性

蒙古

Homalocephale calathocercos

笼尾平头龙

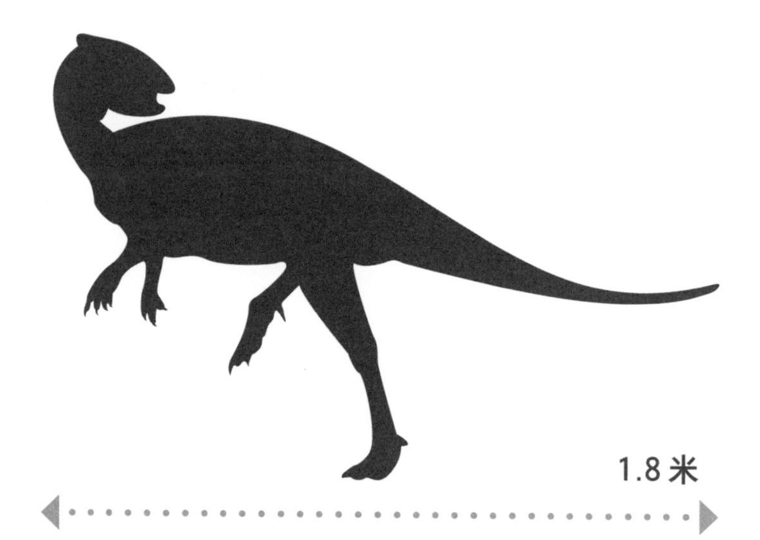

1.8米

与其他更著名的拥有“骨质头部”的肿头龙类相比，这种原始的肿头龙类恐龙的头骨相对较薄：它的额头只有其他多数鸟臀类恐龙的两倍厚，而其更加进步的亲戚们的头骨有20倍厚。它的髋部通常比较宽，使一些专家认为平头龙直接生出活的幼崽而不是下蛋，但也有人相信这是为了在竞争者撞击其侧面时保护内部器官。长长的腿显示它跑得很快。然而，对于平头龙这种名称意思是“平坦的头部”的恐龙也存在一项争议：一些古生物学家提出这具唯一的骨骼属于一只幼年的剑角龙。

Gigantoraptor erlianensis

二连巨盗龙

白垩纪

白垩纪	
马斯特里赫特期	晚
坎潘期	
三冬期	
康尼亚克期	
土仑期	
塞诺曼期	
阿尔布期	早
阿普特期	
巴雷姆期	
欧特里夫期	
凡兰吟期	
贝里阿斯期	

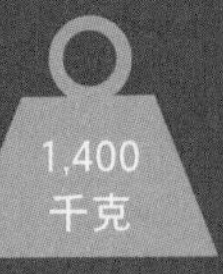

杂食性

中国内蒙古自治区

二连巨盗龙是曾经存在过的最可怕的长羽毛的生物之一，站起来时有一只长颈鹿那么高，并且拥有长达20厘米的尖锐爪子。在它像鸵鸟一样有力的脖子顶端，有一个半米长、无牙喙的脑袋。与其同类窃蛋龙类一样，它的前肢上可能也长有用于炫耀的羽毛——但是它竟然比葬火龙大了35倍，后者是窃蛋龙类里体型第二大的属。

巨盗龙是一个日本的纪录片摄制组与徐星一起去戈壁沙漠中一处蜥脚类恐龙化石点时发现的。徐星找到了一根股骨，并且很快意识到它与之前见到的任何化石都不一样。之后又找到了许多骨骼。在讲述这次发现时他说道："如果你发现了猪一样大的老鼠一定会很惊讶——这就是我们找到巨盗龙时的感受。"

尽管样子很可怕，但它也许并不是一个凶恶的猎食者。它不是像伶盗龙（见第262页）那样的真正的"盗龙"，而是杂食性的窃蛋龙（见第232页）的亲戚。巨盗龙最有可能吃的是植物，也可能吃蛋和软体动物。

虽然在化石上没有发现任何羽毛的印痕，但是徐星和他的同事们相信，巨盗龙在某种程度上也继承了亲戚们的羽毛。即使它不像小型窃蛋龙那样需要一层隔热的绒羽，但前肢上也许会保留一些羽毛，用来展示自己或者覆盖正在孵化的蛋。尽管拥有类似鸟类的特征，但它并不处于向现代鸟类演化的支系上，不过它的发现也确实揭开了一些谜题。多年以来，专家们一直想知道是什么动物在戈壁沙漠上产下了53厘米长的大蛋，并排列成直径3米的环形蛋窝，现在他们找到了答案。

8米

开角龙

开角龙是一种长颈盾的角龙类，它与短颈盾的种属，如尖角龙，共享同一片栖息地。

Centrosaurus apertus

开放尖角龙

7,600万年前一个暴风雨肆虐的日子里，一大群尖角龙正在今天加拿大西部的海岸平原上赶路。天越来越暗，风越刮越猛，雨也开始落下来了……过了很长一段时间，一大片低地都被洪水淹没。鸟儿飞走了，小型哺乳动物和爬行动物匆匆逃到树上，但是附近却没有高地供庞大的尖角龙避难，数以百计的尖角龙因此溺毙。洪水退去以后，它们的尸体堆成山，在泥沙将其全部掩埋之前，还有许多肉食动物前来拣食。今天，它们的遗骸保存在世界上最大的恐龙墓地之一——“希尔达大骨层”（Hilda mega-bonebed）里，这是以加拿大艾伯塔省内离此地最近的小镇命名的。泥沙逐渐变成了泥岩。大约1.2万年前，一条冰川凿穿了这些岩石，留下了一道峡谷，使化石层暴露出来。现在南萨斯喀彻温河（South Saskatchewan River）流经这条峡谷，水流经常将岩壁上的骨化石侵蚀出来。

这个化石层的覆盖面积大约有2.3平方千米，在1959年就被发现了。不过直到2010年，在经历了长达10年的严密分析之后，里面的化石才得到了恰当的描述。古生物学家们挖掘了一系列的样地，计算了每块样地内的化石数量，再把所有数字乘在一起，统计出整片岩层里尖角龙遗骸的总数，其中许多都是无法挖掘的。他们计算出来的数字是667只，意味着尖角龙的群体——可能还有其他角龙——比原先知道的要大得多，包含了数以百计甚至千计的6米长的大型植食性动物。

尖角龙的口鼻部有一根巨大的角，眼睛上面有两只小角，颈盾上还有更多的角。不过，有两个开口能够帮颈盾减轻重量。它被归为短颈盾的角龙，而与之相对的长颈盾的角龙，如开角龙，与它共享同一片栖息地。在不同的个体中，最大的角有的向后长，有的向前长，还有的笔直向上长，目前还不知道是什么原因。它可能用角和颈盾来防御像达斯布雷龙（*Daspletosaurus*）这样的猎食者，但是却最终无法应对在白垩纪时期周期性毁灭北美洲海岸平原的洪水。

（图见第250页）

6米

白垩纪

期	
马斯特里赫特期	晚
坎潘期	晚
三冬期	晚
康尼亚克期	晚
土仑期	晚
塞诺曼期	晚
阿尔布期	早
阿普特期	早
巴雷姆期	早
欧特里夫期	早
凡兰吟期	早
贝里阿斯期	早

植食性，吃较矮的植物

加拿大艾伯塔省

白垩纪

马斯特里赫特期	晚
坎潘期	
三冬期	
康尼亚克期	
土仑期	
塞诺曼期	
阿尔布期	早
阿普特期	
巴雷姆期	
欧特里夫期	
凡兰吟期	
贝里阿斯期	

植食性

蒙古

Therizinosaurus cheloniformis

龟型镰刀龙

兽脚类恐龙都是凶猛的肉食性动物或鸟一样的杂食性动物——不是吗？这些离奇而神秘的动物颠覆了这个观点。自从1948年在蒙古被发现以来，镰刀龙就激发了科学家们的好奇心。第一具不完整的骨骼——一些压扁的肋骨与巨大的前肢和爪——被认为属于一只乌龟一样的蜥蜴。1954年，一位名叫叶甫根尼·马列夫（Evgeny Maleev）的俄国古生物学家将它命名为龟型镰刀龙，意思是"大镰刀蜥蜴，乌龟一样的形状"。不过其他发现使这只动物的外貌更加完整——也更加奇怪了。古生物学家在20世纪50年代挖掘出

10米

Segnosaurus galbinensis

和　　戈壁慢龙

了更多的爪子和肢骨，证实它是一只恐龙。1970年，另一位名叫阿纳托尔·罗日杰斯特文斯基（Anatole Rozhdestvensky）的俄国人主张它是一种靠蚂蚁为生的巨型兽脚类恐龙，用爪子破坏蚁丘。他是正确的，这的确是一只兽脚类恐龙，但是如果它真的有暴龙那么大的话是无法以小如蚂蚁的生物为生的。

它镰刀一样的爪子长达90厘米，手臂有2米长。对于大多数兽脚类恐龙来说如此致命的装备是用来杀死猎物的，因而镰刀龙肯定也被想象成一种肉食性动物。然而，笨重的身躯使它不能有效地追捕陆地动物，所以科学家们设想它是吃鱼的。由于可供研究的化石很少，不能显示出它与其他已知恐龙之间的关系，也就意味着镰刀龙外貌的重建在很大程度上依靠猜测。有人认为它的头部和体格都与肉食龙相似，也许还跟恐爪龙一样在脚上长有致命的大爪。

1973年，更小但更古老的慢龙的发现使人们对镰刀龙有了新的认识。慢龙化石拥有小号的镰刀龙式的手臂和爪子，不过还保留了一些头骨碎片。慢龙有纤弱的颌部和树叶形的牙齿，所以是植食性动物，也是极少数的植食性兽脚类恐龙之一，基本可以肯定镰刀龙也是其中一员。

它们的爪子很可能是用来扯下植物的枝叶的，不过一定也可以在防御特暴龙这样的猎食者时起到作用，这种巨大的暴龙类恐龙生活在晚白垩世的蒙古。兽脚类恐龙家族的这一分支为什么会演化成植食性动物至今仍是困扰古生物学家们的问题。

白垩纪

马斯特里赫特期	晚
坎潘期	
三冬期	
康尼亚克期	
土仑期	
塞诺曼期	
阿尔布期	早
阿普特期	
巴雷姆期	
欧特里夫期	
凡兰吟期	
贝里阿斯期	

植食性

蒙古

6米

白垩纪

马斯特里赫特期	晚
坎潘期	
三冬期	
康尼亚克期	
土仑期	
塞诺曼期	
阿尔布期	早
阿普特期	
巴雷姆期	
欧特里夫期	
凡兰吟期	
贝里阿斯期	

杂食性

北美西部

Troodon formosus

美丽伤齿龙

2米

1856年，美国早期的古生物学家约瑟夫·莱迪在描述伤齿龙的时候手头的标本只是一枚带有锯齿形边缘的牙齿，因此其名字意为“造成伤害的牙齿”。他最初认为伤齿龙是一种蜥蜴，但是随后的工作显示它是一种恐龙——已发现的最聪明的恐龙。它的大脑是其他同体型恐龙的6倍重，与一只现代鸸鹋差不多。中耳腔很大，所以听力非常敏锐。一只耳朵比另外一只稍微高一点，这种情况只见于猫头鹰。它有一双异常巨大、朝向前方的眼睛，使它在黑暗的条件下也有双眼立体视觉，非常适于在夜间追逐猎物。它也许会趁年轻鸭嘴龙睡觉的时候发动袭击：人们在一些年幼的埃德蒙顿龙（*Edmontosaurus*）化石上发现了伤齿龙的咬痕。

伤齿龙是长腿的跑步健将，每只脚上都有一枚可缩回的致命大爪，很可能还长着羽毛。伤齿龙科以它的名字而得名，这类小型兽脚类恐龙占据了拥有恐怖利爪的驰龙科恐龙与鸵鸟一样的似鸟龙科恐龙之间的生态位。伤齿龙标本在美国的蒙大拿州、怀俄明州，加拿大的艾伯塔省，甚至远至北方的美国阿拉斯加州都有发现。有趣的是，阿拉斯加的化石比别处的要大，可能长达4米，而其他地方的只有2米。这可以归因于环境因素：自19世纪中期以来人们就知道，生活在高纬度地区的动物比赤道附近的相似种属长得更大。一种比较合理的解释是生长在寒冷气候下的植物含有更多的氮元素，所以更有营养。这使植食性动物长得更大，进而影响到捕食它们的兽脚类恐龙的体格。

Borogovia gracilicrus

细腿无聊龙

2 米

“空洞巨龙光滑如菱鲆，蜿蜒蠕动；缠绕如藤萝，转动裕如；摹仿诚可信，真伪难辨；反应虽敏捷，难掩愚蠢。”①

刘易斯·卡罗尔的诗《贾巴沃克》（*Jabberwocky*）就是这样开头的，它收录在《爱丽丝镜中奇遇记》里，是一首公认的经典打油诗，里面描写了卡罗尔通过瑰丽的想象创造出来的奇幻动物园。书中后来提到困惑的爱丽丝从蛋先生手上得到了一份翻译，他解释说诗中提到的“borogove”是一种瘦而邋遢的鸟，羽毛向四周炸开——像个会动的拖把。

当波兰古生物学家哈兹卡·奥斯穆尔斯卡为一只发现于戈壁沙漠的有羽毛的小型伤齿龙命名的时候，她决定把“borogove”变成现实。无聊龙是一种像鸟一样的鬼鬼祟祟的猎食者，喙里长满了小而尖利的牙齿，非常适合捕捉小型蜥蜴和哺乳动物。尽管它的正型标本只有后肢骨，但是看上去与蜥鸟龙（*Saurornithoides*）差不多——只是像种名提到的一样腿更纤细一些，在第二趾上还有一根更直的致命大爪。至于它的羽毛是否像蛋先生说的那样向四周炸开，只有找到更好的化石才能知道了。

① 此诗原文为英语文字游戏，难以准确翻译，此译文引自刘易斯·卡罗尔:《爱丽丝漫游奇境记》，北京：北京燕山出版社，2018年。——编者注

白垩纪

期	
马斯特里赫特期	晚
坎潘期	晚
三冬期	晚
康尼亚克期	晚
土仑期	晚
塞诺曼期	晚
阿尔布期	早
阿普特期	早
巴雷姆期	早
欧特里夫期	早
凡兰吟期	早
贝里阿斯期	早

肉食性

蒙古

白垩纪

马斯特里赫特期	晚
坎潘期	
三冬期	
康尼亚克期	
土仑期	
塞诺曼期	
阿尔布期	早
阿普特期	
巴雷姆期	
欧特里夫期	
凡兰吟期	
贝里阿斯期	

植食性

美国犹他州

Utahceratops gettyi

盖氏犹他角龙 和

当研究者们在2010年报道了华丽角龙并宣称它是已发现的装饰最为繁复的恐龙时，美国古生物学家对最后的未知领域之一的探索热情被重新点燃了。

白垩纪时期，西部内陆海道在2,700万年的时间里将美国分割成了两块大陆：西边是拉腊米迪亚（Laramidia），这是从现代的阿拉斯加州延伸到墨西哥的一条细长的大陆；东边较大的一块陆地称为阿巴拉契亚（Appalachia）。在拉腊米迪亚大陆上的每一个新发现都使它日益成为白垩纪时期最大的恐龙热点地区之一，华丽角龙及其同辈犹他角龙的发现更是证明了这一点。它们都属于角龙中的开角龙类，而且化石都是在犹他州的大阶梯—埃斯卡兰特国家遗迹发现的。这个7,689平方千米的地区之所以这样称呼，是因为它是由一系列的悬崖和高原组成的，合在一起看就像是一段巨大的阶梯，一步步向下延伸到大峡谷。大约7,500万年前，这里属于拉腊米迪亚大陆的南部，紧邻着内陆海道，植被郁郁葱葱，到处都是沼泽。今天这里干旱而贫瘠，被认为是美国恐龙研究最后的神秘之地。为了寻找华丽角龙和犹他角龙，犹他州自然历史博物馆的古生物学家们在恶劣的环境中长途跋涉，然后雇佣直升飞机把化石运走。不过所有付出都是值得的，华丽角龙由于奇特的外貌在报道的时候得到了更多的关注。它巨大的2米长的头骨上有15只角，在鼻子和每只眼睛上各有一只，每一侧的脸颊上也各有一只，在前额上有一列共10根小棘刺，其中8根向前，好似一条骨质的褶边。

7米

Kosmoceratops richardsoni

里氏华丽角龙

5米

犹他角龙站立起来有2米高，比华丽角龙高50厘米，但是没有那么夸张的装饰。不过它们两个都是非常重要的。第一，它们的骨骼保存得近乎完整，有助于我们了解角龙的解剖结构；第二，它们增加了一个相对小的区域内的已知恐龙种属的密度。论文的第一作者斯科特·桑普森（Scott Sampson）博士描述了这项发现，他说：“今天，我们有少量从犀牛到大象那么大的哺乳动物生活在非洲。目前看来，似乎有至少15到20种同样大小的动物生活在7,600万年前的拉腊米迪亚大陆，尽管这块大陆的面积还没有非洲的五分之一大。”

第三个原因是它们与拉腊米迪亚大陆北部的角龙在解剖结构上有明显的不同，这使古生物学家们更加确信这块大陆有两个不同的演化中心。第四，它们增加了我们对角龙具有奢华装饰的头骨的认识，特别是华丽角龙。桑普森博士将其比作鹿角：“大多数离奇的装饰对于防御猎食者来说没什么用。它们更有可能是用来恐吓或打退同性的竞争者，同时也可以吸引异性个体。”

白垩纪

马斯特里赫特期	晚
坎潘期	
三冬期	
康尼亚克期	
土仑期	
塞诺曼期	
阿尔布期	早
阿普特期	
巴雷姆期	
欧特里夫期	
凡兰吟期	
贝里阿斯期	

植食性

美国犹他州

华丽角龙
两只具有奢华装饰的华丽角龙正在激烈争斗，一群有羽毛的伤齿龙类的塔罗斯龙（*Talos*）在一旁围观。

白垩纪

白垩纪	
马斯特里赫特期	晚
坎潘期	晚
三冬期	晚
康尼亚克期	晚
土仑期	晚
塞诺曼期	晚
阿尔布期	早
阿普特期	早
巴雷姆期	早
欧特里夫期	早
凡兰吟期	早
贝里阿斯期	早

植食性

美国蒙大拿州

Maiasaura peeblesorum

皮氏慈母龙

这种巨大的鸭嘴龙有一张宽阔的鸭子一样的嘴和一个有冠的脑袋，但最为人熟知的是它的母性本能。美国古生物学家杰克·霍纳和鲍勃·梅克拉（Bob Makela）于1979年在绰号为“蛋山”的地点发现了它的化石，给它起了“好妈妈蜥蜴”这个名字。蛋山是蒙大拿州落基山脉里的一片高原，散布着许多石化的恐龙蛋窝（见第120页）。那里不仅有葡萄柚大小的破碎的恐龙蛋，还有幼年慈母龙的化石。在其他恐龙的集群繁殖地点也发现过幼年恐龙化石，但是慈母龙幼崽的年龄是其他恐龙幼崽的两倍，说明慈母龙会花很长时间照料幼崽。在两个繁殖期之间的日子里，可能有多达1万只慈母龙穿越美国西部的平原，以树叶和果子为食。如果你对它的名字为什么以“saura”而不是以更常用的“saurus”结尾感兴趣的话，答案是前者是阴性而后者是阳性的，并且巢边的大部分慈母龙成体化石被认为是雌性的。由于大多数恐龙化石都不能判定性别，那么以阴性形式出现的恐龙名称比现在更多一些似乎才更公平。慈母龙也是第一只进入太空的恐龙。1985年，一位名叫洛伦·阿克顿（Loren Acton）的蒙大拿出生的航天员在参加一次航天任务时携带了一块来自家乡的慈母龙化石。

Abelisaurus comahuensis

科马约阿贝力龙

目前只发现了这种肉食性恐龙的一个可怕的头骨，但是人们却用它的名字来命名一个在侏罗纪和白垩纪时期横行于南半球的可怕的肉食性恐龙家族。现在我们称为阿贝力龙类的恐龙早在20世纪初就已经为人所知了，不过直到20世纪80年代初期，人们在发现了阿贝力龙和食肉牛龙之后才把它们联系起来。它们共同的特征包括比大多数兽脚类恐龙都要小的牙齿，头骨上有带皱纹的区域，强而有力的脖子和非常短小的前肢。由于化石非常残缺，描述阿贝力龙是很困难的，但是古生物学家们怀疑它是这个家族的原始成员。其83厘米长的头骨尽管不完整，却有巨大的被称为颞孔（fenestrae，意思是窗户）的开口。这些开放的空洞减轻了头部的重量，令它既可以拥有一个长满小而尖利的牙齿的巨大颌部，还不会因为头部过重而失去平衡。这个属的名称是纪念罗伯特·阿贝尔（Robert Abel）的，他是展览这枚头骨的阿根廷博物馆前馆长，种名则是指化石的发现地，巴塔哥尼亚的科马约（Comahue）。

白垩纪

期	
马斯特里赫特期	晚
坎潘期	
三冬期	
康尼亚克期	
土仑期	
塞诺曼期	
阿尔布期	早
阿普特期	
巴雷姆期	
欧特里夫期	
凡兰吟期	
贝里阿斯期	

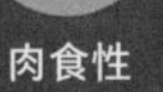

阿根廷

白垩纪

马斯特里赫特期	晚
坎潘期	
三冬期	
康尼亚克期	
土仑期	
塞诺曼期	
阿尔布期	早
阿普特期	
巴雷姆期	
欧特里夫期	
凡兰吟期	
贝里阿斯期	

肉食性

蒙古

Velociraptor mongoliensis

蒙古伶盗龙

想象这样一幅场景：一群原角龙在蒙古的沙漠里沉沉睡去，大地被皎洁的明月镀上了一层银白色。一切都似乎……但这只是错觉而已，一只小小的猎食者紧盯着一头熟睡的原角龙，正趁着夜色悄悄地靠近。伶盗龙凭借娴熟的爪和牙的双重进攻得到了猎物。它是晚白垩世最有效率的小型猎食者之一，也是第一种被鉴定出来的驰龙类恐龙，我们对其相貌和生活方式都非常了解。

首先，不管你在《侏罗纪公园》里得到了怎样的印象，伶盗龙都是一种小型的带羽毛的恐龙，而非个头巨大且身披鳞片。不过尽管伶盗龙不能推断出怎样扳动门把手，但它的智力在恐龙当中确实名列前茅。劳伦斯·威特莫（Lawrence Witmer）教授，一位研究恐龙脑部的专家，认为它的智力与现代的植食性鸟类相当。它很可能会吃任何可以吃掉的东西，甚至是自己的同类：有一具标本上还带有伶盗龙的咬痕。我们之所以知道它会捕食原角龙，是因为曾经发现过一件非常令人惊讶的化石：1971年在蒙古发现的“战斗的恐龙”，两只恐龙被定格在了一场致命的扭打中。伶盗龙将自己左脚上的“致命大爪”刺进了原角龙的脖子，同时用左手抓住对方的脸。而植食性的原角龙则用坚硬的喙紧紧地咬住了猎食者的右臂，通过这样的方式来保护自己。人们认为它们杀死了对方，然后很快被流沙所掩埋。

我们也有很好的证据说明伶盗龙是夜行性动物。对巩膜环（眼睛周围的环状骨头，连接着用于调节进入瞳孔光量的肌肉）的分析表明它在夜间也能看得很清楚。

最后我们知道它长着真正的羽毛，就像你在今天的鸟类身上看到的那样。2007年，人们发现了一段前肢骨，上面布满了小凹口，这是羽轴连接骨头的地方（见

2.5米

第83页）。1923年，美国自然历史博物馆的研究人员到戈壁沙漠去追踪人类的起源时，就开始搜集伶盗龙的信息。尽管没有达到最初的目的，但是他们找到了许多迷人的动物化石，其中包括一个压扁的头骨和一枚独特的镰刀状大爪。一年之后，博物馆馆长亨利·费尔菲尔德·奥斯本创造了最令人难忘的恐龙名称之一：它的意思是“快速的猎手”，非常适合这种充满活力的、有侵略性的似鸟猎食者。

正在发生变化的大陆

晚三叠世

在地球历史的漫漫长河中，所有的大陆曾经组成过一个巨大的陆块，然后分裂开、再合并，如此这般循环了多次。在三叠纪时期，它们联合成一个叫作盘古大陆（Pangaea，意思是“整个地球”）的超级大陆。南美洲和非洲组合在一起，再加上南极洲、印度和澳大利亚，形成了盘古大陆的南部，又叫作冈瓦纳古陆。盘古大陆位于赤道以北的部分叫作劳亚古陆，包括北美洲、欧洲和亚洲（不包括印度）。包围着盘古大陆的是泛大洋（Panthalassa，意思是“所有的海洋”），包括西部的太平洋和东部的特提斯洋。盘古大陆存在于大约3亿年前到2亿年前之间。

晚侏罗世

侏罗纪时期，盘古大陆的各个组成部分开始逐渐分裂。冈瓦纳古陆和劳亚古陆相互分离，太平洋和特提斯洋连接在一起，在北方和南方大陆之间形成了一个独立的海洋。现代的南美洲和非洲开始分开，同时北美洲和欧洲也逐渐分离：现在的英国位于一列小岛的北方，那些小岛连接起来形成了今天的欧洲大陆。这个时期南极洲和澳大利亚仍然连在一起。随着大块的陆地碎裂成较小的陆地和海岛，气候变得更加湿润，恐龙因此而繁荣。

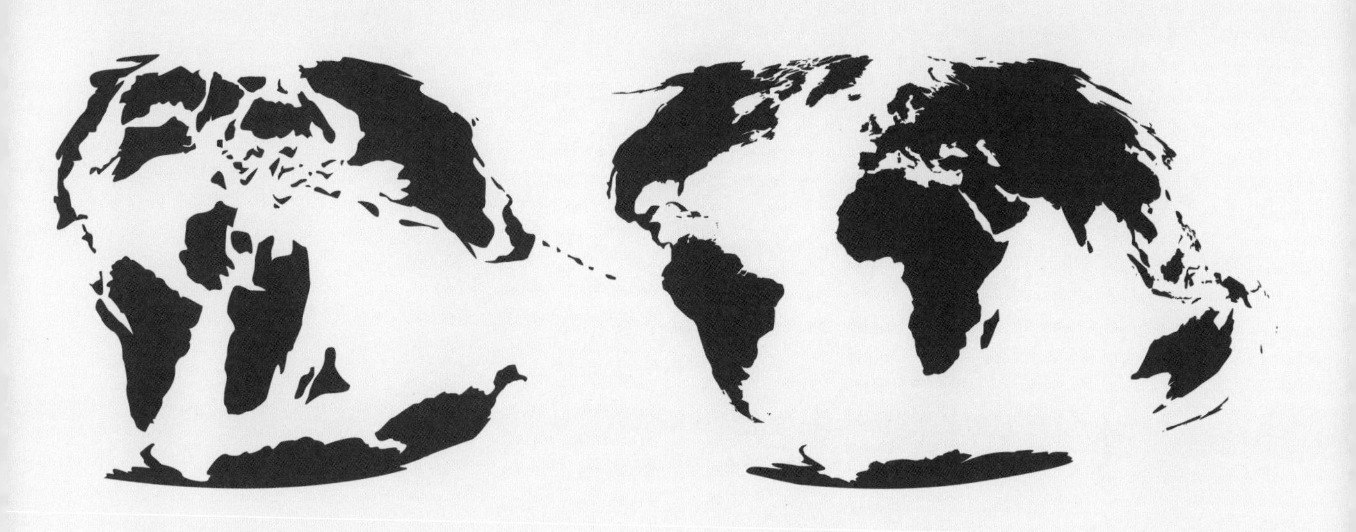

晚白垩世

晚白垩世时期，世界开始呈现出我们今天所熟悉的样貌。澳大利亚几乎完全离开南极洲了，同时非洲和南美洲也彻底分离。非洲西北部形成了一个岛屿，与非洲其他部分隔开。马达加斯加从非洲的东海岸分离开，与之相邻的是朝着北方漂移、向亚洲而去的印度。北美洲被西部内陆海道分成了两个区域：东边的是阿巴拉契亚，另一块叫作拉腊米迪亚的狭长陆地是包括暴龙类、角龙类、鸭嘴龙类和蜥脚类在内的许多恐龙的家园。

现代世界

白垩纪

马斯特里赫特期	晚
坎潘期	
三冬期	
康尼亚克期	
土仑期	
塞诺曼期	
阿尔布期	早
阿普特期	
巴雷姆期	
欧特里夫期	
凡兰吟期	
贝里阿斯期	

杂食性

加拿大艾伯塔省

Dromiceiomimus samueli

赛氏似鸸鹋龙

属名意思是
“鸸鹋模仿者”

似鸸鹋龙是已知跑得最快的恐龙吗？根据计算，肌肉发达的长腿使它能够以每小时80千米的速度奔跑，对于比它大的兽脚类恐龙来说，这是一个棘手的目标。它的小腿比大腿长，适合短距离冲刺。从比例上来说，其他似鸟龙类恐龙都没有像它这样长的小腿。几乎可以肯定似鸸鹋龙是一个杂食者，但很可能不是用速度来追踪猎物。它那细长的像鸵鸟一样的喙适合取食植物和小的动物：蜥蜴，小型哺乳动物，也许还有昆虫。巨大的眼睛说明它可以在昏暗的光线下捕捉这些猎物。名字的意思是“鸸鹋模仿者”，与其他似鸟龙类恐龙一样，它一定非常像鸵鸟或鸸鹋，只是长有一条大尾巴和带有尖细手指的长长的手臂。然而，似鸟龙类恐龙的分类是比较混乱的，一些古生物学家现在认为似鸸鹋龙是似鸟龙（*Ornithomimus*）的一个种。

3.5米

Mononykus olecranus

鹰嘴单爪龙

白垩纪

期	
马斯特里赫特期	晚
坎潘期	
三冬期	
康尼亚克期	
土仑期	
塞诺曼期	
阿尔布期	早
阿普特期	
巴雷姆期	
欧特里夫期	
凡兰吟期	
贝里阿斯期	

90厘米

虫食性

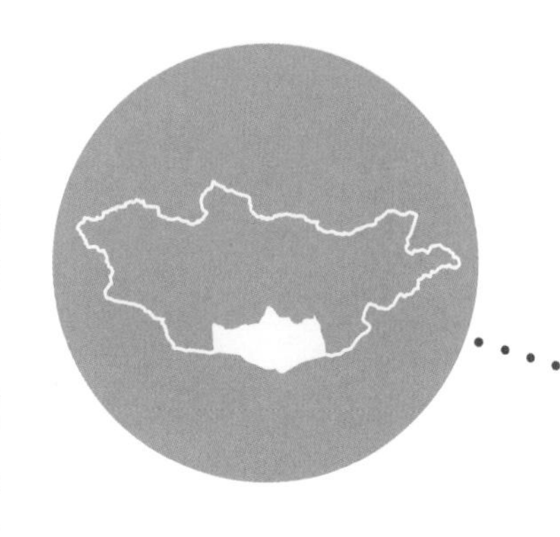

蒙古南戈壁省

因为手部只剩下一枚单指和非常小的第二和第三指，单爪龙成为进步兽脚类恐龙中最怪异、最特别的一支。1993年发现的这种恐龙给古生物学家们出了一道难题：它那奇怪的“手”是用来干什么的？古生物学家菲尔·森特（Phil Senter）最近研究了单爪龙的前肢骨，并于2005年发表了研究成果，研究显示它的前肢并不像一些人猜测的那样用于挖洞。这是有道理的，单爪龙长长的脖子、腿和尾巴对于这种生活方式来说显然是个障碍，它们更适于在蒙古的沙漠里快速奔跑；轻盈的身形也与典型的掘穴动物，如鼹鼠形成鲜明对比。森特的工作表明，单爪龙手和手臂的活动范围与食蚁兽和穿山甲相仿——因此可以推断单爪龙和其他阿尔瓦雷兹龙类恐龙是晚白垩世的食蚁兽。

单爪龙最初被认为是一种不会飞的鸟类，后来它那些与鸟类相似的特征——如愈合的手部骨骼——被认为是独立演化出来用于挖掘的。1996年又发现了一个相关的属：巴塔哥尼亚爪龙（*Patagonykus*），也有一个长着单指的手，然而是单爪龙的两倍大。人们将后来发现的阿尔瓦雷兹龙与这两种恐龙进行了对比，结果显示这种兽脚类恐龙与前两者也有亲缘关系。阿尔瓦雷兹龙命名之后就建立了阿尔瓦雷兹龙科（Alvarezsauridae），单爪龙和巴塔哥尼亚爪龙都被移入这个科里，随后同样怪异的长羽毛的食虫恐龙，如鸟面龙和足龙也加入进来。

Teratophoneus curriei

柯氏怪猎龙

6米

虽然“怪异的杀手”是近年来创造的较为吓人的恐龙名称之一，但是与它的后裔们相比，这个名字并不那么适合怪猎龙：这种暴龙类恐龙的体重只有暴龙的十分之一。然而，2011年这种恐龙在犹他州的大阶梯—埃斯卡兰特国家遗迹的发现，以及一年以前在新墨西哥州对虐龙的报道，帮助人们填补了暴龙类演化史上的空白，并且使暴龙类的分布区域扩大到美国西南部。

怪猎龙的头骨小得不同寻常，牙齿数目也减少了，而虐龙长得更大，牙齿数量比暴龙还多，总共有令人吃惊的64颗弯曲

白垩纪	
马斯特里赫特期	晚
坎潘期	
三冬期	
康尼亚克期	
土仑期	
塞诺曼期	
阿尔布期	早
阿普特期	
巴雷姆期	
欧特里夫期	
凡兰吟期	
贝里阿斯期	

肉食性

美国犹他州

Bistahieversor sealeyi

和　　希氏虐龙

且边缘有锯齿的尖牙。名字的意思是“比斯塔提的破坏者”，这是出土虐龙部分骨骼和头骨的新墨西哥州荒原在纳瓦霍语里的名字。

这两只恐龙构成了暴龙复兴史的一部分，这次复兴始于2005年，发生在美国东部，在此期间命名了近30年以来在北美洲发现的第一只暴龙。

白垩纪	
马斯特里赫特期	晚
坎潘期	
三冬期	
康尼亚克期	
土仑期	
塞诺曼期	
阿尔布期	早
阿普特期	
巴雷姆期	
欧特里夫期	
凡兰吟期	
贝里阿斯期	

肉食性

9米

美国新墨西哥州

和

马斯特里赫特期	晚
坎潘期	
三冬期	
康尼亚克期	
土仑期	
塞诺曼期	
阿尔布期	早
阿普特期	
巴雷姆期	
欧特里夫期	
凡兰吟期	
贝里阿斯期	

肉食性

美国阿拉巴马州

Appalachiasaurus montgomeriensis

蒙哥马利阿巴拉契亚龙

阿巴拉契亚龙发现于今天美国的阿巴拉契亚山脉——准确地说是阿拉巴马州的蒙哥马利县（Montgomery）——不过阿巴拉契亚也是白垩纪时期西部内陆海道东侧的那块岛屿大陆的名字。这件标本是在美国东部发现的最完整的兽脚类恐龙，是个7米长的亚成年个体，所以完全长成的成年个体应该更大。它属于暴龙科（Tyrannosauridae）的艾伯塔龙亚科——其他成员还包括蛇发女怪龙（*Gorgosaurus*）和艾伯塔龙。

在怪猎龙、虐龙和阿巴拉契亚龙出现以前，人们已知的暴龙类都生活在美国西部，时代上晚700万年。

7米

马斯特里赫特期	晚
坎潘期	
三冬期	
康尼亚克期	
土仑期	
塞诺曼期	
阿尔布期	早
阿普特期	
巴雷姆期	
欧特里夫期	
凡兰吟期	
贝里阿斯期	

肉食性

加拿大艾伯塔省
和美国蒙大拿州

Daspletosaurus torosus

强健惧龙

虽然在暴龙家族中体型不算大，生活时代也比暴龙早了1,000万年，但是其牙齿与头骨长度的比值却比暴龙还大。与更著名的亲戚一样，惧龙的咬力也可以粉碎骨头——1米长的头骨布满了开口，里面附着强有力的肌肉。它的眼睛朝向前方，能更好地追踪猎物的行动；嗅觉和听觉都很敏锐；所有感官都是用来确保没有潜在的猎物可以逃脱它的注意。它的体格强健，短而有力的手臂上长有两根指头：在惧龙身上已经可以见到暴龙的模板了。

惧龙和它的远亲蛇发女怪龙一起统治着北美西北部的海岸森林。查尔斯·M.斯腾伯格（Charles M. Sternberg）于1921年在加拿大的艾伯塔省首次发现它的化石。2005年，在美国蒙大拿州发现了一只巨型成年个体、一只亚成体和一只幼体，同时还有5只骨骼上带有惧龙咬痕的鸭嘴龙，这些惧龙似乎是群体猎食的，然后在吞食猎物的时候死亡。如果真的合作过，那也许是因为它们知道这是最有效的猎食方式，而并非因为是社会性动物：在其骨头上也发现了其他惧龙牙齿造成的凿痕和刮痕。一些专家认为它们更有可能是加入了一场任何人都可以自由参加的捕食狂欢，就像今天的科摩多龙①那样。与那些现代蜥蜴一样，在这个过程中它们也会互相攻击，杀死甚至吃掉对方。

① 科摩多龙：生活在印度尼西亚的科摩多岛上的一种巨型蜥蜴，为肉食性动物，有时也会吃同类的幼体。——编者注

Shantungosaurus giganteus

巨型山东龙

这种平头鸭嘴龙是史上最大的两足动物，目前已经发现了大量的骨骼，使人们对这种巨型生物的外貌有了大致的认识：它有一个1.5米长的、长有鸭嘴的头部，颌骨里埋藏着大约1,500枚适合磨碎植物的细小牙齿，体重相当于两头大象。这种体量在蜥脚类恐龙里面不算特别，但在其他任何恐龙里都是出类拔萃的。所有的化石都是在中国山东省同一个采石场里发现的，说明山东龙是群居的，也许是为了防范特暴龙这样的猎食者。与其他平头鸭嘴龙，例如埃德蒙顿龙一样，它的鼻孔周围有一块凹下去的区域，可能覆盖着一片皮肤，在充气膨胀的时候可以发出声音，使它们能够互相发出警报。巨型山东龙是1973年由中国古生物学家胡承志报道的，它可能大部分时间都是用4条腿走路的，不过肯定也会两足行走。由各块骨头的模具铸造出来的一具壮观的模型在山东省博物馆里俯视着前来参观的游人。

白垩纪

期	
马斯特里赫特期	晚
坎潘期	
三冬期	
康尼亚克期	
土仑期	
塞诺曼期	
阿尔布期	早
阿普特期	
巴雷姆期	
欧特里夫期	
凡兰吟期	
贝里阿斯期	

植食性，吃较高的植物

中国山东省

白垩纪

马斯特里赫特期	晚
坎潘期	
三冬期	
康尼亚克期	
土仑期	
塞诺曼期	
阿尔布期	早
阿普特期	
巴雷姆期	
欧特里夫期	
凡兰吟期	
贝里阿斯期	

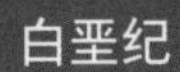

肉食性

马达加斯加马哈赞加省

Masiakasaurus knopfleri

诺氏恶龙

像匕首一样的前下颌齿从恶龙的嘴里直直地伸出来，使这种恐龙在小型肉食性恐龙里显得与众不同。它的发现者最初感到很迷惑——他们不能确定它是不是一只恐龙，直到观察了整个颌骨，并发现前面4颗牙齿逐渐地由近水平变成直立，而后部的牙齿则在兽脚类恐龙中更加典型。那么为什么前部的牙齿长得这么奇怪呢？要想弄清一种灭绝动物为什么演化出某种特定的结构，一个好的做法就是观察如今仍然存在的可以与之对比的动物的行为。在今天的南美洲生活着一小群奇怪的有袋类哺乳动物，名叫鼩负鼠，它们也有类似的尖牙，用来叉住昆虫，后面的牙齿则用来咬和咀嚼。人们猜测相比之下较大的恶龙也用类似的方法捕捉鱼类和小型脊椎动物。

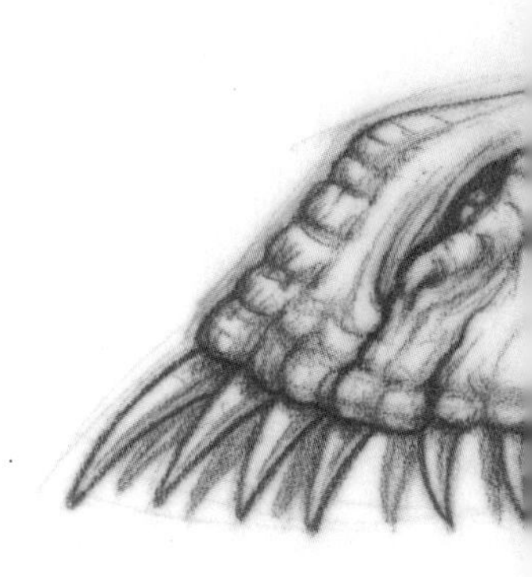

恶龙是2001年在马达加斯加发现之后被描述的："masiaka"在马达加斯加语里是"邪恶"的意思，种名则表明犹他州立大学的研究人员在挖掘恶龙的颌骨、一些肢骨和脊椎时听的是恐怖海峡乐队的音乐[①]。在2011年又有了新的发现，使人们了解到三分之二恶龙骨骼的情况，大大加深了专家们对恶龙的认识。它属于阿贝力龙中的西北阿根廷龙类，这是阿贝力龙类中的一个小分枝。阿贝力龙类包括强有力的、流线型的食肉牛龙和阿贝力龙。这些进步的种属因细小的手臂和短而钝的头部而著名，但是较小且较原始的恶龙的手臂是用来抓握的，头部又低又长。

在晚白垩世期间，马达加斯加有2,000万年的时间处于岛屿的状态，它从印度分离出来，漂向非洲。跟今天一样，这块地方有许多奇怪的动物：比如猪鼻鳄鱼（*Simosuchus*），一种小型的鼻子像哈巴狗的植

① 恐怖海峡乐队的主唱名叫Knopfler。——编者注

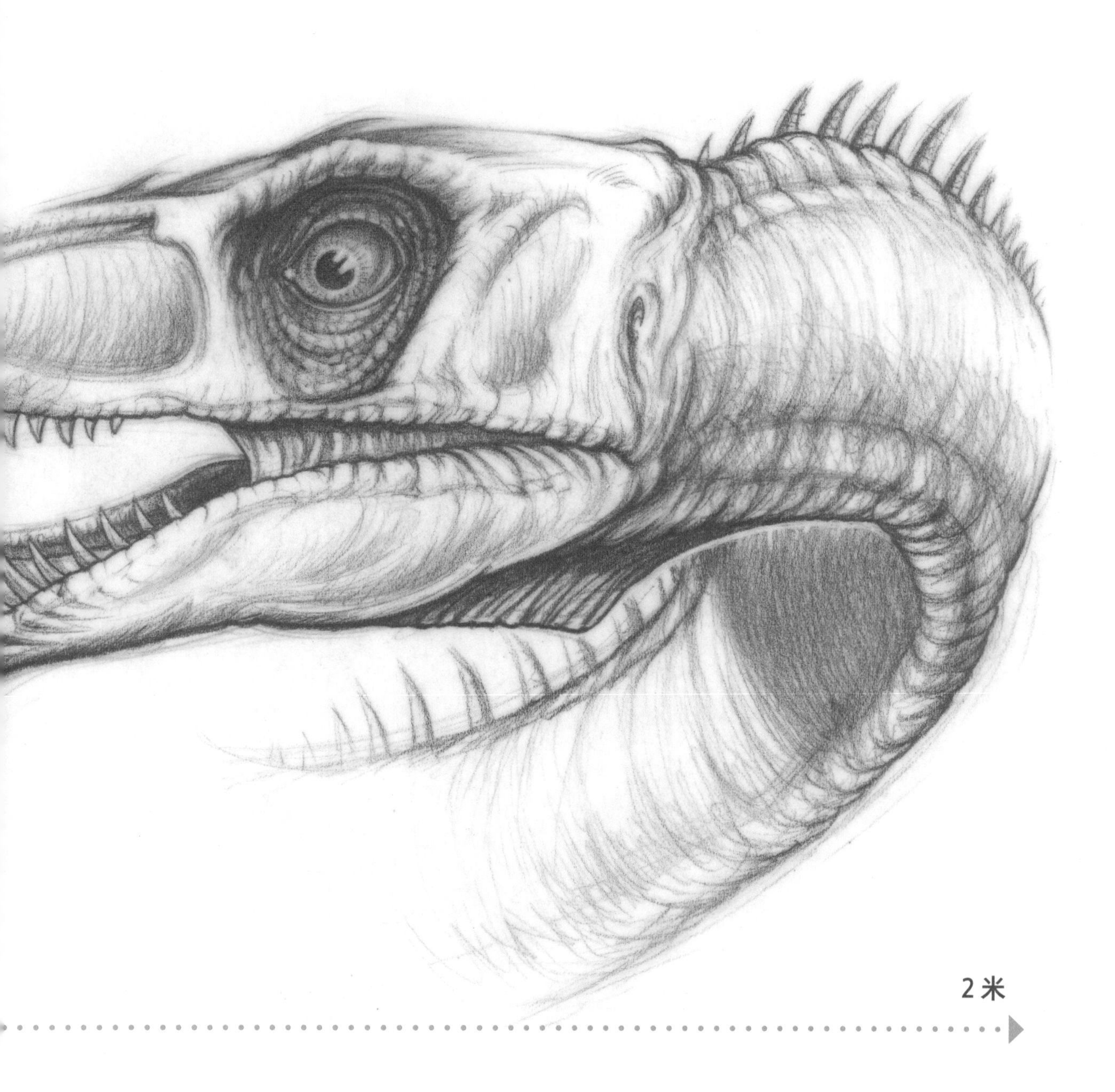

食性鳄鱼；或是胁空鸟龙（*Rahonavis*），一种还不能确定是鸟还是会飞的驰龙类恐龙的生物。确定生活在马达加斯加的是玛君龙（*Majungasaurus*），它很可能会捕食恶龙，因为在恶龙骨头上找到了齿痕。

白垩纪

期	
马斯特里赫特期	晚
坎潘期	
三冬期	
康尼亚克期	
土仑期	
塞诺曼期	
阿尔布期	早
阿普特期	
巴雷姆期	
欧特里夫期	
凡兰吟期	
贝里阿斯期	

肉食性

马达加斯加

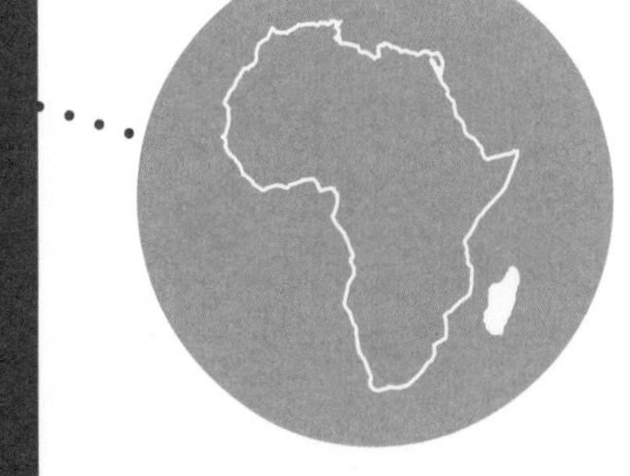

凹齿玛君龙

虽然玛君龙可能会捕食恶龙，但可以确定的是它也会吃自己的同类——它是唯一确定的同类相食的恐龙［尽管有些证据表明惧龙（见第272页）和暴龙（见第302页）也会这么做］。许多玛君龙的骨头上都带有与其粗而有力的牙齿在尺寸、间距和锯齿状突起等方面相吻合的咬痕，而在马达加斯加还没有发现另外的跟它一样大小的肉食性恐龙。相同的痕迹也出现在这座岛屿的蜥脚类恐龙的骨头上。虽然玛君龙在兽脚类恐龙中并不算大，但在白垩纪时期，它是这座岛上的顶级猎食者。

作为一种阿贝力龙类的恐龙，玛君龙的头部很宽，头上有个小角，姿态是与地面平行的。2007年，美国古生物学家斯科特·桑普森和劳伦斯·威特默对它的头骨进行了数字扫描，通过检测用来维持平衡的半规管重建了它的行走姿态。它的内耳有3个半规管，其中侧面的一个在头部处于警戒状态时是与地面平行的——就像玛君龙脑袋里的天然水平仪。当他们使玛君龙脑袋里的半规管与地面平行时，它的头部几乎是水平的；相比之下大多数兽脚类恐龙的头部在警戒时是向下的。威特默对恐龙头骨的三维数字扫描（正确地说应该叫X射线电脑断层摄影）使人们更加细致地了解到其脑部形态和大小，进而推断出可能的走路姿态、感官和行为。与透过厚厚的石头进行观察相比，这种方法节约了许多劳力，破坏性也小得多！

与大多数阿贝力龙类的恐龙一样，玛君龙的

手臂也非常小；它用强有力的颌部来展开攻击。它的牙齿非常适合咬进蜥脚类恐龙的肉里，一旦咬住猎物后就用健壮的脖子来回摇动，使猎物受到致命的伤害。猎杀结束后，它就从尸体上扯下大块的肉。与鲨齿龙类细长的、匕首一样的牙齿相比，玛君龙的牙齿更适合从活着的动物的侧腹咬下肉片来。

它的腿异常健壮，却非同寻常地短，因此重心较低，奔跑速度也较慢——但它只需要比追踪的蜥脚类恐龙，比如掠食龙（*Rapetosaurus*）快就可以了。

玛君龙的化石是1895年被试图从英国人手上收回马达加斯加的法国士兵发现的。第二年，玛君龙被错误地归入斑龙。1955年又发现了一部分新的化石，玛君龙才有了现在这个名字，指的是化石的发现地在马达加斯加，但是直到1996年发现了一个保存精美的头骨后，人们才对这种恐龙有了更加精确的认识。从那以后，更多的标本使人们了解到玛君龙近乎完整骨骼的样貌。

白垩纪

马斯特里赫特期	晚
坎潘期	
三冬期	
康尼亚克期	
土仑期	
塞诺曼期	
阿尔布期	早
阿普特期	
巴雷姆期	
欧特里夫期	
凡兰吟期	
贝里阿斯期	

植食性

美国南达科他州

Dracorex hogwartsia

霍格沃兹龙王龙 和

任何熟悉哈利·波特系列书籍或电影的人都知道，霍格沃兹魔法学校的学生们经常需要应付来自喷火龙的不友好骚扰。2006年，当鲍勃·巴克（Bob Bakker）要为一只肿头龙起名字的时候，他的灵感被这只恐龙与西方传说中的喷火龙的相似性激发出来。许多年轻的参观者在看过印第安纳波利斯的儿童博物馆（Children's Museum of Indianapolis）内展示的龙王龙头骨后也都觉得它们很像。

“霍格沃兹的龙王”是一只脸上带刺的鸟臀类恐龙，它在恐龙时代的最末期生活在美国的潮湿森林里。不过尽管拥有一个非同寻常的名字，但更重要的问题是它是否确实是一项新发现——对于许多其他恐龙来说，这个问题有着更为深远的意义。在它被描述之后的第三年，美国古生物学家杰克·霍纳指出，龙王龙根本不是一种新的恐龙，它只是拥有骨质脑袋的肿头龙的幼年个体，头部并没有完全发育成熟。

同样的问题出现在冥河龙身上，这是另外一种长角的像喷火龙一样的两足植食性恐龙，在晚白垩世的南达

Stygimoloch spinifer

多刺冥河龙

3米

科他州啃食灌木和蕨类植物。霍纳的观点得到了一群来自加州大学伯克利分校和他自己的母校蒙大拿大学的研究人员的支持。

霍纳引用了20世纪70年代宾夕法尼亚大学的彼得·达德森（Peter Dodson）的研究成果，他指出鹤鸵在长到成体大小的80%时还没有长出那独特的巨大头冠。如果恐龙也有相同的生长模式，那么把它们想象成会“变形”是说得通的。霍纳提出，它们面部的装饰可能会在成长过程中出现许多种不同的样式。在他看来，龙王龙是一只年轻的未成年个体，冥河龙是接近成熟的个体，而肿头龙是同一种类的完全成熟的个体。龙王龙的口鼻部和头部都长有棘刺；冥河龙的棘刺较少，头盖骨开始增厚；肿头龙则失去了所有的棘刺，并发育出了高达25厘米的巨大骨质穹窿。

白垩纪	
马斯特里赫特期	晚
坎潘期	
三冬期	
康尼亚克期	
土仑期	
塞诺曼期	
阿尔布期	早
阿普特期	
巴雷姆期	
欧特里夫期	
凡兰吟期	
贝里阿斯期	

植食性

美国蒙大拿州、怀俄明州和南、北达科他州

和

肿头龙

……三种拥有骨质头部的恐龙：龙王龙、冥河龙和肿头龙……或者实际上它们是处于3个不同生长阶段的肿头龙？

白垩纪

马斯特里赫特期	晚
坎潘期	
三冬期	
康尼亚克期	
土仑期	
塞诺曼期	
阿尔布期	早
阿普特期	
巴雷姆期	
欧特里夫期	
凡兰吟期	
贝里阿斯期	

植食性

美国蒙大拿州、怀俄明州和南达科他州

Pachycephalosaurus wyomingensis

怀俄明肿头龙

霍纳和他的同事提出了一个引人注目的结论：也许已知的恐龙种类中有三分之一都是其他恐龙的幼体。他们举出的其他例子包括牛角龙（*Torosaurus*），他认为这是一只完全长成的三角龙（见第296页）；以及大鹅龙（*Anatotitan*），据称是较大的埃德蒙顿龙。这是非常有争议的，那些给霍纳想删除的恐龙属种命名的古生物学家们坚称这些属种是有效的。争论可能会一直持续下去。

Alamosaurus sanjuanensis

圣胡安阿拉莫龙

尽管它只有大约20米长，8.5米高，在蜥脚类恐龙中并不算大，但是这种巨龙类恐龙是北美洲已知最大的恐龙。2011年，一项有争议的研究声称它要比现在认为的大得多：根据宾夕法尼亚大学的研究人员的说法，在新墨西哥州发现的两枚巨大的脊椎和一根股骨应该来自一只和阿根廷龙差不多大的恐龙——但是其他专家对这个结论持怀疑态度。早些时候人们在得克萨斯州发现了一只成年阿拉莫龙和两只幼年个体的化石，表明它们可能是以家庭为单位生活的。一项研究提出，在得克萨斯州境内，阿拉莫龙的种群数量在任何时候都可能有大约35万头。得克萨斯州是一片广大的地区，因此这个数字相当于每1.8平方千米内只有一头……但是这种恐龙的数量仍然很多了。附带说一下，它的名字并不是来自阿拉莫战役（Battle of the Alamo，这是得克萨斯州历史上的重要时刻，在这场战役中得克萨斯人和墨西哥人争夺一个罗马天主教传教站的所有权），而是来自化石产出的白杨山（Ojo Alamo）岩层。查尔斯·吉尔摩（Charles Gilmore）在1922年描述并命名了这种恐龙。

白垩纪

马斯特里赫特期	晚
坎潘期	
三冬期	
康尼亚克期	
土仑期	
塞诺曼期	
阿尔布期	早
阿普特期	
巴雷姆期	
欧特里夫期	
凡兰吟期	
贝里阿斯期	

植食性

跨越美国西南部

20米

白垩纪

马斯特里赫特期	晚
坎潘期	
三冬期	
康尼亚克期	
土仑期	
塞诺曼期	
阿尔布期	早
阿普特期	
巴雷姆期	
欧特里夫期	
凡兰吟期	
贝里阿斯期	

植食性

印度

Isisaurus colberti

柯氏伊希斯龙

可以肯定，这是长相最怪异的蜥脚类恐龙之一，这种健壮的巨龙类恐龙的脖子相对较短，但是格外细，而且是垂直的。这样的脖子有什么样的功能尚不清楚，不过有一种说法是上面可以有一些斑纹或特别的颜色用于展示自己。伊希斯龙是在印度中部发现的（它的名字来自印度统计研究院，缩写为ISI，那里保存着大量的化石），最初被描述成巨龙（*Titanosaurus*）的一个种，在2003年又被确定为一个新属。两年以后，科学家们分析了据信来自伊希斯龙的粪化石，并发现它的食谱非常多样，吃许多不同种类的树叶。前肢非常长，可以帮助它够到最顶端的树枝。它与同为巨龙类的耆那龙（*Jainosaurus*）生活在一起，可能都会被印度鳄龙（*Indosuchus*）和胜王龙（*Rajasaurus*，见第286页）捕食。

恐龙粪便——稀有之物

就像恐龙的骨头在漫长的地质年代里变成了石头一样，它们的一些排泄物也是如此。石化的动物粪便叫作粪化石，实际上有极大的研究价值。很自然地，巨大的动物也会产出巨大的粪便：已知最大的粪便有43厘米长，15厘米宽。古生物学家们推测这块特别的粪便是大约6,500万年前的霸王龙遗留下来的。之所以得出这样的结论是因为在里面发现了一些碎骨头——实际上有些古生物学家把大多数时间花在检测动物的排泄物上，以便深入了解该种动物的食谱。从粪化石中可以看出一只恐龙是肉食性、杂食性，还是植食性的——如果在粪便里发现了植物碎屑，就可以知道在恐龙的栖息地上生长着哪些种类的植物。有些时候在粪化石里发现的某种植物可以比人们原先知道的早数百万年，改变了科学家们对植物演化的认识。虽然经常难以确定排粪便的是哪种恐龙，不过有时粪化石也会保存在骨骼化石的肠道区域。19世纪早期，玛丽·安宁在产自多塞特的一条鱼龙化石内找到了一些粪化石，直接提供了关于这种海洋爬行动物食谱的信息。

事实上，对于古生物学家来说，粪化石是十分珍贵的——它们非常难以找到，并且比骨骼化石更能反映出恐龙的饮食习惯。

白垩纪

马斯特里赫特期	晚
坎潘期	
三冬期	
康尼亚克期	
土仑期	
塞诺曼期	
阿尔布期	早
阿普特期	
巴雷姆期	
欧特里夫期	
凡兰吟期	
贝里阿斯期	

肉食性

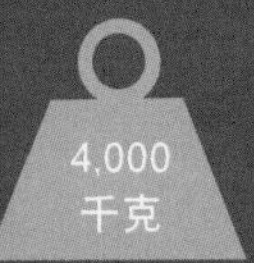

印度

Rajasaurus narmadensis

纳巴达胜王龙

在这只健壮的猎食者头顶上长着一圈王冠状的小角，使它的发现者们感受到了一种皇家气质——所以胜王龙的名字意为“印度王者蜥蜴”。这些角可能是用于展示自己，或者是撞击同类的竞争者，这是头部有角的阿贝力龙类恐龙的普遍行为。

1981年，古吉拉特邦（Gujarat）的一座水泥原料采石场的工人被岩石表面的一些石灰岩“球”迷住了，结果那些东西是恐龙蛋。在此后的3年里，印度地质调查局从下面的一个砂岩层里挖出一个完整的头骨和部分骨骼。2003年，一个由印度和美国科学家组成的研究团队最终确认这些化石代表的是一种新的兽脚类恐龙。头骨的精细保存得益于印度德干大草原的大规模火山活动（这也经常被认为是导致非鸟恐龙灭绝的因素之一，见第316页）。胜王龙生活在一片有着河流、湖泊和植被的土地上；它死掉以后，这里被发出橙色光芒的熔岩流吞噬了。埋藏骨骼的沉积物被熔岩流冷却后形成的火山岩所覆盖，使胜王龙在6,700万年后依然保存完好，激发起印度以及其他地区科学家们的巨大兴趣。

11米

弗兰兹·诺普乔男爵

匈牙利人（1877—1933）

诺普乔是他那个时代最非凡的人物之一，他是特兰西瓦尼亚（Transylvanian）贵族、探险家、间谍，险些当上阿尔巴尼亚国王，最终却沦为一个凶手——然而在那个很少有人认为古生物学是一门值得研究的学科的年代，他却已经是一位严谨的古生物学家了。他是一位才华横溢的学者，22岁那年就做了关于翼龙相貌的报告。他在古生物学上最为不朽的贡献之一就是如今已被证实的理论：罗马尼亚的恐龙之所以变得特别小是因为它们那时生活在一座岛上（见第288页）。诺普乔也支持鸟类与恐龙之间存在联系的观点，并且想要了解恐龙的器官和软组织是怎样运作的，而不是仅仅关注骨骼结构。后来他成为阿尔巴尼亚民族主义的支持者——在那个年代这片地区归奥斯曼帝国——并且试图说服阿尔巴尼亚人把他选为君王，但是没有成功。此后他又陷入到债务危机中，不得不把化石收藏卖给伦敦的自然历史博物馆，并最终在维也纳的公寓里杀死其阿尔巴尼亚男友后自杀。

侏儒恐龙

想象一下一座充满侏儒恐龙的小岛，上面居住着蜥脚类和鸟脚类恐龙，它们看起来挺面熟，只是个子比较小。

快到白垩纪末期的时候，欧洲的大部分地区都在海平面之下，只有一片群岛散落在东欧和地中海沿岸。其中一个今天叫作哈采格岛（Hateg Island），面积约有7.8万平方千米，是一个生活着许多动植物的生机勃勃的地方。这里的化石包括昆虫、鱼类、青蛙、蜥蜴、鸟类、哺乳动物——和恐龙。大约一个世纪以前，弗兰兹·诺普乔男爵开始在罗马尼亚他自己的土地上寻找恐龙化石，注意到它们与在英格兰、德国和北美洲的古老岩层里发现的恐龙之间存在联系，但是有一个奇怪的不同之处：哈采格岛的恐龙要小得多。蜥脚类的马扎尔龙（*Magyarosaurus*），鸟脚类的沼泽龙（*Telmatosaurus*）和查摩西斯龙（*Zalmoxes*）这3个属的体长都只有其他地方其最近亲戚的一半。

他提出这些恐龙都是侏儒而不是幼年个体。2010年，由布里斯托大学的迈克·本顿教授领导的研究小组最终检验了这个理论。他们对这些化石做了仔细的评估，发现它们都愈合得很好，因此不能再生长了，证明确实属于成年恐龙。

这与演化生态学中关于“岛屿定律”的争论吻合。这个理论指出，如果大型动物被隔离在孤岛上，那么它们会变得越来越小，以应对对有限食物资源的竞争。本顿教授指出，在过去的几万年里，有侏儒象生活在地中海的小岛上，隔离也会产生从巴拉乌尔龙身上见到的那些奇怪的特化作用。

Balaur bondoc

健壮巴拉乌尔龙

巴拉乌尔龙是已经发现的最奇特的小型兽脚类恐龙之一，也是在非鸟恐龙时代的最后6,000万年里在欧洲发现的最完整肉食性恐龙。它生活在今天属于罗马尼亚的一座小岛上（见对页），与其他驰龙类恐龙（这是一类凶猛的、高度演化的、有羽毛的猎手，每只脚上有一枚镰刀状大爪）在表面上很相似，但是巴拉乌尔龙在每只脚上有两枚镰刀状大爪，每只手上也有一枚大爪，而且四肢也比已知最近的亲戚伶盗龙健壮得多。巴拉乌尔龙只是比较小，但是更加强壮，并且能够使出大量致命武器。它的前肢相对弱一些，所以人们认为它使用脚上的爪来掏出猎物的内脏。描述这种恐龙的研究团队成员之一斯蒂芬·布鲁萨特（Stephen Brusatte）表示，巴拉乌尔龙"更有可能是一个自由搏击选手而非短跑运动员，甚至有能力击倒比它大的动物，就像今天的许多肉食性动物所做的那样"。1997年，它的化石在发现之时引起了许多困惑。不过，经过一番彻底的研究，它在2010年被评为多年以来在欧洲发现的最令人吃惊的恐龙。其属名是罗马尼亚神话中一只恶龙的名字，"bondoc"则是土耳其语中"健壮"的意思，这也暗示了这种恐龙的祖先可能是在亚洲起源的。

白垩纪

马斯特里赫特期	晚
坎潘期	
三冬期	
康尼亚克期	
土仑期	
塞诺曼期	
阿尔布期	早
阿普特期	
巴雷姆期	
欧特里夫期	
凡兰吟期	
贝里阿斯期	

7,000万—6,500万年前

肉

肉食性

11千克

罗马尼亚

（复原图见背页）

2米

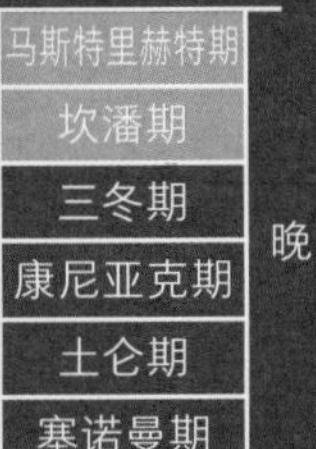

Carnotaurus sastrei

萨氏食肉牛龙

这只“食肉的公牛”在统治晚白垩世的主要肉食恐龙中是跑得最快的。尽管通常它前额上的角比较容易吸引人们的注意力，但是斯科特·帕森斯（Scott Persons）和菲利普·柯瑞在2011年发表的研究成果显示，食肉牛龙最不同寻常的特征其实在身体的另一端。从任何角度来看，它都是一只非常奇怪的兽脚类恐龙——脖子相当长，前肢却小得可怜，霸王龙的前肢与其相比都算发达的，不过它最重要的创新点在尾巴上。帕森斯和柯瑞给他们的文章起了一个令人激动的标题：“恐龙速度之星”。在这篇文章里，他们发现食肉牛龙尾巴的顶端有一列互相锁紧的肋骨一样的骨头，并且把一列独特的脊理解为“附着疤”，这是一对叫作尾股肌的肌肉与骨头相连的地方，每块肌肉另一端的肌腱连接着股骨。他们建立了一个尾部肌肉的数字模型，并发现这些肌肉比其他任何兽脚类恐龙的都大。在跑步的时候，肌肉的收缩会将腿部向上拉——因此尾巴可以给食肉牛龙的大腿提供极强的爆发力，使它的时速达到48千米。因为尾部骨骼得到了加强，所以尾巴异常僵硬，也就意味着食肉牛龙不容易改变奔跑方向。这是其领地内较小的植食性恐龙唯一可以感到安慰的地方。

“因为尾巴是僵硬的，猎手很难迅速、流畅地转弯。”帕森斯在发表这篇文章时解释说，“把你自己想象成生活在史前阿根廷泛滥平原上的一只小型植食性恐龙，你非常不走运地发现自己被一只饥饿的食肉牛龙盯上了。这时最好的办法就是不断地迅速转弯，因为你不可能在直线冲刺中战胜食肉牛龙。”

它是最晚且最特别的阿贝力龙类，这类恐龙腿很短，身体呈流线型，与巨大的鲨齿龙一起统治着南半球，而笨重的巨龙类则统治着北半球。阿贝力龙头骨上的装饰物是最特别的［其他有特殊装饰物的恐龙包括皱褶龙（见第209页）和胜王龙（见第286页）］。古生物学家们对于食肉牛龙角的功能并没有得到一致的结论：一些专家认为它们是用于撞击同类竞争者的；另一些专家则表示它的头骨过于脆弱，不能承受这样的冲击；还有人怀疑它们是用于展示甚至是攻击猎物的。

有一点可以肯定，那就是我们可以排除这种大型兽脚类恐龙拥有羽毛的可能性。一具来自阿根廷的食肉牛龙标本提供了已知最为完整的食肉恐龙的皮肤印痕。这些皮肤印痕显示它的身体覆盖着圆形的鳞片，侧腹长有成排的更大的甲片。它的眼睛向

前，可能有双目立体视觉——在猎手追踪猎物时非常有用——但是仍然不知道它捕食什么猎物以及是怎样捕食的。它的头部较短，下颌较轻，与最大的兽脚类恐龙相比，咬得快但是力量小。它也许利用自己的速度来追踪像鸟一样的植食性恐龙，而把巨大的蜥脚类恐龙留给南方巨兽龙。那些大型的鲨齿龙类恐龙据推测并不挑食，所以有时会把目光转移到较小的食肉恐龙身上也不足为奇，躲避这些恐龙是食肉牛龙短跑功夫的另一大用途。

白垩纪

马斯特里赫特期	晚
坎潘期	
三冬期	
康尼亚克期	
土仑期	
塞诺曼期	
阿尔布期	早
阿普特期	
巴雷姆期	
欧特里夫期	
凡兰吟期	
贝里阿斯期	

植食性

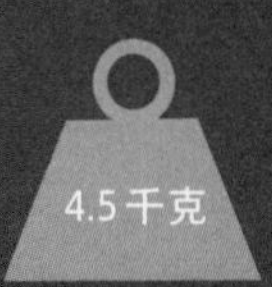

中国山东省

Micropachycephalosaurus hongtuyanensis

红土崖小肿头龙

最长的恐龙名称在1978年授予了已知最小的恐龙之一，在晚白垩世生活于中国的一种只有大个兔子般大小的两足植食性恐龙。它的名字拆分开来其实挺简单：micro-pachy-cephalo-saurus的意思是"小—厚—头—蜥蜴"。由此可知，它是一只小型的拥有骨质头部的恐龙，是更加著名的肿头龙的缩小版。这就是中国古生物学家董枝明在给其命名时的想法。但是它的遗骸非常破碎，只有一块腰带和缺失了脑颅部分的头骨，而只有从脑颅部分才能判断出它是否具有骨质穹窿。2011年，一项由理查德·巴特勒（Richard Butler）领导剑桥大学和英国自然历史博物馆进行的研究表明，红土崖小肿头龙实际上是一种原始的角龙类。

Ankylosaurus magniventris

大面甲龙

7 米

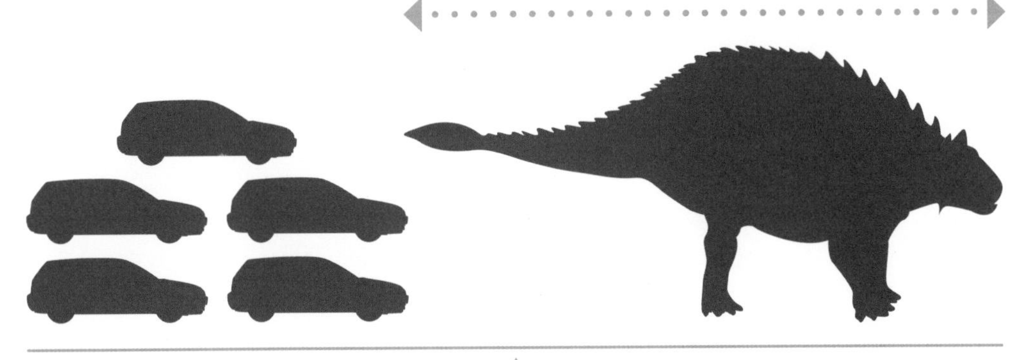

想象一只宽大而矮胖、有一辆小型公交车那么大的野兽，全身覆盖着鳄鱼背上那样满是疙瘩的铠甲，挥舞着末端长有骨锤的尾巴，可以打碎骨头……你就得到了一只与甲龙相似的动物。这些动物非常坚强，而且它们必须这样——有像暴龙那样的天敌，随时准备将其杀死并吃掉。晚白垩世时期，甲龙生活在今天的北美洲西部，甲龙这个类群就是以它的名字命名的，但这个类群分布得更为广泛，生存时间也更长。甲龙类的化石在除了非洲以外的各个大陆都有发现，最早可追溯到早侏罗世。甲龙和它的亲戚们生存到了白垩纪末期，证实了它们的坚韧顽强。到了甲龙类演化的后期，有一种甲龙甚至发展出了骨化的眼睑。甲龙化石一般都是单独发现的，说明它们不是群居的动物。它们缓慢地啃食着植被，脑力并不发达：因此有时被称为白垩纪时期的奶牛。

白垩纪

期	
马斯特里赫特期	晚
坎潘期	
三冬期	
康尼亚克期	
土仑期	
塞诺曼期	
阿尔布期	早
阿普特期	
巴雷姆期	
欧特里夫期	
凡兰吟期	
贝里阿斯期	

美国蒙大拿州、怀俄明州以及加拿大艾伯塔省

白垩纪

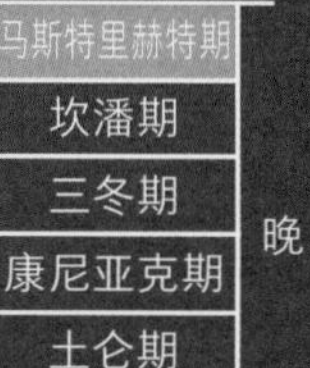

期	
马斯特里赫特期	晚
坎潘期	
三冬期	
康尼亚克期	
土仑期	
塞诺曼期	
阿尔布期	早
阿普特期	
巴雷姆期	
欧特里夫期	
凡兰吟期	
贝里阿斯期	

植食性

美国西部

Triceratops horridus

恐怖三角龙

眼睛上方长着两根巨大的角，鼻子上长着一根较小的角，后颈部还装饰着一片巨大的颈盾，它就是中生代真正的标志之一。任何一个对恐龙产生过兴趣的人都知道三角龙，以及其他一些恐龙，比如暴龙、剑龙和梁龙，每一种都很容易描绘出来。虽然人们熟悉的三角龙是一种庞大的植食性恐龙，巨大的头部到地面的距离超过了一个成人的身高，但是现在的研究表明一只完全长成的三角龙甚至更加巨大。奥斯尼尔·查尔斯·马什在1889年和1890年分别命名了恐怖三角龙和直进三角龙，然而在接下来的一年里他又描述了另一种角龙，其三根角的角度与三角龙不同，头骨在陆地动物里是最长的，喙尖到颈盾后缘的距离达到2.6米。他将其称作牛角龙。2010年，美国古生物学家杰克·霍纳和约翰·斯堪那拉（John Scannella）提出牛角龙是完全长成的三角龙，意味着著名的三角龙仅仅是这种更加壮观的动物的幼年和“亚成年”个体。

牛角龙最值得注意的部分是它颈盾上巨大的洞。斯堪那拉后来对三角龙那看上去无空隙的颈盾做了检测，结果表明在这些空隙出现的位置骨头是比较薄的。如果是这样的话，便巩固了三角龙的颈盾不能用于防御而是用于性展示的观点。那么最夸张的颈盾就属于处于统治地位的雄性，就像公鹿的鹿角那样。霍纳和斯堪那拉的结论没有被普遍接受，不过如果他们正确的话，著名的三角龙的名称还是会保留下来：它比牛角龙要早命名两年。

不管我们今天使用什么名字，三角龙都是晚白垩世数量最多的植食性动物之一。美国西部的地狱溪组岩层永远都能产出新的标本；这个世纪的前十年里，此处出现了47块三角龙的头骨。不像其他一些大型植食性动物，没有证据表明三角龙是群居的；除了3只幼年个体以外，数以百计的已知标本都是单独发现的。它的天敌里有暴龙，在其骨骼上发现过这种肉食性动物的齿痕。石化的皮肤印痕上有小圆洞，有些专家推测那里长过鬃毛，就像同为鸟臀类的天宇龙和鹦鹉嘴龙（见第169页）那样。三角龙被认为生存到了标志着恐龙时代终结的那次大灭绝事件发生的时候。

9 米

同属其他种：
直进三角龙

白垩纪

马斯特里赫特期	晚
坎潘期	
三冬期	
康尼亚克期	
土仑期	
塞诺曼期	
阿尔布期	早
阿普特期	
巴雷姆期	
欧特里夫期	
凡兰吟期	
贝里阿斯期	

植食性

美国阿拉斯加州北坡

Pachyrhinosaurus perotorum

佩氏厚鼻龙

它的外貌没什么特别的——与三角龙有些相似，只是一个凹凸不平的肿块取代了鼻子上的角——但是在2006年的阿拉斯加州，这是一个重要的发现。在晚白垩世时期，北美洲的最北部比今天还要靠北，意味着厚鼻龙生活在有6个月黑暗的严冬之中。它的头骨是在科尔维尔河（Colville River）岸边的小山坡上发现的，这项发现增加了极地恐龙的多样性。这种角龙可能在寒冷的森林里蹒跚而行，啃食植物的同时也在躲避着如暴龙类的蛇发女怪龙、恐爪龙类的驰龙和伤齿龙等肉食者的目光，这些恐龙的化石同样都产自阿拉斯加州北坡的太子河组。

这是厚鼻龙的第三个种——其他都是在加拿大找到的——种名是向前美国总统候选人H.罗斯·佩洛特（H. Ross Perot）致敬。他的子女们给达拉斯自然科学博物馆捐赠了5,000万美元，那里的研究人员发现并研究了这件化石，并在2011年发表了关于它的描述。

Alioramus remotus

遥远分支龙

长长的头部使它成为一种不同寻常的暴龙，而更著名的种属都有深而短的头骨。分支龙的口鼻部有5条脊，每条有1厘米高，它狭窄的上下颌内长有76或78颗牙齿，无论哪一种都比同科其他恐龙的牙齿多。20世纪70年代早期，俄罗斯古生物学家谢尔盖·库扎诺夫（Sergei Kurzanov）在蒙古发现了第一个种，而后起了一个意为“遥远的其他分支”的名字，指的是它与美洲的暴龙都不一样。库扎诺夫的标本包括一个头骨和两块手部的骨头，但是在2009年，美国人斯蒂芬·布鲁萨特和他的同事们命名了一个新种：阿尔泰分支龙（*A. altai*），其骨骼更加完整。人们由此确定分支龙是一种具有两根手指的两足猎食者，大约有一个成人那么高，可能与发现于亚洲的更大的特暴龙有较近的亲缘关系。两个种都是根据幼年个体命名的，所以除非发现了成年个体的化石，人们只能估计分支龙完全长成之后的尺寸。

白垩纪	
马斯特里赫特期	晚
坎潘期	
三冬期	
康尼亚克期	
土仑期	
塞诺曼期	
阿尔布期	早
阿普特期	
巴雷姆期	
欧特里夫期	
凡兰吟期	
贝里阿斯期	

肉食性

蒙古巴彦洪格尔省

白垩纪

期	
马斯特里赫特期	晚
坎潘期	
三冬期	
康尼亚克期	
土仑期	
塞诺曼期	
阿尔布期	早
阿普特期	
巴雷姆期	
欧特里夫期	
凡兰吟期	
贝里阿斯期	

植食性

中国山东省

Tsintaosaurus spinorhinus

棘鼻青岛龙

这只“独角兽恐龙”之所以得到这个绰号，原因是显而易见的。它是一只跟大象差不多大的鸭嘴龙，这类植食性恐龙有鸭子一样的嘴巴，头上还长着各式各样的精巧头饰：副栉龙有长长的向后伸出的管状头冠，里面是空心的，可以发出洪亮的叫声。但是青岛龙的头冠从前额向前伸出，而且是实心的，所以不可能发出声音。其头冠可能的功能包括帮助调节体温，作为成年恐龙性成熟的标志，或者帮助增强嗅觉。这根突起物的真实形态是很难判断的，在动物活着的时候很可能包裹着角质层，也许还撑起一片一直延伸到脖子的帆状皮肤——这样它就不那么像独角兽了，虽然看起来仍然很奇怪。青岛龙是杨钟健在1958年命名的。与其他鸭嘴龙一样，它也很可能是群居的，主要用四足行走，需要的时候也可以用两条后腿奔跑。那套可以自我磨尖的牙齿适合啃食坚韧的植物，例如苏铁和松柏类。

10米

Gilmoreosaurus mongoliensis

蒙古吉尔摩龙

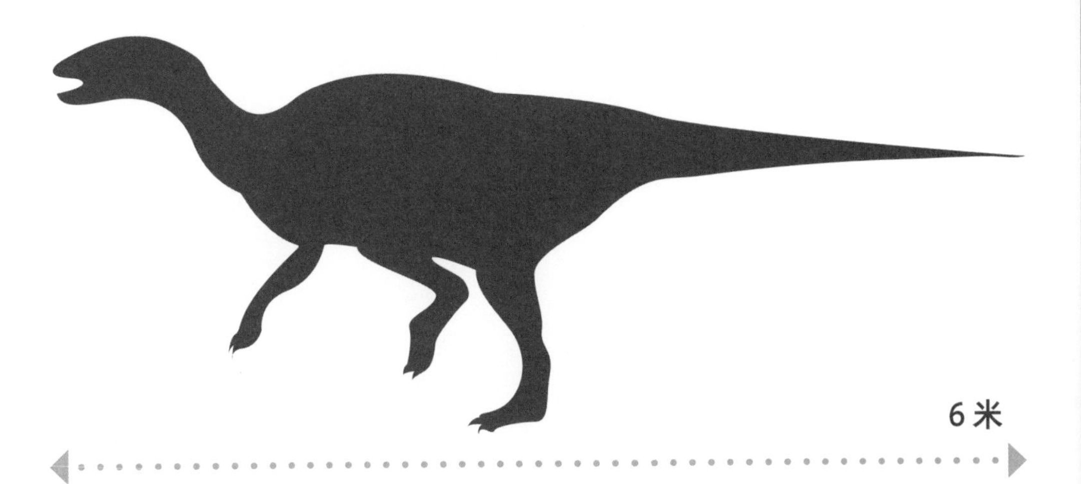

6米

对于古生物学家们来说，吉尔摩龙最有趣的特征在于，它是为数不多患癌症的恐龙之一，除此以外还有一些鸭嘴龙也是这样：石化的脊椎骨上显示出长有肿瘤的迹象。这种恐龙两足行走，体格强健有力，属于鸭嘴龙家族中亚洲的一个古老分枝。它在林地间漫步，用力地咀嚼着植物。美国古生物学家乔治·奥尔森（George Olsen）于1923年在中国和蒙古考察期间发现了第一具吉尔摩龙的化石。因为骨头散落得到处都是，使鉴定变得非常困难，以至于一度被误认成另一种鸭嘴龙——满洲龙（*Mandschurosaurus*）。1979年，古生物学家已经有足够的证据将它定为一个独立的属，其种名是用来纪念美国古生物学家查尔斯·W. 吉尔摩（1874—1954）。

白垩纪

期	
马斯特里赫特期	晚
坎潘期	
三冬期	
康尼亚克期	
土仑期	
塞诺曼期	
阿尔布期	早
阿普特期	
巴雷姆期	
欧特里夫期	
凡兰吟期	
贝里阿斯期	

植食性

中国内蒙古自治区

白垩纪

马斯特里赫特期	晚
坎潘期	
三冬期	
康尼亚克期	
土仑期	
塞诺曼期	
阿尔布期	早
阿普特期	
巴雷姆期	
欧特里夫期	
凡兰吟期	
贝里阿斯期	

肉食性，猎食与食腐

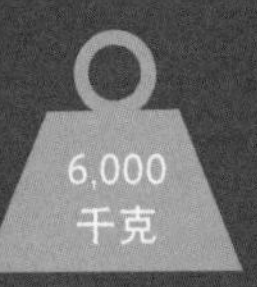

北美西部

Tyrannosaurus rex

霸王龙（君王暴龙）

自从1902年巴纳姆·布朗（Barnum Brown）把它的骨头从蒙大拿州的荒原里取出来，尽管还出现过更大更快的兽脚类恐龙，但是这位恐怖的杀手依然卓尔不群：它是有史以来最有名的恐龙，也是唯一一个以全名而为人熟知的恐龙。没有人会说起恐怖三角龙或长梁龙的全名，但是1905年由亨利·费尔菲尔德·奥斯本创造的这个名字将一种无法抗拒的魅力与它的恐怖结合在一起：霸王龙，恐龙中的暴君。它的发现迅速登上了头条：《纽约时报》将其描述为“地球上纯粹的军阀”，以及“丛林中的皇家吃人魔”——尽管它的消亡距离我们的祖先从地面上直起膝盖并开始以两条腿行走有6,300万年的间隔，但是早期的绰号表明，人们会不由自主地去想象霸王龙如何把恐怖的力量倾泻到人类身上。霸王龙这种两足直立的野兽一举成名，它独自穿越森林和平原，扑向任何看中的不幸生物，并将其作为美餐。它用1.5米长的颌部嘎吱嘎吱地嚼碎猎物的骨头，然后吃掉它

12米

们的尸体，鲜血从它长有鳞片的脸颊上滴落下来。然而近年来，情况有所变化了。霸王龙仍然是曾经生存过的最可怕的肉食性动物之一——嘴里挤满了60颗边缘带有锯齿的、香蕉大小的牙齿，有1,500千克的咬力，相当于每颗牙齿上承载着一辆小型卡车的重量。但是我们现在看到的姿态充满活力，而且脊背与地面平行，并不像袋鼠那样。它的身上既有鳞片又有羽毛，也有迹象表明它们会组成可怕的狩猎群体，而不是独自猎食。

现在一共发现了大约30多个霸王龙的标本。最著名的标本有12.8米长，髋部有4米高，是在1990年由化石猎人苏·亨德里克森（Sue Hendrickson）发现的，因此它的昵称就是“苏”。1997年，它以830万美元的价格在一次拍卖会上成交，成为有史以来最昂贵的化石，如今屹立在芝加哥的菲尔德自然历史博物馆里。

从加拿大到新墨西哥州都出现了另外一些好的标本，帮助人们描绘出霸王龙成长、相貌和生活方式的种种细节。霸王龙的成体和幼体有许多重要的区别。当它完全长成——也就是20岁出头的时候——已经经历了青春期的重大改变。许多化石都处于不同的成长阶段，从婴儿时期到前面提到的“苏”，详细地记录了其成长期的情况——从13岁到17岁，霸王龙经历了一个难以置信的生长高峰，体重每年可以增加1,500磅。未成年时，它的牙齿像刀片一样，成熟后就变成了圆锥形。头骨持续生长并增厚，直到重量达到半吨。身体不断长大，直到柔韧且善于短跑的幼龙变成巨大、强健且笨重的野兽，对其他动物的肉产生出永远无法填满的胃口。

成年的霸王龙是非常“粗笨”的，用古生物学的话来说，根据最新的计算，它们很可能只能跑出每小时24千米，至多40千米的速度（一只成年霸王龙跑得快一点的话仍然能够追上大多数人类，不过我们最快的短跑运动员是安全的——当尤塞恩·博尔特创下9.58秒的百米世界纪录时，他的最快速度是令人震惊的每小时44.7千米）。

但是幼年个体的胫骨相对于股骨来说更长，因此跑得更快。而且胫骨相对于股骨越长，动物也就越适合短跑。如果是这样的话，就与霸王龙群体猎食的观点相吻合。加拿大古生物学家菲利普·柯瑞提倡这个理论，不过他的许多同行都觉得需要更多的证据。同属于暴龙类的惧龙就是这样做的（见第272页），在遥远的戈壁沙漠也发现了68具散落的特暴龙骨骼，至少对于柯瑞来说，这是暴龙类作为懂得协作的社会性动物的证据，最有可能的是群体猎食。然而对于其他专家来说，只能肯定它们是死在一起的，也许是发生了自然灾害——一场洪水把许多独自生活的恐龙冲到了同一个地方。

如果它们确实是共同捕猎的，那么轻巧快速的年轻个体负责追踪猎物，庞大的成年个体紧随其后，利用更重、更强壮的颌部给予猎物致命的一咬。

毋庸置疑的是这种动物和特暴龙（属名意思是“令人畏惧的蜥蜴”，生活在亚洲的与霸王龙非常相似的物种，有时被认为与霸王龙是同一个属）演化得适合吃大量的肉，

白垩纪

马斯特里赫特期	晚
坎潘期	
三冬期	
康尼亚克期	
土仑期	
塞诺曼期	
阿尔布期	早
阿普特期	
巴雷姆期	
欧特里夫期	
凡兰吟期	
贝里阿斯期	

肉食性

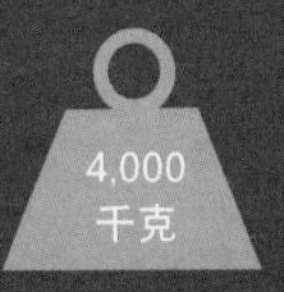

蒙古和中国北部

Tarbosaurus bataar

勇士特暴龙

而且喜欢吃角龙类和鸭嘴龙类。

然而，人们围绕着霸王龙是主动猎食还是仅仅吃其他恐龙的尸体这一问题展开了长期的论战。基本可以肯定的答案是它两者都会去做。头骨的脑腔内有大的嗅球，说明它可以从很远的地方闻到被其他肉食性恐龙抛弃的尸体的气味，不过它也擅长自己捕捉猎物。虽然成年霸王龙不能跑得很快，但是已经足以追上晚白垩世时期大多数潜在的猎物，这才是最重要的事情。

与大多数恐龙相比，它的眼睛更朝向前方，两眼的视野有所重叠，使霸王龙能够判断距离，捕捉猎物的移动，有助于对猎物进行精确定位是捕猎行为的证据。对其头骨的扫描显示，内耳的听力和平衡感都很好，头部的空腔使它能够听到非常低频率的声音——比如在遥远的平原上三角龙群体移动时发出的微弱的隆隆声。

在三角龙和鸭嘴龙的化石上发现了愈合后的霸王龙咬痕，证明霸王龙会攻击活的动物，不过这些猎物明显逃掉并且活了下来。很少有动物会这么幸运。2012年，蒙大拿州波兹曼市（Bozeman）落基山博物馆的古生物学家丹佛·富勒（Denver Fowler）和他的同事用图像的手段展示了霸王龙捕食三角龙的技术。这个研究团队检查了一批三角龙的头骨，发现许多头骨在覆有角质层的骨质颈盾上有咬痕存在，说明此处在动物死后遭到了啃咬和拖拽。由于这个地方并没有多少肉可吃，所以他们推测霸王龙用一条健壮的后腿按住尸体，然后用牙咬住

颈盾，把三角龙的头扯下来。此后便可以享用原本藏在颈盾之下富有营养的颈部肌肉。

霸王龙可能是有羽毛的，虽然也发现了一些小的圆形鳞片印痕，但只是在尾巴的下面。来自中国的化石证明较早的兽角亚目虚骨龙类恐龙的后裔是有羽毛或绒毛的，所以说霸王龙也有羽毛或绒毛的这一推断并非没有道理。也许年幼的霸王龙长有用于保暖的原始羽毛，因为与较大的动物相比，小动物更不容易保温：例如小象身上的毛发就比成年个体要多。

即使是成熟的霸王龙可能也会保留一些用于展示自己的羽毛。美国古生物学家托马斯·霍尔茨（Thomas Holtz）注意到尽管霸王龙的手臂相对短小（但肌肉发达，长度足有1米，已经比大多数人类的手臂长了），不过现代不会飞的鸟类也会用翅膀相互传递信号。霍尔茨认为，也许成年霸王龙手臂上长有羽毛，并且用于展示，这样它们的功能要比骨骼所显示的更多。

考虑到手臂的大小和其上仅有的两根手指，人们认为霸王龙是用嘴巴进行攻击的——然后用手抓住猎物，同时用有力的颌部撕下肉来。

虽然作为顶级的肉食性恐龙而出名，但是当一只霸王龙还是一项危险的职业。尽管它们能活到30岁，但是化石显示只有2%的个体可以活到自然寿命。所以这种一生都在频繁捕食其他动物的恐龙，往往或是过早地死于其他霸王龙的袭击，或是死于它所攻击的角龙用致命大角的还击，又或者是淹没于北美洲海岸平原的季节性洪水。如果有一种恐龙可以完美地体现中生代世界的各种危险，那一定就是霸王龙了。

白垩纪

马斯特里赫特期	晚
坎潘期	
三冬期	
康尼亚克期	
土仑期	
塞诺曼期	
阿尔布期	早
阿普特期	
巴雷姆期	
欧特里夫期	
凡兰吟期	
贝里阿斯期	

肉食性

尼日尔

更多令人惊异的白垩纪动物

Sarcosuchus imperator

帝王肌鳄

路过河边的恐龙可能会发现它冒出水面的头顶，肌鳄就是用这种方式观察和呼吸——直到发起进攻之前，它庞大身体的剩余部分都隐藏在水下。这条巨大的杀手一下子冲出来，用1.5米长的上下颌紧紧咬住猎物，十之八九像现代鳄鱼那样疯狂地摇晃猎物，再将之拖入水中溺毙。肌鳄的体重是任何一种现代鳄鱼的10倍，并且有8吨的咬力，也就是说，一旦上下颌闭合，想把它们推开就像是要举起一头特大的杀人鲸。它的嘴里长有132颗粗壮的牙齿，可以咬碎骨头。1964年在尼日尔发现了这样的牙齿、一些脊椎骨和30厘米长的鳞甲，首次提供了这种白垩纪时期真正穷凶极恶的鳄鱼形生物存在的线索。美国古生物学家保罗·塞雷诺领导的研究小组在1997年和2000年回到了泰内雷沙漠中的那块不毛之地，并找到了足够多的遗骸——几块巨大的头骨、肢骨、一些鳞甲和脊椎——最终推断出这种生物的真实大小。它有时被非正式地称为“超级鳄鱼”，不过肌鳄和其同类大头鳄都不是真正的鳄鱼，只是现代鳄鱼很远的亲戚。70枚鳞甲排成长长的两列，使它的背部几乎刀枪不入，肌鳄也因此成为寿命长达60多年的无懈可击的杀手，并且在一生中从未停止生长。即使在灭绝了1.12亿年后的今天，它仍然具有使人们瑟瑟发抖的力量。

12米

白垩纪

马斯特里赫特期	晚
坎潘期	
三冬期	
康尼亚克期	
土仑期	
塞诺曼期	
阿尔布期	早
阿普特期	
巴雷姆期	
欧特里夫期	
凡兰吟期	
贝里阿斯期	

肉食性

美国得克萨斯州

Quetzalcoatlus northropi

诺氏风神翼龙

翼展有一辆公交车那么长，还长着无牙的巨喙，这（可能）就是有史以来在天空中飞行过的最大的生物。风神翼龙的不完整遗骸是在得克萨斯州发现的，于1975年命名。它是一种巨大的翼龙，与罗马尼亚的哈特兹哥翼龙（*Hatzegopteryx*）一起，是神龙翼龙类的代表。这种巨大生物的体重是有争议的，估计的结果大到250千克，小到70千克。后面的数据虽然与一个成人的平均体重相当，不过当其用四肢站立时高度几乎相当于一只长颈鹿。

关于体重的争议使人们怀疑它实际上是否能够飞行。不过近年来，研究人员重新检视了手臂的骨骼，结论是它们足

够粗壮，可以将哪怕是250千克的动物推向空中。它先蹲在那里，以四足的姿态起飞。电脑模型显示，采用这样的姿势可以使其四肢产生足够的爆发力，从而升到空中。但是，只有在发现了更加完整的化石，对解剖结构有了更深入的了解之后，才能得到更确切的答案。

风神翼龙的名字源自阿兹特克神话中的羽毛蛇神。化石的发现地在白垩纪时期位于内陆，这就排除了像其他较小的翼龙那样以鱼为主食的可能性。现在普遍认为它更像非洲秃鹳，都有长而尖锐的喙。它弓着身子，用粗壮有力的四肢行走，啄食小型脊椎动物，巨大的手臂可以支撑起翼展约为10—12米的翅膀。相比之下，现代最大的飞鸟漂泊信天翁的翼展也很少超过3.5米；已知最大的飞鸟是像美洲秃鹫一样的巨鹰，生活在600万年前的阿根廷，翅膀的长度是信天翁的两倍。不过，无论风神翼龙是否用其巨大的翅膀飞行，它都是中生代时期最为非凡的生物之一。

翼展10—12米

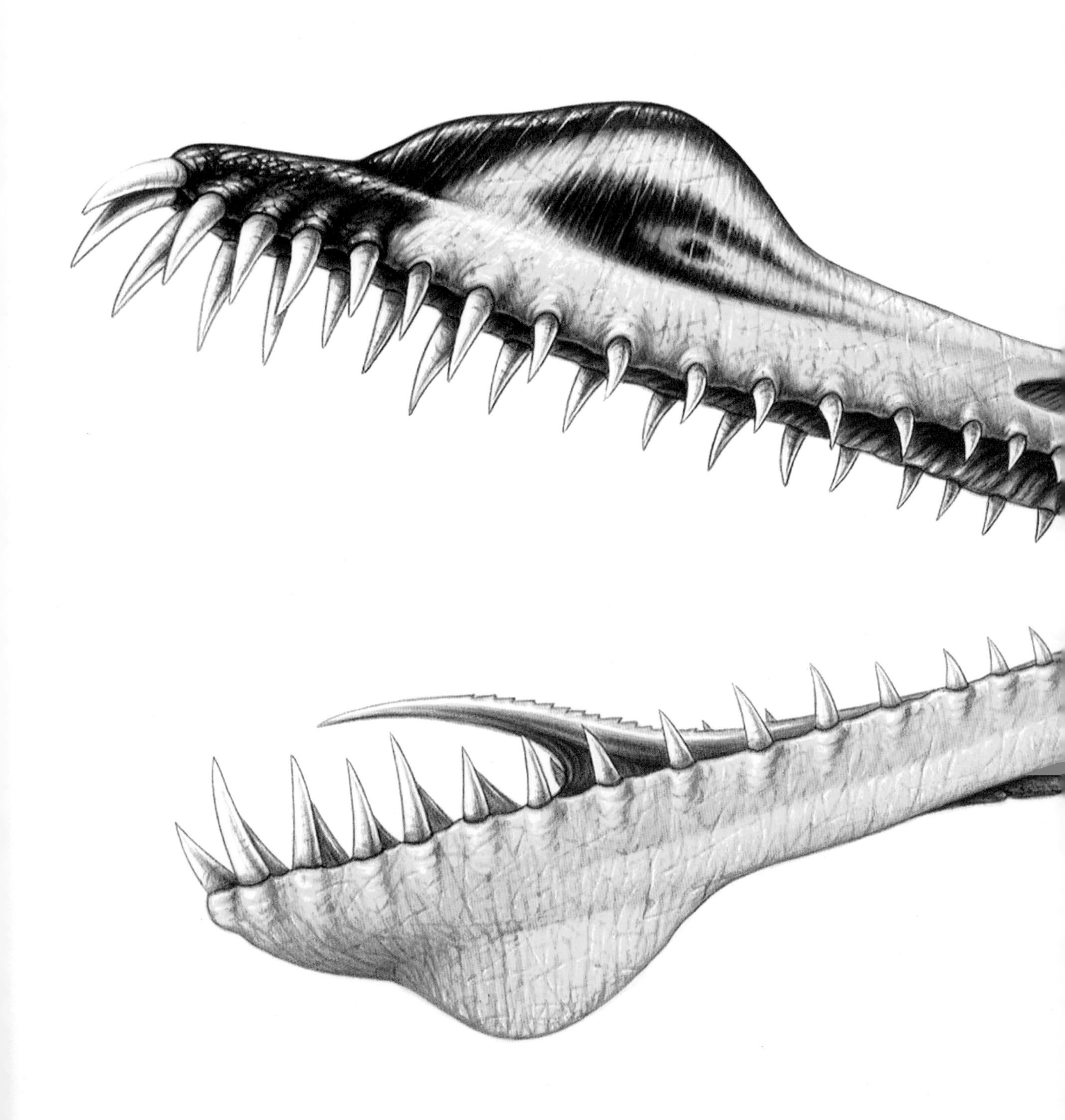

Anhanguera santanae

桑塔纳古魔翼龙

在其长喙尖端的上下两侧都长有突起的冠，这就是古魔翼龙区别于其他大多数翼龙的特征。它的腿骨很弱，说明它一生中大部分时间都待在空中，时而滑翔，时而拍打着宽阔而坚韧的翅膀，也意味着它行走起来会很笨拙。当它向着现代南美洲和澳大利亚的水面俯冲下去之后，就用有力的喙铲起水里的鱼，并将其固定在弯曲的针状牙之间。

白垩纪

期	
马斯特里赫特期	晚
坎潘期	
三冬期	
康尼亚克期	
土仑期	
塞诺曼期	
阿尔布期	早
阿普特期	
巴雷姆期	
欧特里夫期	
凡兰吟期	
贝里阿斯期	

鱼食性

巴西和澳大利亚

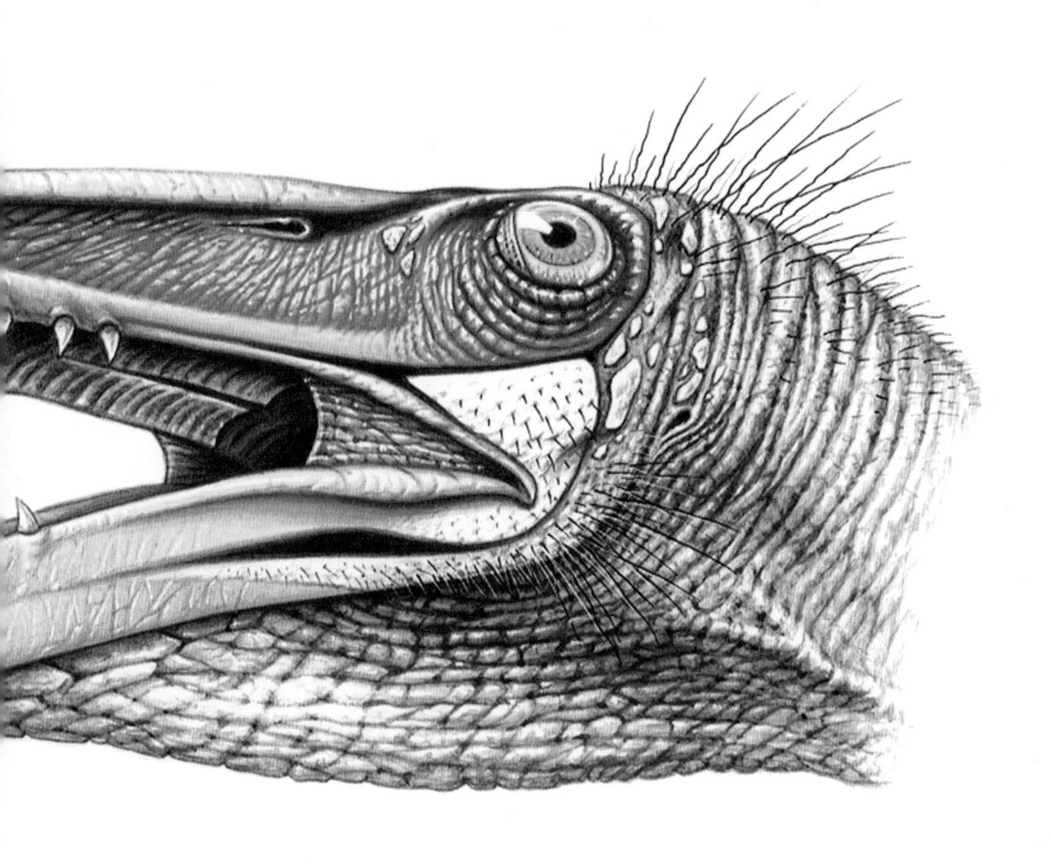

翼展4米

白垩纪

马斯特里赫特期	晚
坎潘期	
三冬期	
康尼亚克期	
土仑期	
塞诺曼期	
阿尔布期	早
阿普特期	
巴雷姆期	
欧特里夫期	
凡兰吟期	
贝里阿斯期	

肉食性

美国堪萨斯州

Elasmosaurus platyurus

扁尾薄片龙

蛇颈龙是一类长脖子的海生爬行动物，从三叠纪一直繁盛到白垩纪，薄片龙是它们当中脖子最长的，拥有令人惊讶的71枚颈椎。而脖子最长的恐龙之一，马门溪龙，只有19枚延长的颈椎。这只怪兽令爱德华·德林克·科普非常困惑，在1869年发表关于它的第一篇描述时，他把薄片龙的脖子当成了尾巴，把头放到了另外一端，这是他与奥斯尼尔·查尔斯·马什竞争过程中的一个经典场面（见第74页）。科普研究的是产自美国堪萨斯州西部的一具化石；8,000万年前，这些沉积物是西部内陆海道的一部分。薄片龙很可能是追踪鱼群的，它在鱼群下方很深的地方跟踪它们的剪影，然后悄悄地上升，也有说法认为薄片龙在海床上觅食甲壳类动物。它的脖子相当僵硬：不能像天鹅的脖子那样弯曲，所以头部不能从海面上高高抬起，而蛇颈龙——以及它们现代的神秘代表，尼斯湖水怪——经常被想象成那个样子。薄片龙科（Elasmosauridae）因其而得名，这个科目前还包括大约20种其他蛇颈龙，都有很长的脖子和小小的脑袋。

14米

Repenomamus giganticus

巨爬兽

1米

白垩纪

马斯特里赫特期	晚
坎潘期	
三冬期	
康尼亚克期	
土仑期	
塞诺曼期	
阿尔布期	早
阿普特期	
巴雷姆期	
欧特里夫期	
凡兰吟期	
贝里阿斯期	

肉食性

中国辽宁省

这种浣熊一样的动物在早白垩世的哺乳动物中鹤立鸡群，因为它并不是一种细小而羞怯的食虫动物——相反，它能够吃恐龙。已知有两个健壮的品种曾经在中国生活过——白垩纪时期已知最大的哺乳动物巨爬兽和较小的强壮爬兽（*R. robustus*），在一具化石的肚子里保存了年轻鹦鹉嘴龙的化石。这些骨头几乎没有受到损坏，说明爬兽是用尖利的前牙把猎物大块吞下去的。

爬兽的化石是在以出产带羽毛的恐龙化石著称的辽宁省发现的。当这些保存精美的标本在2005年被描述之后，它们在哺乳动物的早期历史中洒下的光辉就像那些带羽毛恐龙之于恐龙向鸟类的演化史一样。巨爬兽加上尾巴有1米长，长着4条强壮的短腿和16厘米长的头骨，是一种矮胖且肌肉发达的猎食者，可以短距离冲刺并扑向它的猎物。它是三尖齿兽家族的一员，这个家族在今天已经没有直系后裔了。

传统观点认为，哺乳动物在中生代时期都是无名之辈，只是忙于捕食昆虫并躲避恐龙。爬兽的发现显示其崛起的时间比原来认为的要早得多，已经准备好在恐龙谢幕之后便立即走上舞台的中央。

1. “白垩纪”这个词是什么意思？

2. 哪两种恐龙的名字最短？

3. 谁是已知最大的带羽毛恐龙，它有多长？

4. 所谓的“盗龙”更合适的名称是什么？

5. 是谁在苏塞克斯的森林里发现了一些牙齿化石之后命名了禽龙？

6. 哪一种蜥脚类恐龙的背部长着一列高高的、分叉的棘刺？

7. 在英国发现的重爪龙为哪种巨型肉食性恐龙的真实相貌提供了线索？

8. 爱德华·德林克·科普根据一根腿骨命名了哪种蜥脚类恐龙？（它可能有60米长，因此成为史上最大的恐龙）

9. 一根人类的头发里含有多少黑色素体（色素细胞）？

10. 激龙是怎样得名的？

11. 为什么镰刀龙类的食性在兽脚类恐龙当中与众不同？

12. “拥有骨质头部”的恐龙更合适的称呼是什么？

13. 哪种恐龙的头骨化石使人们想象出神话中的生物狮鹫？

14. 迄今为止发现的唯一一种单指恐龙叫什么？

15. 哪种恐龙被认为是最聪明的恐龙？

16. 白垩纪时期有一片内陆海将北美洲分成了两部分，它的名字叫什么？

17. 这片内陆海东西两侧的大陆分别叫什么？

18. 第一种进入太空的是什么恐龙？

19. 似鸸鹋龙可以跑多快？

20. 在马达加斯加发现的哪种恐龙是唯一确定的会同类相食的恐龙？

21. 哪种蜥脚类恐龙的脖子是身体的两倍长？

22. 古生物学家杰克·霍纳认为龙王龙、冥河龙和肿头龙之间有什么关系？

23. 体型最小的恐龙种属之一拥有最长的名称——它是哪个属？

24. 霸王龙可以活到多少岁？实际上有百分之几的个体可以达到这个岁数？

25. 已知哺乳动物爬兽吃过哪种恐龙？

答案见第320页。

恐龙的灭绝

天空被火光照亮，一声震耳欲聋的巨响，而后一系列的地震将地壳撕裂，海啸跨越大洋：500米高的巨浪疯狂地冲上海滩，横扫陆地，毁灭了所到之处的一切。火山喷出的灼热岩浆流向山谷，飓风级的强风使野火肆虐……然后只有一片寂静，尘埃造成长年的黑暗，地球陷入严冬。在撞击的余波中幸免于难的生物们发现自己进入了一个寒冷且不适合生存的世界。

平均每1亿年就会有一颗巨大的陨星与地球相撞，引发这样的大灾难。大约6,550万年前，一块直径约为10千米的陨石撞到了今天墨西哥的尤卡坦半岛，速度是子弹的20倍：即某个时刻它离地球还有19千米，一秒钟之后就撞到地面，爆炸的威力是广岛原子弹的10亿倍。撞击的直接影响是造成了破坏，不过最终的结果更加严重：这个星球上生命演化的进程由此改变。陨星的撞击开启了哺乳动物时代，同时终结了另一个，即非鸟恐龙的时代。2010年，一个由41名科学家组成的团体对20年来的研究成果进行了回顾，一致同意是陨星造成了白垩纪—古近纪灭绝事件，为多年的争论划上了终点。为什么他们能得出这样的结论？他们如何知道在遥远的过去有一颗陨星撞击了地球?

我们在月球表面可以看到的那些巨大陨石坑是无数的小行星和彗星在月球形成早期撞击其荒凉的表面造成的。与月球不同，地球有大气层，从太空来的陨石在通过大气层时会燃烧起来，往往在落地之前就彻底瓦解了——但是，我们的星球仍然有许多陨石坑。有些非常清晰，比如亚利桑那州沙漠里的流星陨石坑，是一个1.2千米宽、200米深的圆形大坑，因5万年前一颗直径为50米的陨星坠落而形成。不过其他一些——更古老，更大的撞击坑——则很难找到。

20世纪70年代，一些地球物理学家开始在尤卡坦半岛寻找石油。在多年的调查中他们找到了3个此地曾经有陨石着陆过的证据。向地壳内钻探了1.6千米之后，工程师们发现了“冲击石英”的沉积物，这种石英的晶体结构因为暴露在巨大的压力之下而发生了显著改变，这只出现在发生过核爆炸和陨石撞击的地方。

后来人们还观察到了“引力异常现象”。每个物体都会产生引力的作用，并且与其质量成比例：例如像地球那么大的物体所产生的拉力足以使你的双脚站在地面上。小一些的东西——一颗卵石、一片羽毛、你的身体——也会产生与它们的质量成比例的引力，只不过太弱了而不会被注意到（你可以用一根铅垂线测试这个理论，在一根细线的末端绑一个重物，然后靠近一个巨大的物体并测量它的移动情况。在大多数地方铅垂线会直指下方，但是如果你站在山脚下，线会稍微向山的方向倾斜）。

引力作用随着物体之间距离的增加以稳定且可预期的速率减弱。不过在特定的遍布岩石的地方，引力的大小并不像你所预期的那样，它会比理论上更强或更弱，这主要是因为产生引力的岩石的密度比预期的更大或更小。这就是在希克苏鲁伯（Chicxulub）出现的情况，这个墨西哥小镇离陨星着陆地点最近。撞击粉碎了地表之下的大量岩石，使它们的密度降低，引力也就更弱。这些变化意味着，如果你去参观陨星撞击地点，你的体重会在你转悠的时候发生波动。

第三条线索是在临近地区发现了玻璃陨石。玻璃陨石是圆形的、小块自然形成的暗色玻璃，是岩石在遭受极端的高温高压时形成的——这就与燃烧着的直径10千米的小行星以69,202千米的时速撞击地面时的情况很相似。

综合起来，这3条线索证明了有一样东西曾经在这里着陆……但是为了推测它的尺寸，人们有必要找到撞击坑。地球物理学家们表示，这个撞击坑现在大部分都在墨西哥湾的水下，但奇怪的是看不出任何环形的边缘。

后来，人们意识到这个撞击坑也许很大，非常非常大。它是如此巨大，以致从地表上完全无法看到，只有先进的测量技术可以一窥它的全貌。通过测试在地球磁场中的重力异常和波动，他们找到了水下存在一个直径约117千米的撞击坑的证据，其直径甚至可能更大，达到299千米。当地质学家们检测世界各地的一薄层年代与撞击相吻合、被称为白垩纪—古近纪界线的黏土时，更多的证据出现了。这层黏土里的铱含量是上下相邻地层的1,000倍。铱是一种在地球上非常稀有的元素——但是在陨星中非常多。撞击很明显地将大量的尘埃、岩屑等物质抛到了大气层中，然后在全球降落。如果你住在英国，想象一下天空被尘埃覆盖，而它们来自一颗在澳大利亚降落的陨星。

实际上，巨量的尘埃遮蔽天空被科学家

们认为是恐龙灭绝的主要因素。空中弥漫着厚重的灰尘，遮住了大部分阳光，使世界陷入了寒冷和黑暗之中。植物需要阳光来进行光合作用，没有了阳光便会枯萎死亡，这就给为了生存每天都要吃掉大量植物的植食性恐龙带来了大麻烦。通过食物链传播的多米诺效应危及了以植食性恐龙为食的肉食性恐龙的生存。恐龙们不能以足够快的速度适应这个寒冷的新世界，在相对短的时间——也许是数千年内——灭绝了。它们不是这个时期内灭绝的唯一生物：例如在其他生物中，属于软体动物的菊石和箭石，翼龙和海生的蛇颈龙也都灭绝了。在白垩纪—古近纪灭绝事件中，总共有60%的生命形式从地球上消失了。

不过那也意味着超过三分之一的生物以某种方式度过了这场大灾难。食腐生物繁荣起来，它们以动物尸体或枯枝败叶为生。鸟类能够飞行，可以在很大的范围内寻找食物，不像非鸟恐龙只能在陆地上缓慢行走。一些爬行动物也幸存下来：例如史前鳄鱼可以依靠偶尔出现的食物生活，这项技能也被它们今天的后代所继承。

然后就是哺乳动物。在这个时期它们大多都是苟且偷生的小动物。但是在陨星撞击之后的2,000万年里（再次强调，这在生物演化史中只是一段较短的时间），它们的体型增加到了原来的1,000倍，飞速的成长得益于享受到了恐龙留下来的植被。它们从平淡无奇的小老鼠一样的动物，变成新生态系统中的王者。这个壮观的发展过程也造就了一些可以与恐龙时代的巨兽竞争的巨型哺乳动物：例如现代犀牛的无角亲戚副巨犀（*Paraceratherium*），站立起来有6米高——高度几乎是一头非洲象的两倍。

科学并不建立在最终裁决之上，而仅仅建立在有证据支撑的理论之上。在本文写作的时候，希克苏鲁伯的陨星撞击理论为恐龙的消失提供了最有说服力的解释，并得到了广泛的支持。不过，仍然存在少数不同的声音。一些科学家相信，晚白垩世印度德干草原的大规模火山喷发将足够多的硫释放到大气层中，造成了致命的全球变冷现象。就连那些相信大碰撞理论的专家也将火山活动视为一个辅助因素。另一些专家认为地球轨道的改变可能会造成变冷效应。还有理论认为原因是距离地球1万光年以内的一次超新星爆发——近到足以使我们的星球暴露在致命剂量的辐射之下。

人们甚至不太清楚恐龙灭绝的确切时间。虽然公众熟悉的数据是6,550万年前，但2011年对一根鸭嘴龙股骨的研究显示，这只恐龙的年代大约是6,480万年前。

可以确定的是，晚白垩世是地球上存在过的最壮观且最可怕的生物突然让出王位的时期。对它们的了解要归功于过去两个世纪里古生物学家们的勤奋和奉献精神。我们也要满怀热情地感谢物理学家和地质学家们细致的研究工作，正是他们的工作使我们今天对导致恐龙淡出历史舞台的大灾难有了深刻的理解。

小测验的答案

第一章 三叠纪

1. 2.5亿年前。
2. 沿着背部长有棘刺。
3. 贝里肯龙。
4. 鸟臀类恐龙和蜥臀类恐龙。
5. 邪灵龙。
6. 威尔士。
7. 古槽齿龙。
8. 植龙类。
9. 趋同演化。
10. 沼泽龙。

第二章 侏罗纪

1. 劳亚古陆（北方大陆）和冈瓦纳古陆。
2. 因为它们的头骨非常轻，很少变成化石。
3. 斑龙。
4. 斑龙、禽龙和森林龙。
5. 澳大利亚。
6. 尾巴的末端有用于防御的棘刺。
7. 奥斯尼尔·查尔斯·马什和爱德华·德林克·科普。
8. 因为它的化石是在建设天然气厂的过程中被发现的。
9. 恐爪龙。
10. 长颈巨龙。
11. 12岁。
12. 因为后来发现它与迷惑龙是同一种动物，而后者的命名时间早两年。
13. 遗迹化石。
14. 1905年，爱德华七世。
15. 10倍。

第三章 白垩纪

1. 白垩的时代。
2. 寐龙和足龙。
3. 羽王龙，9米。
4. 驰龙类。
5. 吉迪恩·曼特尔。
6. 阿马加龙。
7. 棘龙。
8. 双腔龙。
9. 100个。
10. 因为它的正型标本被盗挖者动过手脚，以便作为翼龙化石卖出去。
11. 它们是植食性动物。
12. 肿头龙类。
13. 原角龙。
14. 临河爪龙。
15. 伤齿龙。
16. 西部内陆海道。
17. 拉腊米迪亚和阿巴拉契亚。
18. 在蒙大拿州发现的慈母龙——一位来自该州的航天员在乘坐航天飞机时携带了它的化石。
19. 可达每小时50英里。
20. 玛君龙。
21. 长生天龙。
22. 他相信它们是同一种恐龙，只是处于不同的生长阶段。
23. 小肿头龙。
24. 30岁，2%。
25. 鹦鹉嘴龙。

词汇表

阿贝力龙类（Abelisaurs）：在白垩纪时期生活在冈瓦纳古陆的一群大型肉食性恐龙。它们通常拥有细小的手臂、有力的双腿以及高度和长度几乎相等的头部。

阿尔瓦雷兹龙类（Alvarezsaurs）：一类小型善跑的长腿恐龙，一度被视为最早的、不会飞的鸟类，但现在被归为早期的手盗龙类恐龙。已知部分成员长有羽毛，在今天的亚洲和美洲大陆上从晚侏罗世生活到晚白垩世。

暴龙类（Tyrannosaurs）：是最著名的肉食性恐龙，从中侏罗世的冠龙到晚白垩世的霸王龙都属于这个类群。

驰龙类（Dromaeosaurs）：一类中小型的带羽毛的肉食性恐龙，从中侏罗世生活到了恐龙灭绝的时候，名称的意思是"奔跑的蜥蜴"。这些鸟一样的猎食者包括了伶盗龙，有时也被非正式地称为"盗龙"。

冈瓦纳古陆（Gondwana）：恐龙世界的两块超级大陆之一，另一块是劳亚古陆，在大约2亿年前分裂开之前组成了一块称为盘古大陆的超级大陆。冈瓦纳古陆包括现在的非洲、南极洲、澳大利亚、印度、南美洲和巴尔干半岛。

基干（Basal）：占据了演化枝基础部位的一个类群或一个类群中的部分成员。

甲龙类（Ankylosaurs）：这些矮胖的、身披铠甲的植食性恐龙从早侏罗世生活到了恐龙灭绝的时候。它们的化石在除了非洲的各个大陆都有发现。

巨龙类（Titanosaurs）：一群体型通常比较巨大的蜥脚类恐龙，例如阿根廷龙和潮汐龙。

劳亚古陆（Laurasia）：恐龙世界的两块超级大陆之一，由今天的亚洲、欧洲（除去巴尔干半岛）和北美洲组成；另一块是冈瓦纳古陆。

镰刀龙类（Therizinosaurs）：一类奇怪的兽脚类恐龙，拥有巨大的指爪，牙齿却明显地适合吃植物。

梁龙类（Diplodocids）：一类脖子特别长，尾巴呈鞭状的蜥脚类恐龙。

鸟臀类恐龙（Ornithischians）：意思是"鸟的臀部"，是19世纪的古生物学家哈利·斯莱创建的恐龙的两个目之一。他注意到这些恐龙的腰带与现代鸟类相似，耻骨指向后方。

鲨齿龙类（Carcharodontosaurus）：这个类群包括一些已知最大的肉食性恐龙，例如南方巨兽龙和魁纣龙，它们从晚侏罗世生活到白垩纪时期。

伤齿龙类（Troodonts）：一群肉食性的中小型兽脚类恐龙，特点是有很长的腿，以及第二趾上巨大而弯曲的爪。它们的大脑在恐龙当中算是很大的，另外还有面向前方的眼睛和敏锐的听觉。

手盗龙类（Maniraptorans）：字面意思是"手盗贼"，这些兽脚类恐龙有长长的手臂、三指的手，以及在恐龙中非常独特的胸骨。大多数成员都长有羽毛——有些是用来隔热的柔软绒毛，不过一些晚期的种类有了用于飞行的羽毛。现代鸟类就是从这些恐龙中演化出来的。

兽脚类（Theropods）：蜥臀类恐龙中的一个亚目，名称意思是“野兽的脚”。所有成员都是两足行走的动物，大多拥有边缘有锯齿的牙齿和叉骨。多数成员都是肉食性的，但是也演化出了一些植食性成员，例如镰刀龙类。

属（Genus）：一群有特定特征的动物，是由物种组成的，复数是genera。

似鸟龙类（Ornithomimids）：一类像鸵鸟的恐龙，其中包括已知跑得最快的恐龙。

腕龙类（Brachiosaurs）：姿态像长颈鹿的巨型蜥脚类恐龙。

蜥脚类（Sauropods）：名称意思是“蜥蜴的脚”。它们是巨大的长颈四足的植食性动物，例如迷惑龙和梁龙。最大的种类可能重达90吨。

蜥脚型类（Sauropodomorphs）：长颈的植食性恐龙组成的一个亚目，从晚三叠世细小的农神龙（*Saturnalia*）到晚白垩世30米长的阿根廷龙都属于这个类群。早期成员是体型相对较小的两足动物，随着时间的推移，它们越长越大，改为四足行走，成为存在过的最大的陆地动物。

蜥臀类恐龙（Saurischian）：意思是“蜥蜴的臀部”，是恐龙主要的两个目之一。所有的肉食性恐龙都属于蜥臀类。它们的耻骨指向前方。现代鸟类是从蜥臀类恐龙，而不是鸟臀类恐龙演化而来。

虚骨龙类（Coelurosaurs）：这个演化枝有许多带羽毛的恐龙，也包括那些演化成鸟的恐龙。它们大多是两足的肉食性恐龙，包括了从暴龙到细小的小盗龙等许多类型。

鸭嘴龙类（Hadrosaurs）：一类嘴巴像鸭子的恐龙，在整个白垩纪时期都很繁盛。

演化枝（Clade）：来自古希腊语“分枝”，指的是生物系统树上的一个分枝。一个演化枝是一群有单一、共同祖先的生物。

翼龙类（Pterosaurs）：与恐龙一起生活在中生代的会飞的爬行动物。

鱼龙类（Ichthyosaurs）：生活在中生代的海洋爬行动物。

原始羽毛（Protofeathers）：在一些恐龙，尤其是虚骨龙类身上找到了柔软的“恐龙绒毛”；一些属种也发展出用于飞行的羽毛。

原蜥脚类（Prosauropods）：是三叠纪和早侏罗世两足行走的蜥脚型类恐龙的一个非正式名称，后来演化成像梁龙那样四足行走的植食性动物。

致谢

作为生在20世纪80年代的一个小男孩，在我眼里似乎没有什么事情比参观自然历史博物馆更令人兴奋了。在那里我可以凝视着梁龙的骨骼，然后去搞一些与恐龙相关的小纪念品：一块剑龙形状的橡皮擦，一张印有侏罗纪场景的恐怖海报，或者是一本装满恐龙知识的书。这些经历使只有4岁的我了解到有一天我也有机会亲手写一本关于恐龙的书，而我能够做成这件事要归功于以下这些人。我想感谢：

罗文（Rowan），因为她的爱与支持，以及对一个在写书期间停留在中侏罗世的时间似乎比在家里还长的丈夫的理解。

伊斯拉（Isla），四岁，会经常询问关于我所写的恐龙的问题。她不停地问为什么、为什么、为什么，常常有助于我集中精力。

洛蒂（Lottie），两岁，尽管在夜间非常活跃，但也总能使我感到无比开心。

罗莎（Rosa），8个月大，在这本书的截稿日临近时来到世上，不过幸运的是她把大部分时间用于睡觉，使我得以继续写作。

妈妈和爸爸，因为他们所做的一切，特别是不断地供应关于恐龙的剪报。

我的朋友保罗·威利茨（Paul Willetts），才华横溢的作品经纪人马修·汉密尔顿（Matthew Hamilton）以及这本书的出版商Square Peg的罗斯玛丽·戴维森（Rosemary Davidson），没有他们各种形式的帮助，我就不会拥有这次机会——我向每个人致以诚挚的谢意。

感谢我原来在东方日报出版社（Eastern Daily Press）的同事们，他们准许我休假来写这本书。

非常感谢比尔·史密斯（Bill Smith），是他拍摄了第106页和第107页的照片。

这本书的面世还要归功于以下所有人的辛勤劳作：

The Curved House出版社的克里斯滕·哈里森（Kristen Harrison）和罗文·鲍威尔（Rowan Powell）监督了这个项目；Random House出版社的插图画师法比奥·帕斯托里（Fabio Pastori）和西蒙·罗德斯（Simon Rhodes）绘制了插图；Seagull Design设计公司的乔纳森·贝克（Jonathan Baker）完成了页面设计，索菲·迪瓦恩（Sophie Devine）绘制了剪影。

史蒂芬·波普（Stephen Pope）和伊丽莎白-安妮·威尔（Elizabeth-Anne Wheal）把流离失所的作者在他们家的厨房里安置了6周。

布里斯托大学地球科学系的迈克·泰勒（Mike Taylor）博士和剑桥大学地球科学系的罗杰·本森（Roger Benson）博士提供了非常有益的帮助，他们及时、友善并且大方地回答了我的问题。

任何时候，我都力求从一团乱麻般的现有材料里提炼出准确的信息。但是证据经常在改变，不同的古生物学家对同一个证据也会有不同的解读。感谢德恩·奈许（Darren Naish）博士确保这本书里的信息在发表时尽可能准确无误。书里存在的任何错误都是我一个人的责任。

海洋中的生命

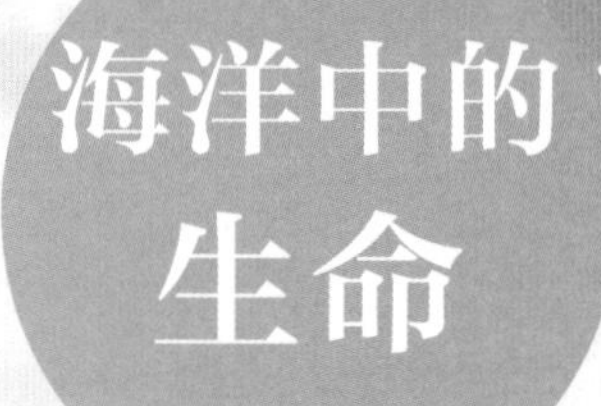

大约9,000万年以前的晚白垩世，一只已经死亡的安哥拉巨龙（*Angolatitan*）漂到了海洋上，被巨大的沧龙类的安哥拉龙（*Angolasaurus*）和海王龙（*Tylosaurus*）啃食，同时还有一只长着尖牙的蛇颈龙类的薄片龙前来分一杯羹；一条翼柱头鲨（*Ptychodus* shark）和硬骨鱼类的矛齿鱼（*Enchodus*）潜伏在海床附近，菊石和安哥拉龟（*Angolachelys turtle*）从旁边掠过；头顶上有一群神龙翼龙（*Azhdarchid*）在天空翱翔。所有这些动物的化石都发现于土仑期的地层里。

出版后记

多年来，恐龙一直在孩子们的想象中徜徉。随着科学技术的发展，新发现如潮水般涌现，恐龙的形象也因此被描绘得越发生动鲜明。不仅儿童，越来越多的青少年和成年人也重新陷入对史前世界的颤栗之中。

如今，我们正生活在古生物学发现的黄金时代，这是追踪恐龙足迹的最佳时机。最新的研究进展揭示了恐龙世界的重大变化，包括科学家从恐龙化石中发现了色素及羽毛存在的证据等，首次揭示了恐龙世界的生命色彩。

本书对300余种恐龙进行了全方位的专业讲述，每一页都是恐龙时代的魅力展现。通过阅读本书，读者可以充分认识每一种恐龙的体貌特征、生存时间表、地理分布区域、演化历史等重要内容。在思考史前世界的生命奇迹，跟随恐龙的脚步完成这场创世之旅的过程中，作者还展示了考古挖掘工作如何展开，以及科学家和考古工作者们如何发现问题、思考问题，并最终解决问题。正如没有任何生命是孤立的存在，学科之间的交叉也令读者在追踪恐龙演化历程的同时，收获到包括地质学、历史学、天文学、解剖学等在内的知识，甚至还有北美土著居民的传说和中国古代的神话故事，进一步扩展和深化了对于生命及生命多样性的认识。

在时间洪流的冲刷下，恐龙已经淡出了历史舞台。但是科学的发展，生命的演化，以及我们对广袤世界的认识，却并不建立在最终裁决之上。我们现在对自身的了解无论从生物学还是历史学的角度，都比以往任何时候更加深入。相比始终争议不断的“恐龙是如何灭绝的”这一问题，更加激动人心的焦点或许应该是：恐龙真的灭绝了吗？已经有越来越多的证据表明，那个“失落的世界”其实仍旧围绕在我们的身边，众多生命奇迹穿越时间的长河而来，默默渗透于我们日常生活的各个角落。遥望远古时代的目光最终还是要回到现代世界，对远古时代的探索，对恐龙遗迹的挖掘，从根本上唤起的是我们对自身存在的思索。因此，作者也鼓励读者们去探索我们生存的这颗美丽的星球，帮助爱好者们开始自己的探险，体验作为一名领先的古生物学家是怎样一番感受。

作者基恩·皮姆从孩童时代起，就是

一名狂热的恐龙爱好者。年仅4岁的他在伦敦自然历史博物馆参观时便生出了写作一本恐龙书籍的心愿。为了实现愿望，他在这一领域中孜孜不倦地努力着。另外，顶级古生物学家杰克·霍纳也在本书的成书过程中做出了相当重要的贡献。作为一本集探索热情与专业素养于一体的心血之作，本书不仅可以成为恐龙爱好者常伴手边的参考读物，亦可以成为普通读者探索史前世界以及未知领域的敲门砖与导航仪。

还等什么？赶快开启属于你的创世之旅吧！

服务热线：133-6631-2326　188-1142-1266

服务信箱：reader@hinabook.com

后浪出版公司

2020年1月